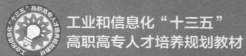
工业和信息化"十三五"
高职高专人才培养规划教材

Android
模块化开发 | 项目式教程

Android Studio

Android Modular Development Project Tutorials

郑丹青 ◎ 编著

人民邮电出版社
北京

图书在版编目（CIP）数据

Android模块化开发项目式教程：Android Studio / 郑丹青编著. -- 北京：人民邮电出版社，2018.5（2019.4重印）
工业和信息化"十三五"高职高专人才培养规划教材
ISBN 978-7-115-47618-0

Ⅰ．①A… Ⅱ．①郑… Ⅲ．①移动终端-应用程序-程序设计-高等职业教育-教材 Ⅳ．①TN929.53

中国版本图书馆CIP数据核字（2017）第319444号

内 容 提 要

本书采用项目教学法，以作者开发的"校园生活小助手"APP 软件为例，以一个完整的项目开发为主线，将项目开发分解为 9 个教学模块，分别为 Android 系统开发环境、Android UI 界面设计、登录和注册、校园风光图文浏览、记事本、电话簿、音乐播放器、课表查询、综合实训等模块。让读者通过对不同模块化的开发来学习相应的知识点。

本书适合作为高职高专院校 Android 开发相关课程的教材，也可供爱好者自学使用。

◆ 编　著　郑丹青
　责任编辑　范博涛
　责任印制　马振武

◆ 人民邮电出版社出版发行　北京市丰台区成寿寺路 11 号
　邮编　100164　电子邮件　315@ptpress.com.cn
　网址　http://www.ptpress.com.cn
　北京市艺辉印刷有限公司印刷

◆ 开本：787×1092　1/16
　印张：15.75　　　　　　　　　2018 年 5 月第 1 版
　字数：394 千字　　　　　　　2019 年 4 月北京第 2 次印刷

定价：45.00 元

读者服务热线：(010) 81055256　印装质量热线：(010) 81055316
反盗版热线：(010) 81055315
广告经营许可证：京东工商广登字 20170147 号

前言 FOREWORD

随着移动互联技术的发展，智能手机的应用已开始渗透到各行各业，应用范围呈现逐渐扩展的趋势。Android 是一种基于 Linux 的开放源代码的操作系统，由于 Google 公司的 Android 平台含有丰富的应用以及宽松的开源条件，许多的智能手机厂家更加倾向于选择 Android 系统手机。Android 开发技术已是当今移动互联开发的主流技术之一，因此，掌握 Android 基础与应用开发技术已成为高职高专院校软件技术、移动互联、物联网等相关专业学生必备的技能之一。

本书采用项目教学法，以作者开发的"校园生活小助手"APP 软件为例，以一个完整的项目开发为主线，将教学单元划分为 9 个模块，每个教学模块根据教学需要划分为不同的项目，每个项目由学习目标、项目描述、知识储备、项目实施、项目总结、项目训练和练习题 7 部分组成。项目描述部分给出要完成的项目任务；知识储备部分讲解要完成项目所需要的知识点及相关案例；项目实施部分给出完成项目的实施步骤和相关代码；最后，对项目关键知识点进行总结，项目训练则是为读者进一步自我学习提供知识的延伸，练习题则是围绕项目需要掌握的重点知识和技巧，筛选的习题，供读者检测学习效果。

本书的特点是：每个教学模块都围绕着项目展开，并提供不同类型的相关教学案例。读者可通过不同的教学模块来学习相应的知识点，并直接运用到实际的项目开发中，完成相应功能的实现。最后，通过综合实训模块，学会项目的整体设计思路，并将前面所开发的模块整合成一个完整的大项目，从而掌握 Android 项目的开发技术。

本书作为面向高职院校学生的教材，参考学时为 112~128 学时，采用理论实践一体化教学模式，各教学模块的参考学时见下面的学时分配表。

学时分配表

教学模块	课程内容	学时
模块 1	Android 系统开发环境	8~10
模块 2	Android UI 界面设计	28~30
模块 3	登录和注册	8~10
模块 4	校园风光图文浏览	10~12
模块 5	记事本	12~14
模块 6	电话簿	12~14
模块 7	音乐播放器	12~14

续表

教学模块	课程内容	学时
模块 8	课表查询	12~14
模块 9	综合实训——校园生活小助手	8
	课程考评	2
	课时总计	112~128

  本书作者有着近 20 年的企业实际项目开发经验，并有着十多年高职计算机软件方面的教学经验，而且始终在教学和科研的第一线。

  由于编著者水平有限，书中难免有欠妥和错误之处，恳请读者批评指正。

郑丹青

2017 年 11 月于湖南汽车工程职业学院

目 录 / CONTENTS

模块 1　Android 系统开发环境 …… 1

项目 1-1　Android 系统开发环境搭建 …… 2
学习目标 …… 2
项目描述 …… 2
知识储备 …… 2
　1.1.1　Android 的发展历程 …… 2
　1.1.2　Android 系统的特征 …… 3
　1.1.3　Android 系统架构 …… 4
　1.1.4　Android Studio 开发工具介绍 …… 6
　1.1.5　Android SDK …… 6
项目实施 …… 8
　1. JDK 的安装与配置 …… 8
　2. Android Studio 安装 …… 10
项目总结 …… 13
项目训练——Android 开发环境的安装 …… 13
练习题 …… 13

项目 1-2　第一个 Android 程序开发 …… 13
学习目标 …… 13
项目描述 …… 13
知识储备 …… 14
　1.2.1　Android Studio 开发环境介绍 …… 14
　1.2.2　Android 项目结构 …… 14
　1.2.3　Android 的基本组件 …… 17
项目实施 …… 18
　1. 新建一个名为 FirstDemo 的 Android 工程 …… 18
　2. Android Studio 简单设置 …… 20
　3. 创建 Android Studio 虚拟设备 …… 21
　4. 运行项目 …… 21
　5. Android 程序打包 …… 22
项目总结 …… 24
项目训练——创建一个 APP 项目 …… 24
练习题 …… 24

模块 2　Android UI 界面设计 …… 25

项目 2-1　物联网环境状态值界面设计 …… 26
学习目标 …… 26
项目描述 …… 26
知识储备 …… 26
　2.1.1　UI 界面的组件和容器 …… 26
　2.1.2　界面布局 …… 28
　2.1.3　事件相关概念 …… 28
　2.1.4　TextView 组件 …… 29
　2.1.5　EditText 组件 …… 31
　2.1.6　Button 组件 …… 33
　2.1.7　线性布局 …… 38
　2.1.8　strings.xml 和 colors.xml 的运用 …… 40
　2.1.9　样式和主题 …… 41
项目实施 …… 42
　1. 项目分析 …… 42
　2. 项目实现 …… 42
项目总结 …… 46
项目训练——用户管理系统的用户登录界面 …… 46
练习题 …… 47

项目 2-2　用户登录界面设计 …… 47
学习目标 …… 47

项目描述 …………………………………… 47
知识储备 …………………………………… 47
　2.2.1　ImageView 组件 ……………… 47
　2.2.2　Toast（消息提示框）……… 50
　2.2.3　CheckBox 组件 ……………… 50
　2.2.4　ImageButton 组件 …………… 53
　2.2.5　相对布局 …………………… 53
项目实施 …………………………………… 55
　1. 项目分析 ………………………… 55
　2. 项目实现 ………………………… 55
项目总结 …………………………………… 58
项目训练——仿 QQ 的用户登录
　　　　　界面 ……………………… 58
练习题 ……………………………………… 58
项目 2-3　用户注册界面设计 ………… 58
学习目标 …………………………………… 58
项目描述 …………………………………… 59
知识储备 …………………………………… 59
　2.3.1　RadioButton 组件 …………… 59
　2.3.2　Spinner 组件 ………………… 61
　2.3.3　表格布局 …………………… 64
项目实施 …………………………………… 65
　1. 项目分析 ………………………… 65
　2. 项目实现 ………………………… 66
项目总结 …………………………………… 69
项目训练——用表格布局设计计算器
　　　　　界面 ……………………… 69
练习题 ……………………………………… 69
项目 2-4　随手记列表界面设计 ……… 70
学习目标 …………………………………… 70
项目描述 …………………………………… 70
知识储备 …………………………………… 70
　2.4.1　ListView 组件 ………………… 70
　2.4.2　BaseAdapter 自定义
　　　　 适配器 …………………… 75
项目实施 …………………………………… 77
　1. 项目分析 ………………………… 77
　2. 项目实现 ………………………… 78

项目总结 …………………………………… 81
项目训练——用 BaseAdapter
　　　　　创建 ListView 实现
　　　　　联系人列表界面 ………… 81
练习题 ……………………………………… 81
项目 2-5　校园生活小助手主界面
　　　　　设计 ……………………… 81
学习目标 …………………………………… 81
项目描述 …………………………………… 81
知识储备 …………………………………… 82
　2.5.1　GridView 组件 ………………… 82
　2.5.2　GridView 应用案例 …………… 83
项目实施 …………………………………… 85
　1. 项目分析 ………………………… 85
　2. 项目实现 ………………………… 85
项目总结 …………………………………… 87
项目训练——用 GridView 组件实现应用
　　　　　程序列表界面 …………… 87
练习题 ……………………………………… 88
项目 2-6　院系简介界面设计 ………… 88
学习目标 …………………………………… 88
项目描述 …………………………………… 88
知识储备 …………………………………… 88
　2.6.1　网格布局 …………………… 88
　2.6.2　ScrollView 组件 ……………… 91
项目实施 …………………………………… 91
　1. 项目分析 ………………………… 91
　2. 项目实现 ………………………… 92
项目总结 …………………………………… 93
项目训练——用网格布局与滚动视图
　　　　　结合设计菜谱界面 ……… 94
练习题 ……………………………………… 94

模块 3　登录和注册 …………… 95

学习目标 …………………………………… 96
项目描述 …………………………………… 96
知识储备 …………………………………… 96

3.1 Android 程序生命周期 ·············· 96
3.2 Activity 生命周期 ···················· 97
3.3 Intent 的概念及使用方法 ········· 99
3.4 Activity 的启动与跳转 ············ 105
3.5 Activity 之间的数据传递 ········ 107
3.6 Android 数据存储 ·················· 110
3.7 SharedPreferences ················ 110
项目实施 ··· 111
  1. 项目分析 ·································· 111
  2. 项目实现 ·································· 112
项目总结 ··· 115
项目训练——登录和注册 ·············· 116
练习题 ·· 116

模块 4 校园风光图文浏览 ········ 117

学习目标 ··· 118
项目描述 ··· 118
知识储备 ··· 118
4.1 Fragment 的概述 ···················· 118
4.2 创建 Fragment ························ 120
4.3 Fragment 与 Activity 通信 ······ 120
4.4 ViewPager 与 Fragment 的组合
     使用 ······································· 126
项目实施 ··· 130
  1. 项目分析 ·································· 130
  2. 项目实现 ·································· 131
项目总结 ··· 135
项目训练——校园风光图文浏览 ···· 136
练习题 ·· 136

模块 5 记事本 ······················· 137

学习目标 ··· 138
项目描述 ··· 138
知识储备 ··· 138
5.1 操作栏 ··································· 139
5.2 选项菜单 ······························· 142

5.3 子菜单 ··································· 144
5.4 上下文菜单 ··························· 145
5.5 AlertDialog 对话框 ················ 146
5.6 SQLite 数据存储 ···················· 151
项目实施 ··· 155
  1. 项目分析 ·································· 155
  2. 项目实现 ·································· 155
项目总结 ··· 162
项目训练——个人注册信息管理 ···· 162
练习题 ·· 163

模块 6 电话簿 ······················· 164

学习目标 ··· 165
项目描述 ··· 165
知识储备 ··· 165
6.1 拨打电话 ······························· 165
6.2 SearchView 搜索框组件 ······· 166
6.3 ContentProvider 概述 ············ 169
6.4 创建内容提供者 ···················· 170
6.5 使用内容提供者 ···················· 174
项目实施 ··· 176
  1. 项目分析 ·································· 176
  2. 项目实现 ·································· 176
项目总结 ··· 181
项目训练——公共服务电话簿查询 ···· 181
练习题 ·· 182

模块 7 音乐播放器 ················ 183

学习目标 ··· 184
项目描述 ··· 184
知识储备 ··· 184
7.1 Service 的概念 ······················ 184
7.2 Service 的使用方法 ··············· 185
7.3 线程的概念 ··························· 190
7.4 使用 Handler 更新 UI
     界面 ······································· 192

7.5 ProgressBar 进度条的
　　使用 ································· 197
7.6 SeekBar 进度条的使用 ······ 199
7.7 广播及接收 ························ 202
7.8 MediaPlayer 类 ·················· 204
项目实施 ·································· 205
　　1. 项目分析 ························ 205
　　2. 项目实现 ························ 205
项目总结 ·································· 211
项目训练——显示音乐列表播放器
　　设计 ································· 212
练习题 ···································· 212

模块 8　课表查询 ·················· 213

学习目标 ·································· 214
项目描述 ·································· 214
知识储备 ·································· 214
　　8.1 JSON 数据解析 ············· 214
　　8.2 HttpURLConnection 的
　　　　使用 ····························· 219
　　8.3 异步的概念 ···················· 225
　　8.4 AsyncTask 的使用 ········· 225
项目实施 ·································· 229

　　1. 项目分析 ························ 229
　　2. 项目实现 ························ 230
项目总结 ·································· 237
项目训练——课表查询设计 ······ 237
练习题 ···································· 237

模块 9　综合实训——校园生活小助手 ························ 238

学习目标 ·································· 239
项目描述 ·································· 239
知识储备 ·································· 239
　　9.1 总体功能需求设计 ········· 239
　　9.2 数据存储设计 ················ 240
　　9.3 目录结构设计 ················ 240
　　9.4 公共类设计 ···················· 240
项目实施 ·································· 242
　　1. 引导界面设计 ·················· 242
　　2. 主功能模块程序设计 ······ 242
　　3. 各子功能模块的设计 ······ 244
项目总结 ·································· 244
项目训练——校园生活小助手 ···· 244
练习题 ···································· 244

Chapter 1

模块 1
Android 系统开发环境

项目 1-1　Android 系统开发环境搭建

学习目标

- 了解 Android 的发展历程。
- 认识 Android 平台的系统架构及特征。
- 了解 Android SDK 的组成与作用。
- 掌握搭建 Android 系统开发环境的方法。

项目描述

搭建 Android Studio 的开发环境。

知识储备

1.1.1　Android 的发展历程

Android 的本意是指"机器人"，Android 系统的 Logo（标志）是一个机器人，如图 1-1 所示。它是 Google 公司于 2007 年 11 月 5 日宣布的基于 Linux 平台的开源手机操作系统的名称。该平台是由操作系统、中间件、用户界面和应用软件等部分组成的。

Android 系统最早是由 Andy Rubin（安迪·鲁宾）等人创建的 Android 公司研发，2005 年 8 月 17 日，Google 公司收购了这家仅成立 22 个月的高科技企业及其团队，Andy Rubin 成为了 Google 公司的工程部副总裁，继续负责 Android 项目的研发工作。

图 1-1　Android 标志

2007 年 11 月 5 日，Google 公司正式向外界展示了这款名为 Android 的操作系统，同时宣布建立一个全球性的联盟组织。该组织由 34 家手机制造商、软件开发商、电信运营商以及芯片制造商共同组成，并与 84 家硬件制造商、软件开发商及电信运营商组成开放手持设备联盟（Open Handset Alliance）。该联盟共同开发改良 Android 系统，并支持 Google 公司发布的手机操作系统以及应用软件。

2008 年 9 月，Google 公司正式发布了 Android 1.0 版本，这也是 Android 系统最早的版本。2009 年 4 月 30 日，Google 公司发布了 Android 1.5 版本，从 Android 1.5 版本开始，Google 公司将 Android 的版本以甜点的名字来命名。该命名是按照首字母顺序排序的，即纸杯蛋糕、甜甜圈、松饼、冻酸奶、姜饼、蜂巢、冰激凌三明治、果冻豆、奇巧巧克力、棒棒糖、棉花糖、牛轧糖等。Android 迄今为止发布的主要版本及发布时间如表 1-1 所示。

表 1-1　Android 主要版本及发布时间

版本	别名	发布时间
Android 1.5	Cupcake（纸杯蛋糕）	2009 年 4 月 30 日
Android 1.6	Donut（甜甜圈）	2009 年 9 月 15 日

续表

版本	别名	发布时间
Android 2.0	Éclair（松饼）	2009 年 10 月 26 日
Android 2.1	Éclair（松饼）	2010 年 1 月 10 日
Android 2.2	Froyo（冻酸奶）	2010 年 5 月 20 日
Android 2.3	Gingerbread（姜饼）	2010 年 12 月 7 日
Android 3.0	Honeycomb（蜂巢）	2011 年 2 月 2 日
Android 4.0	Ice Create Sandwich（冰激凌三明治）	2011 年 10 月 19 日
Android 4.1	Jelly Bean（果冻豆）	2012 年 6 月 28 日
Android 4.2	Jelly Bean（果冻豆）	2012 年 10 月 30 日
Android 4.3	Jelly Bean（果冻豆）	2013 年 7 月 25 日
Android 4.4	KitKat（奇巧巧克力）	2013 年 11 月 1 日
Android 5.0	Lollipop（棒棒糖）	2014 年 10 月 15 日
Android 6.0	Marshmallow（棉花糖）	2015 年 9 月 29 日
Android 7.0	Nougat（牛轧糖）	2016 年 8 月 22 日

2017 年 3 月 22 日，Google 公司发布了最新的 Android 8.0 操作系统。目前，采用 Android 平台的手机厂商主要包括 Google Nexus、HTC、Samsung、Motorola、华为、联想、中兴、小米等。

1.1.2 Android 系统的特征

Android 作为一种开源的操作系统，其在手机操作系统领域的市场占有率已经超过了 70%，并成为当今智能手机中的主要操作系统之一。Android 之所以能受到市场的广泛欢迎，是因为其具有如下五大主要特征。

1. 开放性

Android 平台具有开放性，开放的平台允许任何移动终端厂商加入到 Android 联盟中来。显著的开放性可以使其拥有更多的开发者。随着用户和应用的日益丰富，一个崭新的平台也将很快走向成熟。

开放性对于 Android 的发展而言，有利于积累人气，这里的人气包括消费者和厂商，而对于消费者来讲，最大的受益正是丰富的软件资源。开放的平台也会带来更大的竞争，如此一来，消费者将可以用更低的价位购得心仪的手机。

2. 挣脱束缚

在过去很长的一段时间，特别是在欧美地区，手机应用往往受到运营商制约，使用什么功能接入什么网络，几乎都受到运营商的控制。自从 iPhone 上市，用户可以更加方便地连接网络，运营商的制约减少。随着 EDGE、HSDPA 这些 2G 至 4G 移动网络的逐步过渡和提升，手机随意接入网络已成为常态。

3. 丰富的硬件

由于 Android 的开放性，众多的厂商会推出千奇百怪、各具功能特色的多种产品。功能上的差异和特色，却不会影响到数据同步、甚至软件的兼容。就像你从诺基亚 Symbian 系统手机一下改用苹果 iPhone，不仅可将 Symbian 中优秀的软件带到 iPhone 上使用，联系人等资料更是可以方便地转移。

4. 开发商

Android 平台提供给第三方开发商一个十分宽泛、自由的环境，不会受到各种条条框框的制约，因此，会有许多新颖别致的软件诞生。但也有其两面性，如何控制血腥、暴力、色情方面的程序和游戏传播正是留给 Android 的难题之一。

5. Google 应用

如今叱咤互联网的 Google 公司已从过去的搜索巨人到如今全面向互联网渗透，Google 服务如地图、邮件、搜索等已经成为连接用户和互联网的重要纽带，而 Android 平台手机将无缝结合这些优秀的 Google 服务。

1.1.3 Android 系统架构

Android 系统架构可分为 4 层，从上到下分别是应用程序层、应用程序框架层、核心类库层和 Linux 内核层，如图 1-2 所示。其中，核心类库层包括系统库和 Android 运行时的环境。

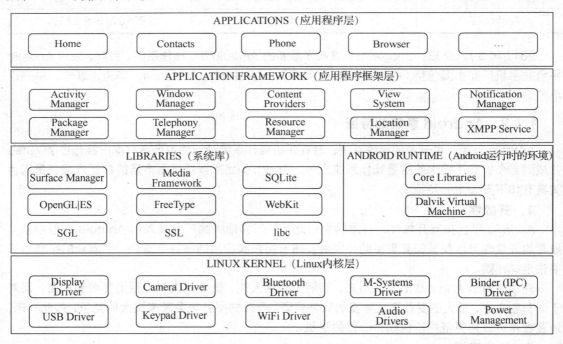

图 1-2 Android 系统架构图

1. 应用程序层

应用程序层（Applications）是用 Java 语言编写的运行在 Android 平台上的程序。比如 Google 默认提供的 E-mail 客户端、SMS 短信、日历、地图、浏览器和联系人管理等程序。同时，开发者也可以利用 Java 语言编写属于自己的应用程序，由用户自行使用。

2. 应用程序框架层

应用程序框架层（Application Framework）是编写 Google 公司发布的核心应用程序时所使用的 API 框架，开发者可以访问核心应用程序所使用的 API 框架来开发自己的应用程序，并且任何一个应用程序都可以发布自身的功能模块，而其他应用程序则可以使用这些已发布的功能模块。基于这样的重用机制，用户就可以方便地替换平台本身的各种应用程序组件。Android 应用程序框架层所提供的主要 API 框架如下。

- Activity Manager：活动管理器，用来管理应用程序生命周期，并提供常用的导航退回功能。
- Window Manager：窗口管理器，用来管理所有的窗口程序。
- Content Providers：内容提供器，它可以让一个应用访问另一个应用的数据，或者共享它们自己的数据。
- View System：视图系统，用来构建应用程序，如列表、表格、文本框及按钮等。
- Notification Manager：通知管理器，用来设置在状态栏中显示的提示信息。
- Package Manager：包管理器，用来对 Android 系统内的程序进行管理。
- Telephony Manager：电话管理器，用来对联系人及通话记录等信息进行管理。
- Resource Manager：资源管理器，用来提供非代码资源的访问，如本地字符串，图形及布局文件等。
- Location Manager：位置管理器，用来提供使用者的当前位置等信息，如 GPRS 定位。
- XMPP Service：即时通信服务。

3. 系统库和 Android 运行时

系统库（Libraries）主要是提供 Android 程序运行时需要的一些类库，这些类库一般是使用 C/C++ 语言编写，主要有以下 9 个类库。

- libc：C 语言的标准库，系统最低层的库。C 语言标准库通过 Linux 系统来调用。
- Surface Manager：主要管理多个应用程序同时执行时，各个程序之间的显示与存取，并且为多个应用程序提供了 2D 和 3D 图层的无缝融合。
- SQLite：关系数据库。
- OpenGLEState：3D 效果支持。
- Media Framework：Android 系统多媒体库。
- FreeType：位图及矢量库。
- WebKit：Web 浏览器引擎。
- SGL：2D 图形引擎库。
- SSL：位于 TCP/IP 协议与各种应用层协议之间，为数据通信提供支持。

Android 运行时（Android Runtime）包括核心库和 Dalvik 虚拟机，Dalvik 是一种基于寄存器的 Java 虚拟机，主要完成对生命周期的管理、堆栈的管理、线程的管理、安全和异常的管理以及垃圾回收等重要功能。

4. Linux 内核（Linux Kernel）

Android 核心系统服务依赖于 Linux 2.6 内核，如安全性、内存管理、进程管理、网络协议栈和驱动模型等都依赖于该内核。Linux 内核也是作为硬件与软件栈的抽象层，而 Android 更多的是需要一些与移动设备相关的驱动程序，如 Display 显示驱动、Camera 摄像头驱动、bluetooth 蓝牙驱动、M-Systems 驱动、Binder（IPC）驱动、USB 驱动、键盘驱动、WiFi 驱动、Audio 驱动、电源管理等。

1.1.4 Android Studio 开发工具介绍

最早 Android 开发者所用的开发工具都是 Eclipse、ADT、SDK 这 3 个组件的整合。2013 年 5 月 16 日，Google 公司推出了新的 Android 开发工具 Android Studio，并对开发者控制台进行了改进，增加了 5 个新的功能，包括优化小贴士、应用翻译服务、推荐跟踪、营收曲线图、试用版测试和阶段性展示。随着 Android Studio 正式版的推出和完善，Google 已宣布，为了简化 Android 的开发力度，将重点建设 Android Studio 开发工具，并停止支持 Eclipse 等其他集成开发环境。

Android Studio 基于 IntelliJ IDEA，类似 Eclipse ADT，它提供了如下功能。

① 基于 Gradle 的构建支持。
② Android 专属的重构和快速修复。
③ 提示工具以捕获性能、可用性、版本兼容性等问题。
④ 支持 ProGuard 和应用签名。
⑤ 基于模板的向导来生成常用的 Android 应用设计和组件。
⑥ 功能强大的布局编辑器，可以让用户拖拉 UI 控件并进行效果预览。

从 2014 年 12 月 8 日 Google 公司发布 Android Studio 1.0 版本开始，到 2016 年 9 月，Google 公司已发布了 Android Studio 2.2 版本，并已完全替代了 Eclipse，成为 Android 的开发工具。因此，本书中的所有案例都是在 Android Studio 开发工具环境下完成的。

1.1.5 Android SDK

软件开发工具包（Software Development Kit，SDK），一般是一些被软件开发工程师用于为特定的软件包、软件框架、硬件平台、操作系统等建立应用软件的开发工具的集合。

Android SDK 就是用于进行 Android 开发的工具包，它不仅提供了开发所必需的调试、打包和测试运行的工具，还提供了详尽的帮助文档和简单易懂的示例程序。Android SDK 不需要安装，下载后，直接将 SDK 压缩包解压后的文件复制到 SDK 安装路径的文件夹即可。

1. Android SDK 的目录结构

在 Android SDK 的目录中通常包含有 10 个文件夹，其清单如下。

① add-ons：该文件夹保存的是 Android 开发所需要的第三方文件；
② build-tools：该文件夹保存的是编译工具；
③ docs：该文件夹保存的是 Android SDK 帮助文档，包括开发指南和 API 等，在此目录下可打开 index.html 页面来进行查看，在该页面中，可单击 Develop 超链接进入到开发者页面，查看 API 参考文档、API 指南和开发训练文档等；
④ extras：该文件夹保存的是附件文档，如 extras/google 子目录下保存了 Android 手机的 USB 驱动程序；
⑤ platforms：该文件夹保存的是系列 Android 平台版本，即 SDK 的真正文件；
⑥ platforms-tools：该文件夹保存的是与平台调试相关的工具；
⑦ samples：该文件夹保存的是 Android 官方提供的实例；

⑧ system-images：该文件夹保存的是系统镜像；
⑨ temp：该文件夹用于保存临时文件，如下载文件会临时存放于此目录中；
⑩ tools：该文件夹保存的是独立于 Android 平台的开发工具。

此外，还有 AVD Manager.exe（AVD 管理器）和 SDK Manager.exe（SDK 管理器）两个文件。

2. 主要开发工具

（1）Android 模拟器。

Android 模拟器是一个可以运行在开发者计算机上的虚拟设备，它可以在计算机上模拟出安卓手机的运行环境，让开发者不需要物理设备即可预览、开发和测试 Android 应用程序。常用的 Android 模拟器可以是 Android SDK 自带的模拟器，也可以是第三方 Android 模拟器，如 Genymotion 就是一款专业的 Android 虚拟环境模拟软件。

Android 模拟器有一个屏幕，用于显示 Android 自带的应用程序和开发者开发的应用程序，在 Android 模拟器中不仅为应用程序提供了导航和控制键，而且还允许应用程序通过 Android 平台服务调用其他程序、访问网络、播放音频和视频、保存和传输数据、通知用户等。同时，Android 模拟器同样具有强大的调试能力，例如能够记录内核输出的控制台、模拟程序中断（比如接收短信或打入电话）、模拟数据通道中的延时效果和遗失等。

在 Android Studio 开发环境中启动 Android 模拟器的方法如下。

① 通过 Android Studio 工具栏上的 AVD Manager（AVD 管理器）按钮可打开虚拟设备对话框，然后，打开 Android Studio 模拟器；

② 安装第三方 Android 模拟器软件，在 Android Studio 工具栏上会出现第三方 Android 模拟器的按钮，单击此按钮即可。

（2）Android 调试桥。

Android 调试桥（Android Debug Bridge，ADB）是 Android SDK 提供的一个用来管理模拟器和真机的通用调试工具。它的主要功能如下。

- 运行 Android 设备的 shell（命令行）；
- 管理 Android 模拟器或者设备的端口映射；
- 在计算机或 Android 设备之间上传或者下载文件；
- 将本地 apk 文件安装到 Android 模拟器或者设备上。

（3）DDMS。

DDMS（Dalvik Debug Monitor Service）是 Android 开发环境中 Dalvik 虚拟机调试监控服务。使用它可以监视 Android 系统中的进程、堆栈信息，查看 LogCat 日志、屏幕截屏、广播状态信息，模拟电话呼叫、SMS 短信，以及管理模拟器文件等。

在 Android Studio 开发环境中可通过选择菜单【Tools】→【Android】→【Android Device Monitor】，打开 DDMS 控制台的窗口，如图 1-3 所示。

其中，在设备管理器中，将显示多个模拟器中所有还在运行的进程，通过它可以同时监控多个 Android 模拟器，另外，单击该面板中的【Screen Capturer】按钮，可以截取模拟器的屏幕。在模拟器控制器中，可以模拟各种不同网络情况，模拟电话呼叫、SMS 短信和发送虚拟地址坐标（用于测试 GPS 功能）等。在 LogCat 面板中，将显示日志信息，可以快速定位应用程序产生的错误。

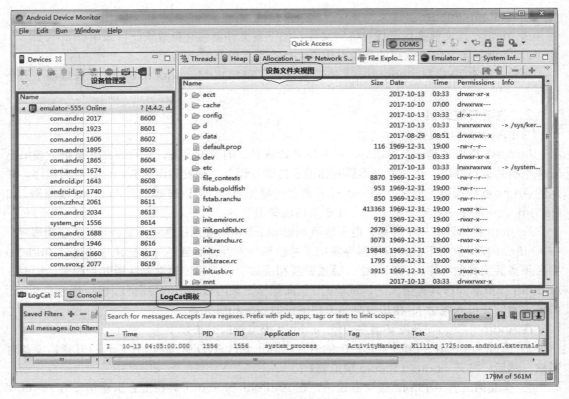

图 1-3　DDMS 控制台窗口

项目实施

Android 开发环境的安装分为两个步骤：即 JDK 的安装与配置和 Android Studio 安装。

1. JDK 的安装与配置

（1）JDK 的安装。

在安装 Android 开发环境时，首先需要安装支持 Java 程序开发和运行的 Java 开发工具包（JDK），而且在 JDK 中包含完整的 JRE，所以只要安装 JDK 后，JRE 也将自动安装到操作系统中。现以在 Windows 64 位操作系统中安装 JDK8 为例，介绍安装 JDK 的具体步骤。

① 首先到 Oracle 公司的官方网站（http://www.oracle.com/index.html）下载 JDK 8 版本软件（注意：Android Studio 要求 JDK 版本为 JDK 7 或更高版本）。如果您的计算机是 Windows 64 位操作系统，就选择下载 jdk-8u144-windows-x64.exe 软件；如果您的计算机是 Windows 32 位操作系统，那么就选择下载 jdk-8u144-windows-i586.exe 软件。

② 双击 jdk-8u144-windows-x64.exe 文件，在弹出的欢迎对话框中，单击【下一步】按钮，将弹出自定义安装对话框；在该对话框中，可以选择安装的功能组件。这里我们选择默认设置，如图 1-4 所示。

③ 单击【更改】按钮，将弹出"更改文件夹"对话框，在该对话框中将 JDK 的安装路径更改为 C:\Java\jdk1.8.0_144，如图 1-5 所示。单击【确定】按钮，将返回到自定义安装对话框中。

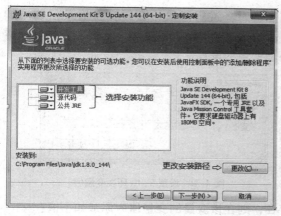
图 1-4　JDK 自定义安装对话框

图 1-5　更改 JDK 安装路径对话框

④ 单击【下一步】按钮，开始安装 JDK。在安装过程中会弹出 JRE 的"目标文件夹"对话框，这里需要更改 JRE 的安装路径为 C:\Java\jre8，如图 1-6 所示。

⑤ 单击【下一步】按钮，安装向导会继续完成安装进程，安装完成后，会弹出图 1-7 所示的对话框，单击【关闭】按钮即可。

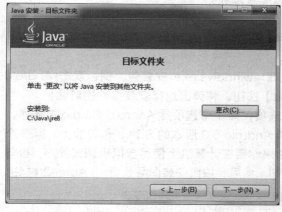
图 1-6　JRE 安装路径

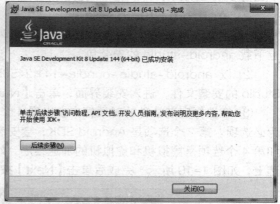
图 1-7　JDK 安装完成对话框

（2）JDK 的配置与测试。

JDK 安装完成后，还需要在系统的环境变量中进行配置。下面以在 Windows 7 系统中配置环境变量为例来介绍 JDK 的配置与测试。具体操作步骤如下。

① 在桌面的"计算机"图标上单击鼠标右键，在弹出的快捷菜单中选择【属性】命令，在弹出的"属性"对话框的左侧单击【高级系统设置】超链接，将弹出"系统属性"对话框，在该对话框中选择【高级】选项卡。

② 在"系统属性"对话框的"高级"选项卡中，单击【环境变量】按钮，将弹出"环境变量"对话框，单击"系统变量"栏中的【新建】按钮，创建新的系统变量。

③ 在弹出的"新建系统变量"对话框中，分别输入变量名"JAVA_HOME"和变量值（即 JDK 安装的路径），这里为 C:\Java\jdk1.8.0_144，如图 1-8 所示，读者需要根据自己的安装路径进行修改。单击【确定】按钮，关闭"新建系统变量"对话框。

④ 在"环境变量"对话框中双击 Path 变量对其进行修改，在原变量值最前端添加 ".;%JAVA_HOME%\bin;"变量值（注意：最后面的";"不能丢掉，它是用于分割不同的变量值），如图 1-9 所示。单击【确定】按钮完成环境变量的设置。

图 1-8 "新建系统变量"对话框

图 1-9 设置 Path 环境变量值

⑤ 查看是否存在 CLASSPATH 变量，若存在，则在该变量的变量值中添加如下值：
.; %JAVA_HOME%\lib; %JAVA_HOME%\lib\tools.jar
若不存在，则创建该变量，并设置上面的变量值。

⑥ JDK 安装成功后，要确认环境变量配置是否正确，可在 Windows 系统中选择【开始】→【运行】命令（没有【运行】命令可按<Windows>+<R>组合键），然后在运行对话框中输入 cmd 并单击【确定】按钮启动控制台。在控制台中输入 Java –version，如果能正确显示当前 JDK 的版本为 1.8.0_144 就说明环境变量配置正确。

2. Android Studio 安装

① 首先到 Android Studio 中文社区（官网）的网站（http://www.android-studio.org/）上下载 android-studio 的安装包。

② 以 android-studio-bundle-141.2456560-windows.exe 安装包为例，双击 Android Studio 的安装文件，进入安装界面，单击【Next】按钮，将弹出选择安装插件的对话框。

③ 在选择安装插件的对话框中会出现 4 个选项，第 1 个选项是 Android Studio 主程序，为必选项。第 2 个选项是 Android SDK，会安装 Android 5.0 版本的 SDK，也勾选上。第 3 个和第 4 个选项是虚拟机和虚拟机的加速程序，如果你要在计算机上使用虚拟机调试程序，也勾选上，如图 1-10 所示。完成后单击【Next】按钮。然后，按照安装向导选择"I Agree"按钮。

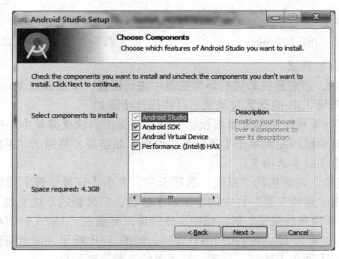
图 1-10 选择安装插件对话框

④ 在选择 Android Studio 和 SDK 的安装目录对话框中，单击【Browse】按钮，可修改 Android Studio 和 SDK 的安装目录，如图 1-11 所示。完成后单击【Next】按钮。

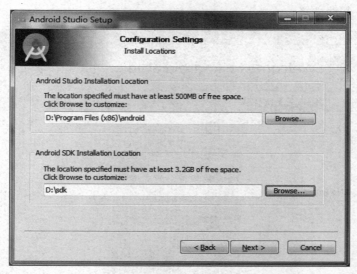

图 1-11 选择 Android Studio 和 SDK 的安装目录对话框

⑤ 在设置虚拟机硬件加速器可使用的最大内存对话框中，可选择默认设置 2G，也可以根据计算机的配置，选择自定义，如配置比较低可选 1G，否则选择过大会影响其他软件运行。完成后单击【Next】按钮，进入自动安装模式对话框。单击【Install】按钮，程序就开始进行自动安装了。

⑥ 当安装成功后，会弹出安装完成的对话框，单击【Finish】按钮。

⑦ 打开 Android Studio 后，进入相关配置界面，用于导入 Android Studio 的配置文件，如图 1-12 所示。如果是第一次安装，选择最后一项（不导入配置文件），然后单击【OK】按钮。

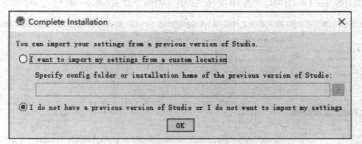

图 1-12 导入 Android studio 的配置文件对话框

⑧ 启动 Android Studio，在第一次打开 Android Studio 时，系统会自动重新下载 SDK，（此时需要连接互联网），然后再进入 Android Studio 的起始页界面，如图 1-13 所示。在起始页界面上有 7 个选项，分别如下所示。

- 选项 1：创建一个 Android Studio 项目。
- 选项 2：打开一个 Android Studio 项目。
- 选项 3：从版本控制系统中导入代码。支持 CVS、SVN、Git、Mercurial，甚至 GitHub。
- 选项 4：导入非 Android Studio 项目，如 Eclipse Android 项目。

- 选项 5：导入官方样例，会从网络上下载代码。
- 选项 6：配置。
- 选项 7：帮助文档。

图 1-13　Android Studio 的起始页界面

当出现 Android Studio 起始页界面时就说明 Android Studio 开发环境安装成功，开发者可选择第 1 项创建一个新的 Android Studio 项目，如选择第 6 项：【Configure】→【Project Defaults】→【Project Structure】，可查看或修改 SDK 和 JDK 的位置。

如果要更新 Android SDK，可选择第 6 项：【Configure】→【SDK Manager】进入 SDK 管理器对话框，如图 1-14 所示。选择要安装的 Android 版本，单击【Apply】按钮即可。

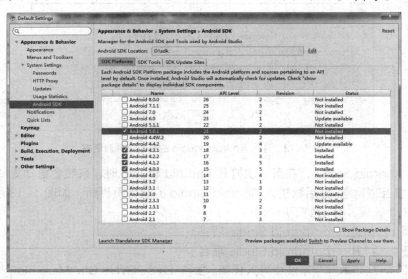

图 1-14　SDK 管理器对话框

项目总结

通过本项目的学习,读者应掌握 Android 系统的基本概念和 Android 开发环境的安装。
① Android 系统架构由应用程序层、应用程序框架层、核心类库层和 Linux 内核层组成。
② Android 的开发工具——Android Studio。
③ Android 开发环境的安装分为 JDK 的安装与配置和 Android Studio 安装两部分。

项目训练——Android 开发环境的安装

请按照项目实施的步骤完成 Android 开发环境的安装。

练习题

1-1-1 Android 是什么系统?Android 系统由哪些部分组成?
1-1-2 Android 应用程序是用什么高级语言编写的?
1-1-3 Android 设备驱动程序位于 Android 系统架构中的哪一层?
1-1-4 Android 的核心类库包括哪些?
1-1-5 Android Studio 要求 JDK 版本至少要是多少?
1-1-6 ADB 是什么?它有什么作用?
1-1-7 DDMS 是什么?它有什么作用?
1-1-8 Android 模拟器有什么作用?在 Android Studio 中如何启动 Android 模拟器?

项目 1-2　第一个 Android 程序开发

学习目标

- 熟悉 Android Studio 开发界面,认识 Android 项目结构。
- 初识 Android 的基本组件。
- 掌握新建 Android Studio 工程的方法。
- 掌握 Android Studio 的简单设置。
- 掌握创建 Android Studio 虚拟设备的方法。
- 掌握 Android 程序运行和程序打包的方法。

项目描述

新建一个 FirstDemo 程序,进行 Android Studio 简单设置。然后,创建 Android Studio

模拟器，调试运行此程序。最后，将 Android 程序打包成 apk 文件。

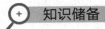知识储备

1.2.1 Android Studio 开发环境介绍

Android Studio 是 Google 公司官方提供的 Android 应用开发平台，它由菜单栏和工具栏、工程目录区、代码编辑区及后台日志窗口组成，如图 1-15 所示。如果单击代码编辑区左下角处【Design】按钮，可切换到 UI 设计窗口，查看 UI 布局设计效果。菜单栏和工具栏用于选择操作命令，如图 1-16 所示。工程目录区用于显示 Android 项目结构。代码编辑区用于编写 XML 或 Java 代码。后台日志窗口用于显示程序运行与调试结果。

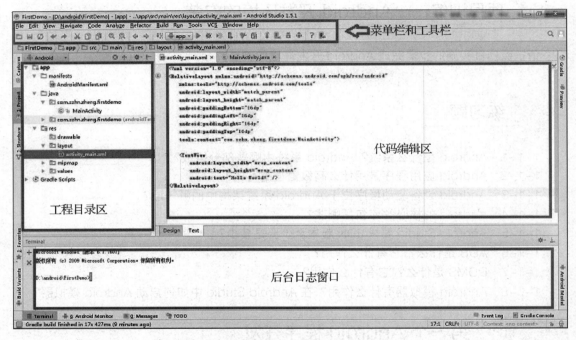

图 1-15 Android Studio 主页（开发环境）

说明：

①—APP 运行配置按钮；②—APP 运行按钮；③—AVD 管理器；④—SDK 管理器；⑤—后台调试工具

图 1-16 Android Studio 菜单栏和工具栏

1.2.2 Android 项目结构

Android 项目结构由工程清单文件 AndroidManifest.xml、工程源代码和资源文件夹组成，如图 1-17 所示。

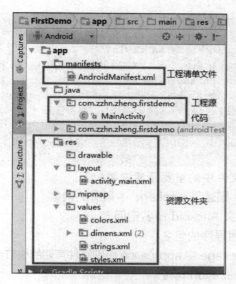

图 1-17 Android 项目结构

1. 资源文件夹

Android 项目下有 drawable、layout、mipmap、values 等资源文件夹，它们的作用介绍如下。

- drawable 子目录：通常用于存放图片资源。
- layout 子目录：用于存放 Android 项目中 UI 界面的 XML 布局文件。
- mipmap 子目录：用于放置启动图标，Android Studio 新建项目的 ic_launcher.png 都是默认放在 mipmap 文件夹下。
- values 子目录：用于放置颜色（colors.xml）、尺寸（dimens.xml）、字符（strings.xml）和样式（styles.xml）等资源文件。

同时，开发者还可以根据需要创建资源文件夹，如 menu 菜单文件夹用于存放菜单设置的 XML 文件。

2. 工程清单文件 AndroidManifest.xml

每个 Android 应用程序必须包含一个工程清单文件 AndroidManifest.xml。它位于整个项目的根目录。它是 Android 应用的全局描述文件。在该文件内，不仅需要标明应用程序的名称和使用的图标，还要描述 package 中暴露的组件（Activity 和 Service 等）。它们各自的实现类以及各种能被处理的数据和启动位置，除了能声明程序中的 Activities、Services、ContentProviders 和 Intent Receivers 以外，还能指定 Permissions 和 Instrumentation（安全控制和测试）。如 FirstDemo 程序中的 AndroidManifest.xml 文件代码：

```
<?xml version="1.0" encoding="utf-8"?>
<manifest xmlns:android="http://schemas.android.com/apk/res/android"    //第一层次
    package="com.zzhn.zheng.firstdemo">
    <application      //第二层次，声明描述应用程序的相关特征
        android:allowBackup="true"
        android:icon="@mipmap/ic_launcher"
        android:label="@string/app_name"
        android:supportsRtl="true"
```

```
            android:theme="@style/AppTheme">
    <activity                          //第三层次，声明应用程序中的组件，如Activity
        android:name=".MainActivity">
        <intent-filter>                //第四层次，声明此Activity的filter特性
            <action android:name="android.intent.action.MAIN" />
            <category android:name="android.intent.category.LAUNCHER" />
        </intent-filter>               //第四层次声明结束
    </activity>                        //第三层次声明结束
    </application>                     //第二层次声明结束
</manifest>                            //第一层次声明结束
```

AndroidManifest.xml 文件中的重要元素说明如下。

① manifest：根节点，描述了 package 中所有的内容。

② xmlns:android：定义 Android 命名空间。

③ package：指定应用程序的包名。

④ application：包含 package 中 application 级别组件声明的根节点，一个 AndroidManifest.xml 中必须包含零个或一个 application 标签。

⑤ android:icon：应用程序图标。

⑥ android:label：应用程序标签，即设置显示的名称。

⑦ activity：与用户交互的主要工具，它是用户打开一个应用程序的页面。

⑧ android:name：Activity 的名称。

⑨ intent-filter：即"意图过滤器"，是对 Activity 的过滤器 Filter 的声明，需要第四层次 intent-filter 内设定的资料，包括 action、data 和 category 3 种。也就是说，Filter 只会与 Intent 里的这 3 种资料做对比动作。

⑩ action：只有 android:name 这个属性。常见的 android:name 值为 android.intent.action.MAIN，表明此 Activity 是作为应用程序的入口，该属性的功能与 C 语言程序中的 main()函数相同，因此，android.intent.action.MAIN 属性只赋值给一个 Activity。

⑪ category：也只有 android:name 这个属性。常见的 android:name 值为 android.intent.category.LAUNCHER，它用来决定应用程序是否显示在程序列表里。

⑫ data：每个 data 元素指定一个 URI 和数据类型（MIME 类型）。它有 4 个属性：scheme、host、port 和 path，它们分别对应 URI（scheme://host:port/path）的每个部分。上述代码中没有涉及 data 属性。

AndroidManifest.xml 文件中有 4 个标签与 permission 有关，它们分别是<permission>、<permission-group>、<permission-tree>和<uses-permission>，其中最常用的是<uses-permission>。如果需要获取某个权限时，就必须在 AndroidManifest.xml 文件中声明<uses-permission>，如设置访问网络的权限名为<uses-permission android:name="android.permission.INTERNET" />。<uses-permission>与<application>同层次，一般位于<application>标签前面。

由此可见，AndroidManifest.xml 文件能实现的主要功能如下。

① 命名应用程序的 Java 应用包，这个包名用来唯一标识应用程序。

② 描述应用程序的组件——活动、服务、广播接收者、内容提供者；对实现每个组件和公布其功能的类进行命名。这些声明使得 Android 系统了解这些组件以及它们在什么条件下可以被启动。

③ 决定应用程序组件运行在哪个进程里。
④ 声明应用程序所必须具备的权限，用以访问受保护的部分 API，以及和其他应用程序交互。
⑤ 声明应用程序其他的必备权限，用于组件之间的交互。
⑥ 列举测试设备 Instrumentation 类，用来提供应用程序运行时所需的环境配置及其他信息。这些声明只在程序开发和测试阶段存在，发布前将被删除。
⑦ 声明应用程序所要求的 Android API 的最低版本级别。
⑧ 列举 application 所需要链接的库。

1.2.3 Android 的基本组件

Android 应用程序通常由一个或多个基本组件组成，其基本组件为 Activity、Service、BroadcastReceiver 和 ContentProvider。下面分别对 Android 的这四大基本组件进行介绍。

1. Activity

Activity 是活动的意思。在应用程序中，一个 Activity 通常表现为一个可视化的用户界面，是 Android 程序与用户交互的窗口。它可以显示一些控件，也可以监听并对用户的事件做出响应。同时，Activity 为保持各个界面状态，需要做很多持久化的事情，还需要妥善管理生命周期和一些转跳逻辑。而 Activity 之间是通过 Intent 进行通信的。

2. Service

Service 是指服务。服务是运行在后台的一个组件，它是一段具有长生命周期，没有用户界面的程序，可以用来开发如监控类的程序。

下面通过媒体播放器的例子来说明 Service 的作用。在一个媒体播放器的应用中，应该会有多个 Activity，让使用者可以选择歌曲并播放歌曲。然而，音乐重放这个功能并没有对应的 Activity，因为使用者会认为在导航到其他屏幕（如查看天气预报）时音乐应该还在播放的。此时系统前台是查看天气预报的界面，但媒体播放器会使用 Context.startService() 来启动一个事先定义好的具有歌曲播放功能的 Service，从而可以实现在后台保持音乐的播放。同时，系统也将保持这个 Service 一直执行，直到这个 Service 运行结束。另外，我们还可以通过使用 Context.bindService() 函数连接到一个 Service 上（如果这个 Service 还没有运行，则将它启动）。当连接到一个 Service 之后，可以用 Service 提供的接口与它进行通信。以媒体播放器为例，用户还可以进行暂停、重播等操作。

3. BroadcastReceiver

BroadcastReceiver 是指广播接收者，它不执行任何任务。广播是一种广泛运用在应用程序之间传输信息的机制，而 BroadcastReceiver 是对发送出来的广播进行过滤接收并响应的一类组件。BroadcastReceiver 不包含任何用户界面，然而它们可以启动一个 Activity 以响应接收到的信息，或者通过 NotificationManager 通知用户。可以通过多种方式使用户知道有新的通知产生，如手机震动、闹钟等。

BroadcastReceiver 组件提供了一种把 Intent 作为一个消息广播出去，由所有对其感兴趣的程序对其做出反应的机制。

4. ContentProvider

ContentProvider 是指内容提供者。作为应用程序之间唯一的共享数据的途径，ContentProvider 主要的功能就是存储并检索数据以及向其他应用程序提供访问数据的接口。

Android 平台提供了 ContentProvider，使一个应用程序的指定数据集提供给其他应用程序，这些数据可以存储在文件系统、SQLite 数据库，或以其他数据方式保存。其他应用程序可以通过 ContentResolver 类从该内容提供者中获取或存入数据。

在 Android 中还有一个很重要的概念就是 Intent。Intent 是一个对动作和行为的抽象描述，负责在组件之间和程序之间进行消息传递。除了 ContentProvider 是通过 ContentResolver 激活外，其他 3 种组件 Activity、Service 和 BroadcastReceiver 都是由 Intent 激活的。Intent 在不同的组件之间传递消息，将一个组件的请求意图传给另一个组件。

另外，四大基本组件都需要注册才能使用，即每个 Activity、Service、ContentProvider 都需要在 AndroidManifest 文件中进行声明，而 BroadcastReceiver 广播接收者的注册分静态注册（在 AndroidManifest 文件中配置）和通过代码动态创建并调用 Context.registerReceiver() 方法注册至系统。需要注意的是静态注册的广播接收者会随系统的启动而一直处于活跃状态，即使是程序未运行，只要接收到感兴趣的广播就会触发。

项目实施

1. 新建一个名为 FirstDemo 的 Android 工程

其操作步骤如下。

① 打开 Windows 的"开始"菜单，单击【Android Studio】图标，运行工程启动向导，在 Android Studio 的起始页界面上选择第 1 项新建一个 Android 工程；或在图 1-13 所示的 Android Studio 主页中单击菜单栏【File】→【New】→【New Project】，就可创建一个 Android 工程。

② 在弹出的"New Project"对话框的 Application name 栏中输入工程的名称（FirstDemo），Company Domain 栏中输入公司域名（zheng.zzhn.com），Project location 栏中输入工程路径，单击【Next】按钮，如图 1-18 所示。

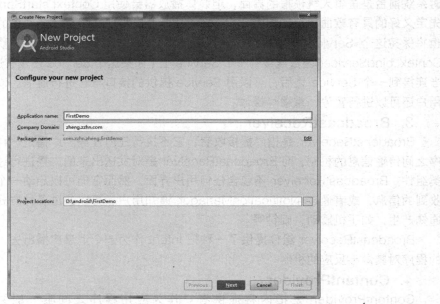

图 1-18　输入工程名、公司域名和工程路径

③ 在弹出的"Target Android Devices"对话框中将【Phone and Tablet】项勾选上,并选择支持最低版本的 SDK 为 Android 4.0.3(API 15),单击【Next】按钮,如图 1-19 所示。

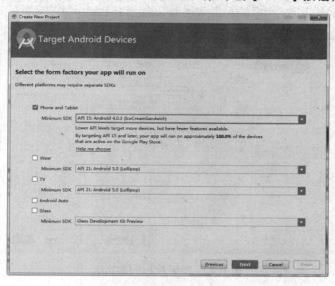

图 1-19 选择最低版本的 SDK

④ 在弹出的"Add an activity to Mobile"对话框中选择【Empty Activity】项(创建一个空的 Activity),单击【Next】按钮,如图 1-20 所示。

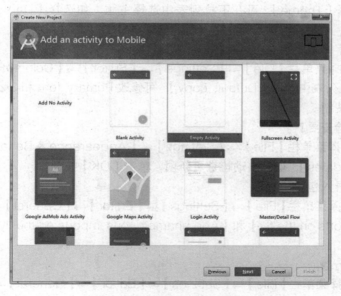

图 1-20 添加一个 Activity 对话框

⑤ 在弹出的"Customize the Activity"对话框中输入 Activity 的名称和布局(layout)文件名,单击【Finish】按钮,如图 1-21 所示。此时,系统开始进行"FirstDemo"工程项目的自动构建,弹出"Building"FirstDemo"Gradle project info"提示框。待工程项目构建完成后,将打开"FirstDemo"工程项目的 Android Studio 开发环境,完成新建"FirstDemo"工程项目。

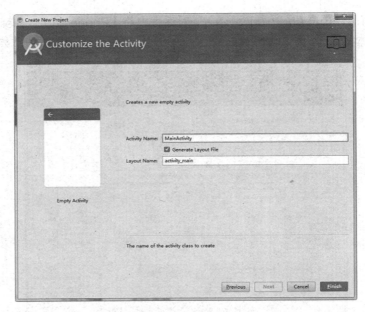

图 1-21　定制 Activity 对话框

2. Android Studio 简单设置

① 更换主题：如果要修改软件的界面，可以采用更换主题的方法。

操作步骤：选择菜单栏【File】→【Settings】→【Appearance & Behavior】→【Appearance】→【Theme】，可在下拉列表中选择主题，如选择【Darcula】，单击【OK】按钮。

② 修改代码字体大小。

操作步骤：选择菜单栏【File】→【Settings】→【Editor】→【Colors&Fonts】→【Font】，在 Scheme 的下拉列表中选择【Default copy】，可修改 Primary font 和 Size 项，调整字号大小，单击【OK】按钮。

③ 关闭自动检查更新。

操作步骤：选择菜单栏【File】→【Settings】→【Appearance & Behavior】→【System Settings】→【Updates】，取消自动检查更新项，单击【OK】按钮。

④ 设置自动导入包。

操作步骤：选择菜单栏【File】→【Settings】→【Editor】→【General】→【Auto Import】，将【Optimize imports on the fly】和【Add unambiguous imports on the fly】这两项勾选上，单击【OK】按钮。

⑤ 显示代码行数。

操作步骤：选择菜单栏【File】→【Settings】→【Editor】→【General】→【Appearance】，将【Show line numbers】项勾选上，单击【OK】按钮。

⑥ 修改文件编码方式。

操作步骤：选择菜单栏【File】→【Settings】→【Editor】→【File Encodeings】，可修改 IDE Encodeing 和 project Encodeing 中的编码方式，单击【OK】按钮。注意：Android 默认的编码方式是 UTF-8。

⑦ 禁止自动打开上次的工程。

操作步骤：选择菜单栏【File】→【Settings】→【Appearance & Behavior】→【System Settings】，将【Reopen last project startup】选项的对勾去掉，单击【OK】按钮。

3. 创建 Android Studio 虚拟设备

创建 Android Studio 虚拟设备的操作步骤如下。

① 选择菜单栏【Tools】→【Android】→【AVD Manager】，或单击工具栏上的【AVD Manager】命令按钮。

② 打开"Your Virtual Devices"对话框，单击【+Create Virtual Device】按钮，打开 Virtual Devices Configuration 中的"Select Hardware"对话框。选择手机硬件配置，单击【Clone Device】按钮，进入"Configure Hardware Profile"对话框，在此对话框中可修改配置信息，单击【OK】按钮返回。

③ 在"Select Hardware"对话框中，单击【Next】按钮，进入"System Image"对话框，选择一个 System Image，然后单击【Next】按钮，进入"Android Virtual Device（AVD）"对话框，最后单击【Finish】按钮。当虚拟设备创建成功后就会在"Your Virtual Devices"对话框中出现已创建的虚拟设备记录，如图 1-22 所示。

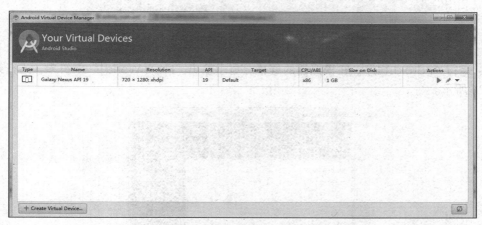

图 1-22 虚拟设备对话框

在图 1-22 的右侧分别有一个"侧三角形"、一个"铅笔"和一个"倒三角形"的标志，其中，"侧三角形"标志是启动虚拟设备的命令按钮，"铅笔"标志是编辑虚拟设备的命令按钮，在"倒三角形"标志的下拉列表里有删除虚拟设备的命令，而单击【+Create Virtual Device】命令按钮则可创建一个新虚拟设备。

4. 运行项目

创建 Android 应用程序项目后，还需要运行程序来查看显示的效果。而运行 Android 应用程序有两种方法，一种方法是在计算机上连接用来运行程序的手机，然后通过该手机来运行程序；另一种方法是通过 Android 模拟器来运行程序。下面介绍在 Android Studio 开发环境下通过 Android 模拟器来运行 Android 程序的操作步骤。

① 单击工具栏上的 AVD Manager 图标，打开虚拟设备对话框，在虚拟设备对话框中单击启动虚拟设备的命令按钮，打开 Android Studio 模拟器。

② 单击工具栏上的"三角形"运行按钮，在 Device Chooser（设备选择）对话框中选择虚拟设备，如图 1-23 所示，单击【OK】按钮。

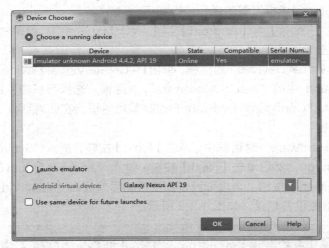

图 1-23　设备选择对话框

③ 运行 Android 程序，在模拟器的屏幕上显示输出"Hello World!"字符串，运行效果如图 1-24 所示。

图 1-24　应用程序运行效果

5. Android 程序打包

Android 应用程序开发完成后，如果需要将其上传到市场，就必须保证应用程序的唯一性和安全性，这时就需要将应用程序打包成 Android 可安装的.apk 文件。在 Android Studio 开发环境下，将应用程序打包的操作步骤如下。

① 打开 Android 应用程序项目，选择菜单栏上的【Build】→【Generate Signed APK】，在弹出的对话框（见图 1-25）中单击【Create new】或【Choose existing】按钮，可新建或选择已有的密钥（jks）文件（密钥文件相当于程序的身份证书）。

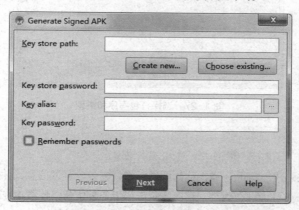

图 1-25　新建或选择密钥（jks）文件

② 在弹出的"New Key Store"对话框中输入新建或选择已有的密钥（jks）文件信息（见图 1-26），单击【OK】按钮，返回到图 1-25 所示的对话框。

图 1-26　输入密钥（jks）文件

③ 在图 1-25 所示的对话框中将显示密钥（jks）文件信息，然后，将【Remember passwords】（记住密码项）勾选上，单击【Next】按钮。

④ 在弹出的"Generate Signed APK"对话框中选择"Build Type"项为 release，单击【Finish】按钮，如图 1-27 所示。打包成功后，将在 Android Studio 的右上角出现打包文件的链接提示，单击链接打开 apk 文件所在的文件夹，可将 apk 文件重命名或复制。

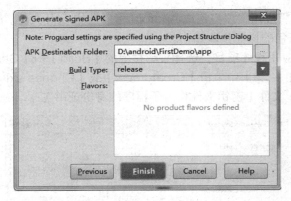

图 1-27 选择打包程序和类型

打包分 debug 版和 release 版，debug 通常称为调试版本，它包含调试信息，并且不做任何优化，便于程序员调试程序。release 称为发布版本，它往往是进行了各种优化，使程序在代码大小和运行速度上都是最优的，以便用户很好地使用。通常打包就是指生成 release 版的 apk。

项目总结

通过本项目的学习，读者应了解 Android Studio 的开发环境和 Android 项目结构，掌握新建一个 Android 工程的操作方法，了解 Android Studio 的简单设置，学会创建 Android Studio 虚拟设备的方法，掌握项目运行和程序打包的操作。

项目训练——创建一个 APP 项目

创建一个"HelloAndroid"项目，运行该项目，实现输出"Hello Android！"字符串，并将该项目程序打包。

练习题

1-2-1　Android 项目结构由哪些部分组成？
1-2-2　Android 项目的工程清单文件有什么作用？
1-2-3　如何修改应用程序的标签？
1-2-4　如何更换 Android Studio 开发界面的主题样式？
1-2-5　Android 项目中的图片、布局文件和字符串文件分别存放在什么文件夹下？

Chapter 2

模块 2
Android UI 界面设计

项目 2-1 物联网环境状态值界面设计

学习目标

- 了解 UI 界面设计中组件、容器、界面布局和事件等相关概念。
- 掌握 Android 基本组件 TextView、EditText 和 Button 组件的使用方法。
- 掌握 Android 中 Button 组件的事件处理机制。
- 掌握 Android 线性布局技术。
- 了解 strings.xml、colors.xml 的作用,学会 strings.xml、colors.xml 的运用。
- 了解样式和主题的作用,学会样式和主题的设计。
- 学会运用 Android 线性布局的方法来实现物联网环境状态值界面设计。

项目描述

运用 Android 线性布局技术,设计一个能够对物联网环境状态值中的温度、湿度、光照等值进行设置的 UI 界面。

知识储备

2.1.1 UI 界面的组件和容器

UI 是用户界面(User Interface)的简称,是系统和用户之间进行信息交换的媒介,在设计 Android 的应用程序时,UI 界面设计是非常重要的一部分。由于用户终端屏幕尺寸大小各异,为了确保程序在运行时尽量不受屏幕尺寸大小的影响而产生界面变形,导致不好的用户体验,在 UI 界面设计中,UI 的大小必须适应各类屏幕,并能自动调整而不是由用户去设定。另外,UI 的设计和具体功能的实现需要在逻辑上进行分离,从而使 UI 设计者和程序开发者能够相对独立地工作,以提高工作效率,避免在后期维护时功能的修改对 UI 设计产生影响。

对于上述两个问题,首先,Android 系统采用相对定位的方式,使 UI 设计者通过相对大小或相对位置来放置所需的组件,从而帮助整个 UI 在不同屏幕尺寸上实现动态调整,并正确地显示在屏幕中。其次,UI 设计和功能实现在逻辑上分离的问题,Android 系统采用 UI 设计,并由特殊的 XML 文件进行绘制,而具体的功能则是在 Java 代码中完成,两者之间通过对应的 ID 号进行关联,从而达到逻辑和物理上的分离。

Android 体系中 UI 的设计采用视图层次(View Hierarchy)结构,而视图层次则是由 View(视图)和 ViewGroup(容器)组成,如图 2-1 所示。Android 系统会依据视图层次结构从上至下绘制每一个界面元素。

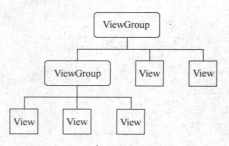

图 2-1 Android 用户界面视图层次

View 在 Android 中可以理解为视图，它占据屏幕上的一块矩形区域，负责提供组件绘制和事件的处理方法。View 类是所有的 widgets 组件的基类，如文本框（TextView）、编辑框（EditText）和按钮（Button）等都是 widgets 组件。

ViewGroup 在 Android 中可以理解为容器，ViewGroup 类继承自 View 类，它是 View 类的扩展，是用来容纳其他组件的容器，但是由于 ViewGroup 是一个抽象类，所以在实际应用中通常是用 ViewGroup 的子类来作为容器，如在 2.1.2 小节界面布局中介绍的布局管理器。

在 Android 中 View 及其子类的相关属性，既可在 XML 布局文件中设置，也可以通过成员方法在 Java 代码中动态设置。其中，ID 属性是每个 View 的唯一标识，在 XML 中的 ID 语法如下：

```
android:id="@+id/id名称"
```

字符串前的@符号表示 XML 解析器应该解析和扩展剩下的 ID 字符串，并把它作为 ID 资源。+符号表示这是一个新的资源名字，它必须被创建且加入 R.java 文件。Android 框架提供一些其他的 ID 资源。当引用一个 Android 资源 ID 时，不需要+符号，但必须添加 Android 包名字空间，如 android:id="@android:id/empty"。

View 常用的 XML 属性及相关方法如表 2-1 所示。

表 2-1 View 常用的 XML 属性及相关方法

XML 属性	方法	描述
android:background	setBackgroundResource(int)	设置该组件的背景颜色
android:clickable	setClickable(boolean)	设置是否响应单击事件，其属性值为 true 或 false
android:onClick		为组件单击事件绑定监听器
android:id	setId(int)	设置该组件的唯一标识，Java 代码中可通过 findViewById 来获取它
android:focusable	setFocusable(boolean)	设置组件是否可以得到焦点，其属性值为 true 或 false
android:minHeight	setMinimumHeight(int)	设置该组件的最小高度
android:minWidth	setMinimumWidtht(int)	设置该组件的最小宽度
android:padding	setPadding(int,int,int,int)	在组件的四边设置填充区域
android:paddingLeft	setPadding(int,int,int,int)	在组件的左边设置填充区域
android:paddingTop	setPadding(int,int,int,int)	在组件的上边设置填充区域
android:paddingRight	setPadding(int,int,int,int)	在组件的右边设置填充区域
android:paddingBottom	setPadding(int,int,int,int)	在组件的下边设置填充区域
android:scaleX	setScaleX(float)	设置该组件在水平方向的缩放比
android:scaleY	setScaleY(float)	设置该组件在垂直方向的缩放比
android: visibility	setVisibility(View.VISIBLE| View.GONE)	设置该组件为可见|不可见

ViewGroup 是 View 的子类，它主要用来充当 View 的容器，对子 View 进行管理。它与 View 的区别在于：ViewGroup 能够容纳多个 View 作为 ViewGroup 的子组件，同时，View 也可以包含 ViewGroup 作为其子组件，所以，View 和 ViewGroup 是相互包容的关系。当然，在创建 UI 时，开发人员是直接使用 Android 所提供的具有不同功能的组件。

Android 用户界面是单线程用户界面，在单线程用户界面中，控制器从队列中获取事件和视图在屏幕上绘制用户界面，使用的都是同一个线程。

2.1.2 界面布局

Android UI 界面上显示内容都是用组件实现的，它们都继承自 View 类，布局 Layout 也是一种容器组件，继承自 ViewGroup 类。在 Android 中，容器组件里面又可以摆放其他组件，组件则是用于实现功能的图形用户界面元素。布局文件主要是设计 UI 界面，设定容器和组件的属性，规范组件在容器中的显示。布局文件以.XML 为扩展名，保存在 res/layout/ 下面。

Android 的界面布局设计是通过 XML 来定义的，每一个组件摆放在窗体中，通过设置属性来调整它们的位置和大小，所有的组件都具有以下两个必需的基本属性。

① 宽度：android:layout_width= "match_parent"

属性的取值：match_parent 相对父容器占满整行，wrap_content 默认取组件宽度。

② 高度：android:layout_height="50dp"

属性的取值：match_parent 相对父容器占满整个高度，wrap_content 默认取组件高度。

另外，宽度、高度和大小的取值常用的单位是 dp、sp。

宽度、高度和大小可以使用像素单位 dp，组件里字体大小的单位用 sp。

Android 提供了 5 种布局方式：相对布局 RelativeLayout、线性布局 LinearLayout、表格布局 TableLayout、帧布局 FrameLayout、绝对布局 AbsoluteLayout（基本已经被淘汰），在 4.0 版本后还增加了网格布局 GridLayout 和碎片布局 Fragment。有关这几种布局的运用将在后面的项目中详细介绍。

2.1.3 事件相关概念

在 Android 的应用程序中，当用户在程序界面上执行各种操作时，应用程序必须为用户操作提供响应动作，这种响应动作就需要通过事件处理来完成。

Android 平台的事件处理机制有以下两种。

1. 基于监听的事件处理

对于基于监听的事件处理而言，主要就是为 Android 界面组件绑定特定的事件监听器，Android 提供了 OnClickListener、OnLongClickListener、OnFocusChangeListener、

OnKeyListener、OnTouchListener、OnCreateContextMenuListener 等基于监听接口的事件处理模型。

在监听器模型中，主要涉及以下 3 类对象。

① 事件源（Event Source）：产生事件的来源，通常是各种组件，如按钮、窗口等。

② 事件（Event）：事件封装了界面组件上发生的特定事件的具体信息，如果监听器需要获取界面组件上所发生事件的相关信息，一般通过事件（Event）对象来传递。

③ 事件监听器（Event Listener）：负责监听事件源发生的事件，并对不同的事件做相应的处理。

基于监听的事件处理机制是一种委派式 Delegation 的事件处理方式，事件源将整个事件委托给事件监听器，由监听器对事件进行响应处理。这种处理方式将事件源和事件监听器分离，有利于提供程序的可维护性。

基于监听的事件处理的使用步骤如下。

① 获取普通的界面组件（事件源），也就是被监听的对象。

② 实现事件监听类，该监听类是一个特殊的 Java 类，必须实现一个 XxxListener 接口。

③ 调用事件源的 setXxxListener 方法，将事件监听器对象注册给普通组件（事件源）。

注明：Xxx 是指事件名。

事件处理流程如下。

当事件源发生指定的事件时，Android 会触发事件监听器，由事件监听器调用相关的方法（事件处理器）来处理事件。

2. 基于回调的事件处理

Android 平台中，每个 View 都有自己处理事件的回调方法，可以通过重写 View 中的这些回调方法来实现需要的响应事件。当某个事件没有被任何一个 View 处理时，便会调用 Activity 中相应的回调方法。Android 提供了 onKeyDown、onKeyUp、onTouchEvent、onTrackBallEvent、onFocusChanged 等回调方法供用户使用。

2.1.4　TextView 组件

TextView 组件是用于显示字符串的文本框组件，其主要功能就是在屏幕中某个区域内显示文本内容。Android 中的文本框组件可以显示单行文本，也可以显示多行文本，而且还可以显示带图像的文本。

在 Android 中，可以通过两种方法向屏幕中添加 TextView 组件，一种是通过在 XML 布局文件中使用<TextView>标记添加，另一种是在 Java 文件中通过 new 关键字创建出来。推荐采用第一种方法。

1. 在 XML 文件中添加 TextView 的基本语法

格式如下：

```
<TextView
    属性列表
/>
```

2. TextView 组件常用属性及对应方法

在 TextView 组件中包含很多可以在 XML 文件中设置的属性，这些属性同样可以在 Java 代码中动态声明。TextView 组件的常用属性及对应方法如表 2-2 所示。

表 2-2　TextView 组件的常用属性及对应方法

属性名称	对应方法	描述
android:height	setHeight(int)	定义 TextView 准确高度，以像素为单位
android:width	setWidth(int)	定义 TextView 准确宽度，以像素为单位
android:text	setText(CharSequence)	为 TextView 设置显示的文本内容
android:textColor	setTextColor (ColorStateList)	设置 TextView 的文本颜色
android:textSize	setTextSize (float)	设置 TextView 的文本大小
android:hint	setHint(int)	当 TextView 中显示的内容为空时，显示该文本
android:gravity	setGravity(int)	定义 TextView 在 X 轴和 Y 轴方向上显示的方式

说 明

getText() 可获得 TextView 对象的文本。Length 可获得 TextView 中文本长度。

下面通过【例 2-1】来说明 TextView 属性可在 XML 文件中直接设置，也可在 Java 文件中动态设置。

【例 2-1】在 Android Studio 中新建一个 Android 项目，实现在屏幕上显示两行文字，要求第 1 行文字是通过 XML 布局文件进行属性设置，而第 2 行文字则是通过 Java 代码进行动态设置。

第一种方法，通过 XML 布局文件进行属性设置。

启动 Android Studio，新建一个 Android 项目，修改 res/layout 目录下的 activity_main.xml 布局文件，将默认添加的相对布局（RelativeLayout）修改成线性布局（LinearLayout），并设置线性布局中的 android:orientation="vertical"，即垂直方向对齐，并为默认添加的 TextView 组件设置文本框属性以显示"物联网环境状态值设置"文字。另外，再添加一个 TextView 组件，此 TextView 组件中设置了 ID 属性。其他属性将通过 Java 代码进行动态设置。程序清单的代码如下：

```xml
<?xml version="1.0" encoding="utf-8"?>
<LinearLayout xmlns:android="http://schemas.android.com/apk/res/android"
    xmlns:tools="http://schemas.android.com/tools"
    android:layout_width="match_parent"
    android:layout_height="match_parent"
    android:orientation="vertical"
    tools:context="com.zzhn.myapplication.MainActivity">
    <TextView
        android:layout_width="match_parent"
        android:layout_height="wrap_content"
        android:gravity="center"
        android:textSize="30sp"
        android:background="@color/colorAccent"
        android:text="物联网环境状态值设置" />
    <TextView
        android:layout_width="match_parent"
```

```
            android:layout_height="wrap_content"
            android:id="@+id/tv1"/>
</LinearLayout>
```

第二种方法，通过 Java 代码进行动态设置。

修改 MainActivity.java 程序，在 onCreate 方法中完成 TextView 的属性设置，代码如下：

```
protected void onCreate(Bundle savedInstanceState) {
    super.onCreate(savedInstanceState);
    setContentView(R.layout.activity_main);
    //获取 ID 为 tv1 的 TextView 组件
    TextView textView = (TextView)findViewById(R.id.tv1);
    //设置字体颜色
    textView.setTextColor(Color.WHITE);
    //设置字体大小
    textView.setTextSize(20);
    //设置组件背景色
    textView.setBackgroundColor(Color.BLUE);
    //显示的文字
    textView.setText("请输入数据");
    //设置为可见
    textView.setVisibility(View.VISIBLE);
    //设置文字居中
    textView.setGravity(Gravity.CENTER);
}
```

运行效果如图 2-2 所示。

图 2-2 TextView 运行效果

2.1.5 EditText 组件

在 Android 中，EditText 是文本输入框，它与 TextView 的功能基本类似，它们之间的主要区别在于 EditText 提供了可编辑的文本框。Android 中的 EditText 组件不仅可以输入单行文本，也可以输入多行文本，并且还可以输入指定格式的文本，如密码、电话号码、电子邮件地址等。

1. 在 XML 文件中添加 EditText 组件的基本语法

格式如下：

```
<EditText
      属性列表
/>
```

示例：设置在 EditText 组件中输入密码，并且用小点"."显示密码的文本。

```
<EditText
      android:layout_width="wrap_content"
      android:layout_height="wrap_content"
      <!---设置输入密码--->
      android:inputType="textPassword"
      android:hint="输入密码"
      <!---设置用小点"."显示密码--->
      android:password="true"
      android:id="@+id/editText1"
/>
```

2. EditText 组件常用属性和常用方法

EditText 组件常用属性和常用方法的说明如表 2-3 和表 2-4 所示。

表 2-3 EditText 组件常用属性

属性名称	描述
android:digits	设置允许输入字符，如 1 2 3 4 5 6 7 8 9 0 . + - * / % \ n ( )
android:editable	设置是否可编辑，取值为 false 时无法输入
android:maxLength	设置输入字符数的最大个数
android:lines	设置文本的行数，如设置两行就显示两行，即使第 2 行没有数据
android:maxLines	设置文本的最大显示行数，与 layout_width 结合使用，超出部分自动换行，超出行数将不显示
android:minLines	设置文本的最小行数，与 lines 类似
android:lineSpacingExtra	设置行间距
android:password	设置以小点"."显示文本，取值为 true
android:phoneNumber	设置为电话号码的输入方式
android:textColorHint	设置提示信息文字的颜色，默认为灰色。与 hint 一起使用
android:textStyle	设置字形[bold（粗体），italic（斜体），bolditalic（又粗又斜）]，可以设置一个或多个，用"|"隔开

续表

属性名称	描述
android:inputType	设置文本的输入类型，如 none、text 输入普通字符、textCapCharacters 字母大写、textAutoComplete 自动完成、textMultiLine 多行输入、textUri 网址、textEmailAddress 电子邮件地址、textEmailSubject 邮件主题、textShortMessage 短信息、textLongMessage 长信息、textPersonName 人名、textPostalAddress 地址、textPassword 密码、textVisiblePassword 可见密码、textWebEditText 作为网页表单的文本、textFilter 文本筛选过滤、textPhonetic 拼音输入、number 数字格式、numberSigned 有符号数字格式、numberDecimal 可带小数点的浮点格式、phone 电话号码、datetime 时间日期、date 日期、time 时间

表 2-4　EditText 组件常用方法

方法	功能描述	返回值
setImeOptions	设置软键盘的<Enter>键	void
getImeActionLable	设置 IME 动作标签	Charsequence
getDefaultEditable	获取是否默认可编辑	boolean
setEllipse	设置文件过长时控件的显示方式	void
setFreezesText	设置保存文本内容及光标位置	void
getFreezesText	获取保存文本内容及光标位置	boolean
setGravity	设置文本框在布局中的位置	void
getGravity	获取文本框在布局中的位置	int
setHint	设置文本框为空时，文本框默认显示字符	void
getHint	获取文本框为空时，文本框默认显示字符	Charsequence
setIncludeFontPadding	设置文本框是否包含底部和顶端额外空白	void
setMarqueeRepeatLimit	在 ellipsize 指定 marquee 的情况下，设置重复滚动的次数。当设置为 marquee_forever 时表示无限次	void

2.1.6　Button 组件

在 Android 中，Button 是一种按钮组件，用户能够在该组件上点击，并引发相应的事件处理函数，或为 Button 组件设置 View.OnClickListener 监听器，并在监听器的实现代码中开发按钮按下事件的处理代码。

在 Android 中，可以通过两种方法向屏幕中添加 Button 组件，一种是通过在 XML 布局文件中使用<Button>标记添加，另一种是在 Java 文件中，通过 new 关键字创建出来。推荐采用第一种方法。

1. 在 XML 文件中添加 Button 的基本语法

格式如下:

```
<Button
    属性列表
/>
```

2. Button 组件常用属性和方法

Button 组件常用属性和方法的说明如表 2-5 和表 2-6 所示。

表 2-5 Button 组件常用属性

属性名称	描述
android:layout_height	设置组件高度,可选值:match_parent,warp_content,px
android:layout_width	设置组件宽度,可选值:match_parent,warp_content,px
android:text	设置组件名称,可以是任意字符
android:layout_gravity	设置组件在布局中的位置,其选项包括 top、left、bottom、right、center_vertical、fill_vertical、fill_horizonal、center、fill 等
android:layout_weight	设置组件在布局中的比重,可选值为任意的数字
android:textColor	设置文字的颜色
android:hint	设置文本为空时所显示的字符

表 2-6 Button 组件常用方法

方法	功能描述	返回值
onKeyDown	当用户按键时,该方法调用	Boolean
onKeyUp	当按键弹起后,该方法被调用	Boolean
onKeyLongPress	当用户保持按键时,该方法被调用	Boolean
onKeyMultiple	当用户多次调用时,该方法被调用	Boolean
invalidateDrawable	刷新 Drawable 对象	void
scheduleDrawable	定义动画方案的下一帧	void
unscheduleDrawable	取消 scheduleDrawable 定义的动画方案	void
onPreDraw	设置视图显示前调整滚动轴的边界	Boolean
setOnKeyListener	设置按键监听	void

下面通过【例 2-2】来说明 Button 属性可在 XML 文件中直接设置,也可在 Java 文件中动态设置。

【例 2-2】在 Android Studio 中新建一个 Android 项目,实现在屏幕上创建一个注册按钮和一个登录按钮,要求注册按钮是通过 XML 布局文件进行属性设置,而登录按钮则是通过 Java 代码进行动态设置。

第一种方法，通过 XML 布局文件进行属性设置。

启动 Android Studio，新建一个 Android 项目，修改 res/layout 目录下的 activity_main.xml 布局文件，将默认添加的相对布局（RelativeLayout）修改成线性布局（LinearLayout），并设置线性布局中的 android:orientation="vertical"，即垂直方向对齐，并将默认添加的 TextView 组件删除。添加 Button 组件，设置 Button 组件的文本属性为"这是注册按钮，请单击。"文字。另外，再添加 Button 组件，此 Button 组件中设置了 ID 属性。其他属性将通过 Java 代码进行动态设置。程序清单的代码如下：

```xml
<?xml version="1.0" encoding="utf-8"?>
<LinearLayout xmlns:android="http://schemas.android.com/apk/res/android"
    xmlns:tools="http://schemas.android.com/tools"
    android:layout_width="match_parent"
    android:layout_height="match_parent"
    android:orientation="vertical"
    tools:context="com.zzhn.zheng.mytest.MainActivity">
    <Button
        android:layout_width="wrap_content"
        android:layout_height="wrap_content"
        android:textColor="#0000FF"
        android:text="这是注册按钮，请单击。"
        android:id="@+id/zhuce"
    />
    <Button
        android:layout_width="wrap_content"
        android:layout_height="wrap_content"
        android:id="@+id/denglu"
    />
</LinearLayout>
```

第二种方法，通过 Java 代码进行动态设置。

修改 MainActivity.java 程序，在 onCreate 方法中完成 Button 的属性设置，程序代码如下：

```java
protected void onCreate(Bundle savedInstanceState) {
        super.onCreate(savedInstanceState);
        setContentView(R.layout.activity_main);
        //获取 ID 为 denglu 的 Button 组件
        Button btn1 = (Button)findViewById(R.id.denglu);
        //设置按钮上的文本
        btn1.setText("这是登录按钮，请单击");
        //设置按钮宽度
        btn1.setWidth(800);
        //设置按钮高度
        btn1.setHeight(123);
        //设置按钮文字颜色
        btn1.setTextColor(Color.WHITE);
        //设置按钮字体大小
        btn1.setTextSize(30);
        //设置按钮组件背景色
        btn1.setBackgroundColor(Color.BLUE);
}
```

运行效果如图 2-3 所示。

图 2-3　Button 设置效果图

3. Button 组件的单击事件处理方法

第一种方法，首先在 Activity 组件的 XML 文件中设置 Button 组件的 onClick 属性，通过该属性指定当点击 Button 组件时，将引发相应事件处理的方法名，然后，在 Java 程序代码中编写 onClick 属性所指定的 Button 组件单击事件的方法。示例如下。

XML 文件设计：

```xml
<Button
    android:layout_width="wrap_content"
    android:layout_height="wrap_content"
    android:textColor="#0000FF"
    android:text="这是注册按钮，请单击。"
    android:id="@+id/btn1"
    android:onClick="zhuce" />
```

Java 代码设计：

```java
public class MainActivity extends Activity {
    @Override
    protected void onCreate(Bundle savedInstanceState) {
        super.onCreate(savedInstanceState);
        setContentView(R.layout.activity_main);
    }
    //单击事件的处理方法
    public void zhuce(View view){
        ……        //单击事件的处理程序
    }
}
```

第二种方法，接口实现事件处理模型。

实现方法：首先在 Activity 中实现 OnClickListener 接口，获取 Activity 界面上 Button 组件（事件源），然后，绑定接口在 Button 按钮上，并编写 onClick 单击事件的处理方法。

示例代码如下:

```java
public class MainActivity extends Activity implements OnClickListener {
    @Override
    protected void onCreate(Bundle savedInstanceState) {
        super.onCreate(savedInstanceState);
        setContentView(R.layout.activity_main);
        Button btn1 = (Button)findViewById(R.id.btn1);
        btn1.setOnClickListener(this);
    }
    //单击事件的处理方法
    public void onClick(View v) {
        switch(v.getId()){
            case R.id.btn1:
                …… //单击事件的处理程序
        }
    }
}
```

第三种方法，内部类事件处理模型。示例代码如下:

```java
public class MainActivity extends Activity {
    @Override
    protected void onCreate(Bundle savedInstanceState) {
        super.onCreate(savedInstanceState);
        setContentView(R.layout.activity_main);
        //获取界面上 Button 组件
        Button btn1 = (Button)findViewById(R.id.btn1);
        //将事件监听器对象注册给 Button 组件
        btn1.setOnClickListener(new Clicklistener());
    }
    //实现事件监听类
    class Clicklistener implements OnClickListener {
        @Override
        public void onClick(View v) {
            switch (v.getId()) {
                case R.id.btn1:
                    //单击事件的处理程序
                    ……
                    break;
            }
        }
    }
}
```

第四种方法，用匿名内部类事件处理模型。示例代码如下:

```java
public class MainActivity extends Activity {
    @Override
    protected void onCreate(Bundle savedInstanceState) {
        super.onCreate(savedInstanceState);
        setContentView(R.layout.activity_main);
        Button btn1 = (Button)findViewById(R.id.btn1);
        btn1.setOnClickListener(new OnClickListener(){
            @Override
            public void onClick(View v) {
```

```
                        //单击事件的处理程序
                        ……
                }
            });
    }
}
```

2.1.7 线性布局

　　线性布局是最常见的一种布局方式,在线性布局中,所有的子元素都按照垂直或水平的顺序在界面上排列,线性布局可以分为水平线性布局和垂直线性布局两种。

　　在 Android 中,可以使用 XML 布局文件定义线性布局管理器,也可以使用 Java 来创建,但推荐使用 XML 布局文件定义线性布局管理器。在 XML 布局文件中,定义线性布局管理器需要使用 LinearLayout 标记,其基本语法格式如下:

```
<LinearLayout xmlns:android="http://schemas.android.com/apk/res/android"
    属性列表>
</LinearLayout>
```

线性布局中的几个重要属性介绍如下。

　　① android:orientation 用来设置线性布局中各组件的排列方向,其可选值为 horizontal 和 vertical,默认值为 vertical。其中,vertical 为垂直排列,horizontal 为水平排列。

　　② android:padding 表示在 View 的顶部、底部、左侧和右侧的填充像素,它也被称为内边距。它设置的是内容与 View 边缘的距离,它分为上(padding-top)、右(padding-right)、下(padding-bottom)、左(padding-left)和 padding。

　　③ android:layout_margin 是组件的顶部、底部、左侧和右侧的空白区域,称为外边距。它设置的是组件与其父容器的距离,它分为上(margin-top)、右(margin-right)、下(margin-bottom)、左(margin-left)和 margin。

　　④ android:gravity 用来设置 View 本身的内容应该显示在 View 的什么位置,默认值是左侧。它也可以用来设置布局中的组件位置。

　　⑤ android:layout_width 用来设置组件的基本宽度,其可选值为 match_parent 和 wrap_content。

　　⑥ android:layout_height 用来设置组件的基本高度,其可选值为 match_parent 和 wrap_content。

　　⑦ android:id 用来为当前组件指定一个 ID 属性。

　　⑧ android:background 用来为该组件设置背景。

　　⑨ android:layout_gravity 是相对于包含该元素的父元素来说的,设置该元素在父元素的什么位置。比如 TextView:android:layout_gravity 表示 TextView 在界面上的位置,android:gravity 表示 TextView 文本在 TextView 的什么位置,默认值是左侧。

　　⑩ android:layout_weight 用来控制各个组件在布局中的相对大小,线性布局会根据该组件的 layout_weight 值与其所处布局中所有组件的 layout_weight 值之和的比值为该组件分配占用的区域。在水平布局的 LinearLayout 中有两个 Button,这两个 Button 的 layout_weight 属性值都为 1,那么这两个按钮都会被拉伸到整个屏幕宽度的一半。如果 layout_weight 值为 0,组件会按原大小显示,不会被拉伸;对于其余 layout_weight 属性值大于 0 的组件,系统将会减去 layout_weight 属性值为 0 的组件的宽度或者高度,再用剩余的宽度或高度按相应的比例来分

配每一个组件显示的宽度或高度。

【例 2-3】在 Android Studio 中新建一个 Android 项目，设计一个水平方向排列两个按钮和垂直方向排列两个按钮的线性布局。

启动 Android Studio，新建一个 Android 项目，修改 res/layout 目录下的 activity_main.xml 布局文件，将默认添加的相对布局（RelativeLayout）修改成线性布局（LinearLayout），并设置线性布局中的 android:orientation="vertical"，即垂直方向对齐，并将默认添加的 TextView 组件删除。添加 LinearLayout 组件，在 LinearLayout 组件中添加 Button 组件，通过线性布局的嵌套实现。程序清单的代码如下：

```xml
<?xml version="1.0" encoding="utf-8"?>
<LinearLayout xmlns:android="http://schemas.android.com/apk/res/android"
    xmlns:tools="http://schemas.android.com/tools"
    android:layout_width="match_parent"
    android:layout_height="match_parent"
    android:orientation="vertical"
    tools:context="com.zzhn.zheng.mytest.MainActivity">
    <LinearLayout
        android:layout_width="match_parent"
        android:layout_height="wrap_content"
        android:orientation="horizontal">
        <Button
            android:layout_width="wrap_content"
            android:layout_height="wrap_content"
            android:textColor="#0000FF"
            android:text="注册"
            android:id="@+id/zhuce"
            android:layout_weight="1"/>
        <Button
            android:layout_width="wrap_content"
            android:layout_height="wrap_content"
            android:text="登录"
            android:id="@+id/denglu"
            android:layout_weight="1"/>
    </LinearLayout>
    <Button
        android:layout_width="wrap_content"
        android:layout_height="wrap_content"
        android:textColor="#0000FF"
        android:text="注册"
        android:id="@+id/zhuce1" />
    <Button
        android:layout_width="wrap_content"
        android:layout_height="wrap_content"
        android:text="登录"
        android:id="@+id/denglu1" />
</LinearLayout>
```

运行效果如图 2-4 所示。

图 2-4 线性布局示例效果图

2.1.8 strings.xml 和 colors.xml 的运用

在 Android 项目的 res/values 文件夹中存放了一些资源文件的信息，用于读取文本资源，在该文件夹中有一些约定的文件名称，如 arrays.xml（定义数组数据）、colors.xml（定义表示颜色的数据）、dimens.xml（定义尺度大小）、strings.xml（定义字符串）和 styles.xml（定义显示的样式文件）等，并且这些资源文件在 Android 项目开发中都有一定的作用。

1．strings.xml 的运用

在 Android 项目开发中，Android 建议将在屏幕上显示的文字定义在 strings.xml 中，然后，在布局文件或 java 文件中调用 strings.xml 资源文件中的信息，而不提倡在布局文件的 text 属性中直接写文字。

运用 strings.xml 文件的目的如下。

一是便于实现国际化，当需要国际化时，只需要再提供一个 strings.xml 文件，把里面的汉语信息都修改为对应的语言（如 English），再运行程序时，Android 操作系统会根据用户手机的语言环境和国家来自动选择相应的 strings.xml 文件，这时手机界面就会显示出外文。

二是为了减少应用项目的体积，降低数据的冗余。如果将文字定义在 strings.xml 文件中，每次使用到的地方只需要通过 Resources 类来引用文字就可，而不需要将文字重复写多次，以达到降低应用项目体积的目的。

strings.xml 文件的格式：

```
<resources>
    <string name="app_name">My Application</string>
</resources>
```

在布局文件中引用 strings.xml 文件中字符的方法：

```
android:text="@string/app_name"
```
在 Activity 中引用 strings.xml 文件中字符的方法：
```
String appName=(String)this.getResources().getText(R.string.app_name);
Log.i("test", "appName="+appName);
```
或者：
```
String appName=(String)this.getResources().getString(R.string.app_name);
Log.i("test", "appName="+appName);
```

2. colors.xml 的运用

colors.xml 的作用是定义颜色，文件格式如下：
```
<?xml version="1.0" encoding="utf-8"?>
<resources>
    <color name="colorPrimary">#3F51B5</color>
    <color name="colorPrimaryDark">#303F9F</color>
    <color name="colorAccent">#FF4081</color>
</resources>
```
在布局文件中引用 colors.xml 文件中颜色的方法如下：
```
android:textColor="@color/colorPrimary"
```

2.1.9 样式和主题

Android 中的样式用于为界面元素定义显示风格，它是一个包含一个或者多个 View 组件属性的集合。例如，通过样式定义 View 组件的字体颜色和大小。

在 Android 项目的 res/values/styles.xml 文件中添加以下内容：
```
<?xml version="1.0" encoding="utf-8"?>
<resources>
    <style name="itcast"> <!-- 为样式定义一个全局唯一的名字 -->
        <!-- name 属性的值为使用了该样式的 View 组件的属性的值 -->
        <item name="android:textSize">18px</item>
        <item name="android:textColor">#0000CC</item>
    </style>
</resources>
```
在 layout 文件中可以像下面这样使用上面的 Android 样式：
```
<?xml version="1.0" encoding="utf-8"?>
<LinearLayout xmlns:android="http://schemas.android.com/apk/res/android" ....>
    <TextView
        style="@style/itcast"
        ……
        />
</LinearLayout>
```

样式（Style）和主题（Theme）是一个包含一种或者多种格式化属性的集合，并且样式和主题都是资源，存放在 res/values 文件夹下即可，Android 提供了很多这样的默认资源，可以供用户来使用。同时，用户也可以自定义样式和主题，只需要在 res/values/这个路径里面新建一个 XML 文件，而且它的根节点必须是<resources>。对每一个样式和主题，给<style>增加一个全局唯一的名字，也可以选择增加一个 parent 父类属性，那么样式和主题就会继承这个父类的属性。

样式和主题定义格式相同，它们的区别为：样式是针对 View，如 TextView、EditText 等；

而主题必须针对整个 Activity 或者整个 Application，必须在 AndroidManifest.xml 中的 <application>或<activity>中定义。

主题需要在 AndroidManifest.xml 中注册。如果想整个程序都使用这个主题，可以写为 <application android:theme="@style/AppTheme">，如果只需要在某个 Activity 中使用主题，只要在 Activity 标签中写入 android:theme="@style/AppTheme"就可以了。Android 有很多好的默认主题，如<activity android:theme="@android:style/Theme.Dialog">，该主题将使整个 Activity 变成一个对话框形式。

项目实施

1. 项目分析

运用 Android 线性布局的设计方法，设计物联网环境状态值设置的 UI 界面，物联网环境状态值设置效果如图 2-5 所示。

环境状态值设置 UI 界面设计特点：
① 有 5 行垂直方向排列的组件。
② 在每一行中又有水平方向排列的组件。

分析结果：
① 整体是由 5 行垂直方向的线性布局组成的。
② 其中每行又嵌套了水平方向的线性布局。
③ UI 界面中有 5 个 TextView 组件、5 个 EditText 组件和 3 个 Button 组件。
④ EditText 组件要求输入的数据是数字格式。

图 2-5　物联网环境状态值设置效果

2. 项目实现

（1）新建 Android 项目。

启动 Android Studio，在 Android Studio 起始页选择【Start a new Android Studio project】，或在 Android Studio 主页选择菜单栏上【File】→【New】→【New Project】，新建 Android 工程。在 New Project 页面上输入应用程序的名称（MyTest）、公司域名（com.zzhn.zheng）和存储路径，单击【Next】按钮。然后，选择工程的类型以及支持的最低版本，单击【Next】按钮。之后选择是否创建 Activity 以及创建 Activity 的类型，选择【Empty Activity】，单击【Finish】按钮。

（2）创建 strings.xml 文件。

在 res/values 文件夹中，将物联网环境状态值设置的 UI 界面中所有组件所需要显示的文字添加到 strings.xml 文件中。

操作方法：展开【res】→【values】文件夹，双击【strings.xml】文件，打开右侧 strings.xml 文件编辑窗口，如图 2-6 所示。

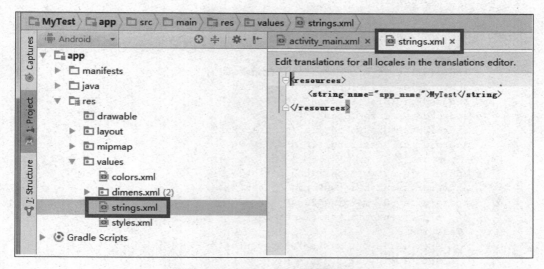

图 2-6　strings.xml 文件编辑窗口

在 strings.xml 文件编辑窗口中输入 strings.xml 文件代码，如下：

```xml
<resources>
    <string name="app_name">MyText</string>
    <string name="tv1">温度范围</string>
    <string name="tv2">湿度范围</string>
    <string name="tv3">光照强度</string>
    <string name="btn1">保持</string>
    <string name="btn2">重置</string>
    <string name="btn3">取消</string>
    <string name="title">设置</string>
    <string name="initial">起始值</string>
    <string name="stop">终止值</string>
    <string name="tv4">"至</string>
</resources>
```

说明

Android Studio 可自动保存文件，不需要开发人员按<Ctrl>+<S>组合键保存文件。

（3）设计布局文件。

在 res/layout 文件夹中，打开布局的 activity_main.xml 文件，使用线性布局，添加界面组件，设置布局和组件属性调整界面。

操作方法：展开【res】→【layout】文件夹，双击【activity_main.xml】文件，打开右侧布局文件 text 编辑窗口，在编辑窗口中输入 activity_main.xml 文件代码，如下：

```xml
<?xml version="1.0" encoding="utf-8"?>
<LinearLayout xmlns:android="http://schemas.android.com/apk/res/android"
```

```xml
    xmlns:tools="http://schemas.android.com/tools"
    android:id="@+id/activity_main"
    android:layout_width="match_parent"
    android:layout_height="match_parent"
    android:orientation="vertical"
    tools:context="com.zzhn.zheng.mytest.MainActivity">
    <TextView
        android:layout_width="match_parent"
        android:layout_height="wrap_content"
        and android:gravity="center"
        android:textSize="30sp"
        android:background="@color/colorAccent"
        android:text="@string/title" />
    <LinearLayout
        android:layout_width="match_parent"
        android:layout_height="wrap_content"
        android:layout_margin="20dp"
        android:orientation="horizontal">
        <TextView
            android:layout_width="wrap_content"
            android:layout_height="wrap_content"
            android:textSize="20sp"
            android:padding="10dp"
            android:text="@string/tv1"/>
        <EditText
            android:layout_width="wrap_content"
            android:layout_height="wrap_content"
            android:padding="10dp"
            android:inputType="number"
            android:layout_weight="1"
            android:hint="@string/initial"
            android:id="@+id/iedt1"/>
        <TextView
            android:layout_width="wrap_content"
            android:layout_height="wrap_content"
            android:textSize="20sp"
            android:padding="10dp"
            android:text="@string/tv4"/>
        <EditText
            android:layout_width="wrap_content"
            android:layout_height="wrap_content"
            android:padding="10dp"
            android:inputType="number"
            android:layout_weight="1"
            android:hint="@string/stop"
            android:id="@+id/sedt1"/>
    </LinearLayout>
    <LinearLayout
        android:layout_width="match_parent"
        android:layout_height="wrap_content"
        android:layout_margin="20dp"
        android:orientation="horizontal">
        <TextView
            android:layout_width="wrap_content"
```

```xml
            android:layout_height="wrap_content"
            android:textSize="20sp"
            android:padding="10dp"
            android:text="@string/tv2"/>
        <EditText
            android:layout_width="wrap_content"
            android:layout_height="wrap_content"
            android:padding="10dp"
            android:inputType="number"
            android:layout_weight="1"
            android:hint="@string/initial"
            android:id="@+id/iedt2"/>
        <TextView
            android:layout_width="wrap_content"
            android:layout_height="wrap_content"
            android:textSize="20sp"
            android:padding="10dp"
            android:text="@string/tv4"/>
        <EditText
            android:layout_width="wrap_content"
            android:layout_height="wrap_content"
            android:padding="10dp"
            android:inputType="number"
            android:layout_weight="1"
            android:hint="@string/stop"
            android:id="@+id/sedt2"/>
    </LinearLayout>
    <LinearLayout
        android:layout_width="match_parent"
        android:layout_height="wrap_content"
        android:layout_margin="20dp"
        android:orientation="horizontal">
        <TextView
            android:layout_ width="wrap_content"
            android:layout_height="wrap_content"
            android:textSize="20sp"
            android:padding="10dp"
            android:text="@string/tv3"/>
        <EditText
            android:layout_width="wrap_content"
            android:layout_height="wrap_content"
            android:padding="10dp"
            android:inputType="number"
            android:layout_weight="1"
            android:id="@+id/edt3" />
    </LinearLayout>
    <LinearLayout
        android:layout_width="match_parent"
        android:layout_height="wrap_content"
        android:layout_margin="20dp"
        android:orientation="horizontal">
        <Button
            android:layout_width="wrap_content"
            android:layout_height="wrap_content"
```

```
                    android:text="@string/btn1"
                    android:layout_weight="1"
                    android:padding="10dp"
                    android:id="@+id/btn1"/>
            <Button
                    android:layout_width="wrap_content"
                    android:layout_height="wrap_content"
                    android:text="@string/btn2"
                    android:layout_weight="1"
                    android:padding="10dp"
                    android:id="@+id/btn2"/>
            <Button
                    android:layout_width="wrap_content"
                    android:layout_height="wrap_content"
                    android:text="@string/btn3"
                    android:layout_weight="1"
                    android:padding="10dp"
                    android:id="@+id/btn3"/>
        </LinearLayout>
</LinearLayout>
```

（4）调试运行。

① 单击工具栏上的 AVD Manager 图标 ，打开虚拟设备对话框，在虚拟设备对话框中单击启动虚拟设备的命令按钮，打开 Android Studio 模拟器。

② 单击工具栏上的"三角形"运行按钮 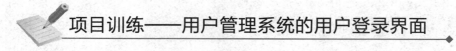，运行本项目。

> **说明**
>
> 每次修改代码，都需要重新运行才能观察到新效果。

项目总结

通过本项目的学习，读者应学会进行 UI 界面设计的基本思路。

① 首先分析 UI 界面由哪些组件组成，在本项目中运用的是 TextView、EditText 和 Button 组件，了解这些组件的常用属性，特别是 EditText 组件中 inputType 属性的作用。

② 根据 UI 界面中组件的排列方式，确定采用线性布局，掌握线性布局中 orientation、layout_weight、padding、layout_margin 属性的运用。

另外，重点了解事件处理的基本概念，特别是 Button 组件事件处理的 4 种方法和 strings.xml、colors.xml、样式和主题的运用。

项目训练——用户管理系统的用户登录界面

用线性布局设计一个用户管理系统的用户登录界面，要求如下。

① UI 界面上显示的标题为"用户管理系统";

② 输入栏为用户名和密码,用户名输入为普通字符,长度小于 12,密码输入是密码长度小于 7,并以小点"."显示;

③ UI 界面上要显示"登录"和"注册"两个按钮;

④ 要求设置 UI 界面的背景图片。

练习题

2-1-1 运用样式简化物联网环境状态值设置的 UI 界面 activity_main.xml 文件设计。

2-1-2 Android 平台的事件处理机制有哪些?基于监听的事件处理的步骤是什么?

2-1-3 Android 的 UI 界面布局有哪些?线性布局的特点是什么?

2-1-4 在 UI 界面设计中为什么要使用 strings.xml、colors.xml、样式和主题?它们各自的作用是什么?

项目 2-2 用户登录界面设计

学习目标

- 掌握 ImageView、CheckBox、ImageButton 和 Toast 组件的使用方法。
- 掌握 Android 中 CheckBox 组件事件监听器处理机制。
- 掌握 Android 相对布局技术。
- 学会运用 Android 相对布局设计用户登录界面。

项目描述

运用 Android 相对布局技术,设计一个用户管理系统登录界面,要求在登录界面上运用 ImageView、CheckBox 和 ImageButton 组件。

知识储备

2.2.1 ImageView 组件

在 Android 中,ImageView 是用于显示任意图像的组件,如显示图标。ImageView 组件继承自 View 类,ImageView 类可以加载各种来源的图片(如资源或图片库)。

1. 在 XML 文件中添加 ImageView 的基本语法

格式如下:

```
<ImageView
    属性列表
/>
```

2. ImageView 组件常用的属性及对应方法

ImageView 组件常用的属性及对应方法如表 2-7 所示。

表 2-7 ImageView 组件常用的属性及对应方法

属性名称	对应方法	描述
android:adjustViewBounds	setAdjustViewBounds(boolean)	设置在 ImageView 调整边界时保持图片的纵横比。需与 maxWidth、maxHeight 一起使用
android:maxHeight	setMaxHeight(int)	ImageView 的最大高度，可选，需设置 Android:adjustViewBounds="true"
android:maxWidth	setMaxWidth(int)	ImageView 的最大宽度，可选，需设置 Android:adjustViewBounds="true"
android:src	setImageResource(int)	设置 ImageView 要显示的图片
android:scaleType	setScaleType(ImageView.ScaleType)	控制图片应如何调整或移动来适合 ImageView 的尺寸，它的取值如表 2-8 所示

表 2-8 android:scaleType 属性的取值

常量	描述
matrix	用矩阵来绘图
fitXY	拉伸图片（不按比例）以填充 View 的宽高
fitStart	按比例拉伸图片，拉伸后图片的高度为 View 的高度，且显示在 View 的左边
fitCenter	按比例拉伸图片，拉伸后图片的高度为 View 的高度，且显示在 View 的中间
fitEnd	按比例拉伸图片，拉伸后图片的高度为 View 的高度，且显示在 View 的右边
center	按原图大小显示图片，但图片宽高大于 View 的宽高时，截图图片中间部分显示
centerCrop	按比例放大原图直至等于某边 View 的宽高显示
centerInside	当原图宽高等于 View 的宽高时，按原图大小居中显示；反之将原图缩放至 View 的宽高居中显示

3. ImageView 类常用成员方法

ImageView 类的常用成员方法如表 2-9 所示。

表 2-9 ImageView 类的常用成员方法

方法名称	描述
setAlpha(int alpha)	设置 ImageView 的透明度
setImageBitmap(Bitmap bm)	设置 ImageView 所显示的内容为指定 Bitmap 对象
setImageDrawable(Drawable drawable)	设置 ImageView 所显示的内容为指定 drawable
setImageResource(int resId)	设置 ImageView 所显示的内容为指定 ID 的资源
setImageURI(Uri uri)	设置 ImageView 所显示的内容为指定 URI
setSelected(boolean selected)	设置 ImageView 的选中状态

【例 2-4】在 Android Studio 中新建一个 Android 项目，在 XML 文件中设置显示两张图片，第一张图片是通过 src 属性直接指定为 res/drawable/ic_launcher 图片，另一张图片是通过在 Java 代码中运用 setImageResource(int)方法指定 ID 的资源获取。

启动 Android Studio，新建一个 Android 项目，修改 res/layout 目录下的 activity_main.xml 布局文件，将默认添加的相对布局（RelativeLayout）修改成线性布局（LinearLayout），并设置线性布局中的 android:orientation="vertical"，即垂直方向对齐，并将默认添加的 TextView 组件删除，添加两个 ImageView 组件。ImageView 组件的程序清单的代码如下：

```xml
<ImageView
    android:layout_width="wrap_content"
    android:layout_height="wrap_content"
    android:src="@drawable/ic_launcher"
    android:id="@+id/img01"/>
<ImageView
    android:layout_width="50dp"
    android:layout_height="50dp"
    android:id="@+id/img02"
/>
```

在 Java 代码中指定 ID 的资源获取图片，方法如下：

```java
protected void onCreate(Bundle savedInstanceState) {
    super.onCreate(savedInstanceState);
    setContentView(R.layout.activity_main);
    // 获得 ImageView 的对象
    ImageView imageview = (ImageView) this.findViewById(R.id.img02);
    // 设置 ImageView 的图片资源
    imageview.setImageResource(R.drawable.ic_launcher);
}
```

运行效果如图 2-7 所示。

图 2-7　运行效果

2.2.2 Toast（消息提示框）

Toast 是 Android 系统中非常有用的消息提示组件。该组件可用于在屏幕中显示一个消息提示框，该消息提示框没有任何控制按钮，并且不会获得焦点，经过一定时间后自动消失，因此，在用户使用 Android 应用程序时，常用 Toast 来显示一些快速提示的信息。

Toast 组件的使用只需以下 4 个步骤即可实现。

① 调用 Toast.makeText()方法来创建一个 Toast 对象。
② 设置调用 Toast 对象的成员函数来设置 Toast 的显示位置和显示内容。
③ 如果需要自定义 Toast 样式，只需创建对应的 View 组件，并通过 Toast 中的 setView()函数来显示用户自定义的视图布局。
④ 调用 Toast 的 show()函数显示消息提示框。

下面介绍 Toast 最常见的使用方法，一个是显示普通文本的 Toast，另一个是显示带图片的 Toast。

1. 创建显示普通文本的 Toast

利用 Toast.makeText()方法创建一个 Toast 对象，然后显示 Toast 信息。Java 程序代码如下：

```
// Toast.makeText 参数注释
// 第1个参数：当前的上下文环境。可用 getApplicationContext()或 this
// 第2个参数：要显示的字符串。也可是 R.string 中的字符串 ID
// 第3个参数：显示的时间长短。Toast 默认的参数有 LENGTH_LONG（长）和 LENGTH_SHORT（短），也
// 可以使用毫秒，如 2000ms
Toast toast=Toast.makeText(getApplicationContext(), "默认的Toast", Toast.LENGTH_SHORT);
//显示 Toast 信息
toast.show();
```

2. 创建显示带图片的 Toast

首先调用 Toast.makeText()方法来创建一个 Toast 对象，然后，通过 Toast 的 getView()获取 Toast 视图，并创建一个线性布局和图像组件的视图，之后把 Toast 和 ImageView 加入到线性布局中组成一个新的视图，最后显示 Toast 信息。Java 程序代码如下：

```
Toast toast=Toast.makeText(getApplicationContext(), "显示带图片的toast", 3000);
toast.setGravity(Gravity.CENTER, 0, 0);
//创建图片视图对象
ImageView imageView= new ImageView(getApplicationContext());
//设置图片
imageView.setImageResource(R.drawable.ic_launcher);
//获得 Toast 的布局
LinearLayout toastView = (LinearLayout) toast.getView();
//设置此布局为横向的
toastView.setOrientation(LinearLayout.HORIZONTAL);
//将 ImageView 加入到此布局中的第1个位置
toastView.addView(imageView, 0);
toast.show();
```

2.2.3 CheckBox 组件

在 Android 中，CheckBox 组件被称为多选按钮，该组件可允许用户在一组选项中进行单

选或多选,如兴趣爱好、课程等不同选项的选择。

1. CheckBox 在 XML 文件中的基本语法

格式如下:

```
<CheckBox
    属性列表
/>
```

2. CheckBox 选中或未选中状态的设置方法

在 CheckBox 组件中有一个 checked 属性,它可用于判断 CheckBox 是否被选中。一般改变 checked 属性有以下 3 种方法。

① 在 XML 文件中,通过 android:checked 设置,当取值为 true 时表示选中,当取值为 false 时表示未选中。

② 在 Java 程序代码中,通过 setChecked(boolean) 设置 CheckBox 是否被选中,还可以利用 isChecked() 方法来判断组件状态是否被选中。

③ 通过用户触摸改变选中状态。

当 CheckBox 组件状态发生改变时,将会触发 OnCheckedChange 响应事件,因此,我们可以通过 OnCheckedChangeListener 方法设置事件监听器,以实现对 CheckBox 状态变化的监控,并根据程序设计的不同要求重写 OnCheckedChange 响应事件中的代码。

下面通过示例,介绍利用 CheckBox 组件设置兴趣爱好多个选项的设计方法。

【例 2-5】在 Android Studio 中新建一个 Android 项目。首先,在 XML 文件中用 CheckBox 组件设置兴趣爱好多个选项,要求界面设计中文字来源于 strings.xml 文件,然后,当选择不同选项时,要求显示出所选选项的消息框。

启动 Android Studio,新建一个 Android 项目,修改 res/layout 目录下的 activity_main.xml 布局文件,将默认添加的相对布局(RelativeLayout)修改成线性布局(LinearLayout),并设置线性布局中的 android:orientation=" horizontal",即水平方向对齐。添加 3 个 CheckBox 组件,设置属性,并将兴趣爱好文字设置在 strings.xml 文件中。布局文件中 TextView、CheckBox 组件设置的代码如下:

```xml
<TextView
    android:layout_width="wrap_content"
    android:layout_height="wrap_content"
    android:text="@string/hobby"
    android:textSize="20sp"
/>
<CheckBox
    android:id="@+id/cb1"
    android:layout_width="wrap_content"
    android:layout_height="wrap_content"
    android:checked="false"
    android:text="@string/cb1_name"
    android:textSize="20sp"
/>
<CheckBox
    android:id="@+id/cb2"
    android:layout_width="wrap_content"
    android:layout_height="wrap_content"
    android:checked="false"
```

```xml
        android:text="@string/cb2_name"
        android:textSize="20sp"
/>
<CheckBox
        android:id="@+id/cb3"
        android:layout_width="wrap_content"
        android:layout_height="wrap_content"
        android:checked="false"
        android:text="@string/cb3_name"
        android:textSize="20sp"
/>
```

strings.xml 文件设置如下：

```xml
<resources>
    <string name="app_name">Text</string>
    <string name="hobby">爱好：</string>
    <string name="cb1_name">游泳</string>
    <string name="cb2_name">打篮球</string>
    <string name="cb3_name">唱歌</string>
</resources>
```

在 MainActivity.java 程序中编写 CheckBox 选项状态变换时的处理程序，首先定义 CheckBox 多选项变量，然后，通过 findViewById（R.id.id 名称）获取每个 CheckBox 对象，再对每个选项设置 setOnCheckedChangeListener 事件监听器。代码如下：

```java
public class MainActivity extends AppCompatActivity {
    //定义3个多选项变量
    private CheckBox m_CheckBox1;
    private CheckBox m_CheckBox2;
    private CheckBox m_CheckBox3;
    @Override
    protected void onCreate(Bundle savedInstanceState) {
        super.onCreate(savedInstanceState);
        setContentView(R.layout.activity_main);
        /* 取得每个CheckBox对象 */
        m_CheckBox1 = (CheckBox) findViewById(R.id.cb1);
        m_CheckBox2 = (CheckBox) findViewById(R.id.cb2);
        m_CheckBox3 = (CheckBox) findViewById(R.id.cb3);
        //对m_CheckBox1选项设置事件监听
        m_CheckBox1.setOnCheckedChangeListener(new CheckBox.OnChecked_
        ChangeListener(){
            @Override
            public void onCheckedChanged(CompoundButton buttonView, boolean isChecked)
            {
                if(m_CheckBox1.isChecked())
                {
                    Toast.makeText(MainActivity.this,"你选择了: " + m_CheckBox1.getText(),Toast.LENGTH_SHORT).show();
                }
            }
        });
        // m_CheckBox2和m_CheckBox3选项设置事件监听方法同m_CheckBox1相似
```

```
        // 在此省略
    }
}
```

运行效果如图 2-8 所示。

图 2-8　CheckBox 运行效果

2.2.4　ImageButton 组件

ImageButton 是带有图标的按钮组件。该组件继承自 ImageView 类，ImageButton 组件与 Button 组件的主要区别是 ImageButton 中没有 text 属性，即按钮中将显示图片而不是文本。ImageButton 组件中设置按钮显示的图片可以通过 android:src 属性实现。

例如，在 XML 文件中添加 ImageButton 组件，调用 res/drawable 文件夹下的按钮图片 btn_focu.png，代码如下：

```
<ImageButton
    android:id="@+id/button"
    android:layout_width="wrap_content"
    android:layout_height="wrap_content"
    android:src="@drawable/btn_focu" />
```

2.2.5　相对布局

相对布局是一种常用的布局方式，它是通过指定界面元素与其他元素的相对位置来确定界面中所有元素的布局位置，相对布局可以使用相对布局管理器实现。

在 Android 中，可以使用 XML 布局文件定义相对布局管理器，也可以使用 Java 来创建，但推荐使用 XML 布局文件定义相对布局管理器。在 XML 布局文件中，定义相对布局管理器是使用 RelativeLayout 标记，其基本语法格式如下：

```
<RelativeLayout xmlns:android="http://schemas.android.com/apk/res/android"
    属性列表>
</RelativeLayout>
```

在相对布局中，布局内摆放组件是参照父容器或者其他组件位置来决定的。它的属性根据参照物不同可以分为以下 3 类。

第 1 类参照父容器，属性值为 true 或 false，如表 2-10 所示。

表 2-10 参照父容器设置的属性

属性名称	描述
android:layout_centerHrizontal	水平居中
android:layout_centerVertical	垂直居中
android:layout_centerInparent	相对于父元素完全居中
android:layout_alignParentBottom	贴紧父元素的下边缘
android:layout_alignParentLeft	贴紧父元素的左边缘
android:layout_alignParentRight	贴紧父元素的右边缘
android:layout_alignParentTop	贴紧父元素的上边缘
android:layout_alignWithParentIfMissing	若找不到兄弟元素以父元素作为参照物

第 2 类参照另一个控件，属性值必须为 ID 的引用名@id/id-name，如表 2-11 所示。

表 2-11 参照另一个控件设置的属性

属性名称	描述
android:layout_below	在某元素的下方
android:layout_above	在某元素的上方
android:layout_toLeftOf	在某元素的左边
android:layout_toRightOf	在某元素的右边
android:layout_alignTop	本元素的上边缘和某元素的上边缘对齐
android:layout_alignLeft	本元素的左边缘和某元素的左边缘对齐
android:layout_alignBottom	本元素的下边缘和某元素的下边缘对齐
android:layout_alignRight	本元素的右边缘和某元素的右边缘对齐

第 3 类参照窗口相对位置，属性值为具体的像素值，如表 2-12 所示。

表 2-12 参照窗口相对位置设置的属性

属性名称	描述
android:layout_marginBottom	离某元素底边缘的距离
android:layout_marginLeft	离某元素左边缘的距离
android:layout_marginRight	离某元素右边缘的距离
android:layout_marginTop	离某元素上边缘的距离

模块 2　Android UI 界面设计

项目实施

1. 项目分析

运用 Android 相对布局技术，设计一个用户管理系统登录界面，效果如图 2-9 所示。

用户登录界面设计特点：
① 整个 UI 界面设计了背景图片。
② 标题由图片和文字组成。
③ 有一个"记住密码"复选框。
④ "登录"按钮是图片按钮，"注册"按钮是文本按钮，但设置了背景图片。

分析结果：
① UI 界面中有 1 个 ImageView 组件、3 个 TextView 组件、2 个 EditText 组件、1 个 CheckBox 组件、1 个 ImageButton 组件和 1 个 Button 组件。
② 采用相对布局技术。
③ 密码输入有数字格式要求。

图 2-9　用户管理系统登录界面

2. 项目实现

（1）新建用户登录项目。

启动 Android Studio，在 Android Studio 起始页选择【Start a new Android Studio project】，或在 Android Studio 主页菜单栏上选择【File】→【New】→【New Project】，新建 Android 工程。在 New Project 页面上输入应用程序的名称（Test）、公司域名（com.zzhn.zheng）和存储路径，单击【Next】按钮。然后，选择工程的类型以及支持的最低版本，单击【Next】按钮。之后选择是否创建 Activity 以及创建 Activity 的类型，选择【Empty Activity】，单击【Finish】按钮。

（2）设计布局文件。

在 res/layout 文件夹中，打开布局的 activity_main.xml 文件，使用相对布局技术，添加界面组件，在设置组件属性时，要定义每个组件的 ID，通过组件的 ID，并参照组件与组件之间的相对位置，运用 android:layout_below 和 android:layout_toRightOf 属性设置组件之间的相对位置。

操作方法：展开【res】→【layout】文件夹，双击【activity_main.xml】文件，打开右侧布局文件 text 编辑窗口，在编辑窗口中输入 activity_main.xml 文件代码，如下：

```xml
<?xml version="1.0" encoding="utf-8"?>
<RelativeLayout xmlns:android="http://schemas.android.com/apk/res/android"
    xmlns:tools="http://schemas.android.com/tools"
    android:layout_width="match_parent"
    android:layout_height="match_parent"
```

```xml
        android:paddingBottom="40dp"
        android:paddingLeft="40dp"
        android:paddingRight="40dp"
        android:paddingTop="80dp"
        android:background="@drawable/bj"
        tools:context="com.zzhn.zheng.test.MainActivity">
    <ImageView
        android:layout_width="40dp"
        android:layout_height="40dp"
        android:src="@drawable/contacts_selected"
        android:id="@+id/contacts"
        android:layout_marginTop="20dp"
        android:layout_marginLeft="40dp"/>
    <TextView
        android:layout_width="match_parent"
        android:layout_height="wrap_content"
        android:layout_marginTop="30dp"
        android:gravity="center"
        android:layout_toRightOf="@id/contacts"
        android:text="用户管理系统"
        android:textSize="30sp"
        android:id="@+id/title" />
    <TextView
        android:layout_width="wrap_content"
        android:layout_height="wrap_content"
        android:layout_below="@id/title"
        android:layout_marginTop="20dp"
        android:id="@+id/usertext"
        android:background="#cbcccf"
        android:text="用户名："
        android:textSize="20sp" />
    <EditText
        android:layout_width="match_parent"
        android:layout_height="wrap_content"
        android:layout_below="@id/title"
        android:layout_toRightOf="@id/usertext"
        android:layout_marginTop="20dp"
        android:layout_marginLeft="@dimen/activity_horizontal_margin"
        android:background="#ffffff"
        android:hint="用户 ID"
        android:gravity="left"
        android:id="@+id/usersid"/>
    <TextView
        android:layout_width="wrap_content"
        android:layout_height="wrap_content"
        android:layout_below="@id/usertext"
        android:layout_marginTop="20dp"
        android:id="@+id/pwtext"
        android:background="#cbcccf"
        android:text="密    码："
        android:textSize="20sp"/>
    <EditText
        android:layout_width="match_parent"
```

```xml
        android:layout_height="wrap_content"
        android:layout_marginTop="20dp"
        android:layout_marginLeft="@dimen/activity_horizontal_margin"
        android:layout_toRightOf="@id/pwtext"
        android:layout_below="@id/usersid"
        android:background="#ffffff"
        android:hint="密码"
        android:inputType="numberPassword"
        android:gravity="left"
        android:id="@+id/pwid"/>
    <CheckBox
        android:layout_width="wrap_content"
        android:layout_height="wrap_content"
        android:layout_toRightOf="@id/pwtext"
        android:layout_below="@id/pwid"
        android:layout_marginTop="20dp"
        android:textColor="#3F51B5"
        android:text="记住密码"
        android:textSize="15sp"
        android:checked="false"
        android:id="@+id/rememberpw" />
    <ImageButton
        android:layout_width="wrap_content"
        android:layout_height="wrap_content"
        android:layout_below="@id/rememberpw"
        android:src="@drawable/btn_focu"
        android:id="@+id/login"
        android:onClick="dl"
        android:layout_marginTop="20dp"
        android:layout_marginLeft="30dp"/>
    <Button
        android:layout_width="wrap_content"
        android:layout_height="wrap_content"
        android:layout_below="@id/rememberpw"
        android:layout_toRightOf="@id/login"
        android:layout_marginTop="30dp"
        android:text="注册"
        android:textSize="20sp"
        android:onClick="reg"
        android:id="@+id/reg"
        android:background="@drawable/btn_press"/>
</RelativeLayout>
```

注意

ImageButton 组件是通过 android:src 属性调用按钮图片，而 Button 组件是通过 android:background 属性设置背景图片。

（3）调试运行。

① 单击工具栏上的 AVD Manager 图标，打开虚拟设备对话框，在虚拟设备对话框中单

击启动虚拟设备的命令按钮，打开 Android Studio 模拟器。

② 单击工具栏上的"三角形"运行按钮 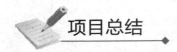，运行本项目。

项目总结

通过本项目的学习，读者应学会采用相对布局技术设计用户登录界面的方法。

① 用户登录界面是由 TextView、EditText、ImageView、CheckBox、ImageButton 和 Button 等组件组成的，读者应了解这些组件的常用属性。

② 采用相对布局技术，进行用户登录界面设计。读者应掌握相对布局中 android:layout_below、android:layout_toRightOf、android:layout_marginTop 和 android:layout_marginLeft 属性的运用。

项目训练——仿 QQ 的用户登录界面

用相对布局设计一个仿 QQ 的用户登录界面，要求如下。

① UI 界面上显示 QQ 图标；

② 输入栏目为用户名和密码，用户名输入为普通字符，长度小于 10，密码输入的密码长度小于 9，并以小点"."显示；

③ UI 界面上要显示"登录"和"注册"两个图片按钮，并设置"记住密码"复选框；

④ 要求设置 UI 界面的背景图片。

练习题

2-2-1 修改用户管理系统登录界面的 XML 文件，要求将界面上显示的文字放置于 strings.xml 文件中。

2-2-2 说明相对布局设计的特点。

2-2-3 说明 ImageButton 和 Button 的区别。

2-2-4 如何设置 CheckBox 选中状态？如何监控 CheckBox 组件选中状态的改变？

项目 2-3 用户注册界面设计

学习目标

- 掌握 RadioButton 组件的使用方法，了解 RadioButton 组件事件监听处理机制。
- 掌握 Spinner 组件的使用方法，了解 Adapter 适配器的用法。
- 学会使用 Spinner 组件和 Adapter 适配器进行下拉列表设计。
- 掌握 Android 表格布局技术。

- 学会运用 Android 表格布局设计用户注册界面。

项目描述

运用 Android 表格布局技术，设计一个用户注册界面，要求在注册界面上运用 RadioButton 和 Spinner 组件。

知识储备

2.3.1 RadioButton 组件

在 Android 中，RadioButton 被称为单选按钮，功能与 CheckBox 正好相反，它用于在一组选项中进行单项选择，因此，RadioButton 经常与表示一组选项的 RadioGroup 单选按钮组一起使用。在一个 RadioGroup 单选按钮组中只可以选中一个 RadioButton 单选按钮，当选择了一个 RadioButton 单选按钮时，会取消其他已经选中的 RadioButton 单选按钮的选中状态。

1. RadioButton 在 XML 文件中的基本语法

格式如下：

```
<RadioGroup
    属性列表
>
    <RadioButton
        属性列表 />
    <RadioButton
        属性列表 />
    ……
</RadioGroup>
```

例如，在 XML 文件中设计选择性别的方法，就是用一个 RadioGroup 单选按钮组。在该单选按钮组中设置两个 RadioButton 单选按钮，分别用于表示男和女选项。另外，用一个 TextView 组件来显示文字"性别"。用 XML 设计性别单选选项的代码如下：

```
<TextView
    android:layout_width="wrap_content"
    android:layout_height="wrap_content"
    android:text="性别"
    android:textSize="20sp"
    android:id="@+id/tv1"/>
<RadioGroup
    android:layout_width="wrap_content"
    android:layout_height="wrap_content"
    android:orientation="horizontal"
    android:id="@+id/sex">
    <RadioButton
        android:layout_width="wrap_content"
        android:layout_height="wrap_content"
        android:text="男"
        android:checked="true"
        android:id="@+id/rb1"/>
```

```xml
<RadioButton
    android:layout_width="wrap_content"
    android:layout_height="wrap_content"
    android:text="女"
    android:checked="false"
    android:id="@+id/rb2"/>
</RadioGroup>
```

注意

RadioGroup、RadioButton 组件添加在 LinearLayout 标签中。

2. RadioButton 选中或未选中状态的设置方法

RadioButton 组件选中或未选中状态的设置方法与 CheckBox 组件相似，可在 XML 文件中通过 android:checked 设置，也可在 Java 程序代码中通过 setChecked(boolean)设置，并可通过 isChecked()方法来判断组件状态是否被选中，或者通过用户触摸改变选中状态。当 RadioButton 组件状态发生改变时，将会触发 OnCheckedChange 响应事件，因此，可通过 setOnCheckedChangeListener 方法设置事件监听器，以实现对 RadioButton 状态变化的监控，并根据程序设计的不同要求重写 OnCheckedChange 响应事件中的代码。或者在 XML 中为每个 RadioButton 设置一个 onClick()函数，然后在 Activity 的成员函数中实现。

例如，对选择性别的单选项设置事件监听器的代码如下：

```java
public class MainActivity extends AppCompatActivity {
    //定义2个单选项变量
    private RadioButton radiobutton1;
    private RadioButton radiobutton2;
    @Override
    protected void onCreate(Bundle savedInstanceState) {
        super.onCreate(savedInstanceState);
        setContentView(R.layout.activity_main);
        /* 取得每个RadioButton1对象 */
        radiobutton1 = (RadioButton) findViewById(R.id.rb1);
        radiobutton2 = (RadioButton) findViewById(R.id.rb2);
        //对 radiobutton1 选项设置事件监听
        radiobutton1.setOnCheckedChangeListener(new CompoundButton.OnCheckedChangeListener()
        {
          @Override
          public void onCheckedChanged(CompoundButton buttonView, boolean isChecked) {
            if(radiobutton1.isChecked())
            {
                Toast.makeText(MainActivity.this,"您选择了: " + radiobutton1.getText(),Toast.LENGTH_SHORT).show();
            }
          }
        });
        // radiobutton2 选项设置事件监听方法同 radiobutton1 相似
```

```
              // 在此省略
    }
}
```

2.3.2　Spinner 组件

　　Spinner 组件是通过下拉列表让用户选择一个选项的组件。一个 Spinner 对象包含多个子项，每个子项只有两种状态——选中或未选中。当用户单击倒三角按钮时，会弹出一个下拉列表，用户可通过单击其中某一个选项进行选择，如图 2-10 所示。

　　Spinner 组件是 AdapterView 的子类，AdapterView 是一种比较特殊的组件，AdapterView 所派生出来的类都有一个共同点，即组件如果要显示数据必须要用到 Adapter 适配器，所谓适配器可以看成是一个桥梁，它连接着数据与组件，告诉组件如何显示这些数据，如图 2-11 所示。

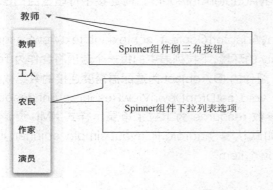
图 2-10　Spinner 示意图

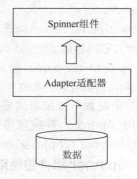
图 2-11　适配器作用

1. Spinner 在 XML 文件中的基本语法

格式如下：

```
<Spinner
    属性列表
/>
```

　　由于 Spinner 组件是 AdapterView 的子类，AdapterView 是 View 类的子类，所以 Spinner 组件继承了许多 View 类的属性，但 Spinner 组件还有一些特有的 XML 属性，如以下几种。

　　① android:spinnerMode 属性用于改变 Spinner 组件下拉列表框的样式，可以是弹出列表（dialog），也可是下拉列表（dropdown），默认是下拉列表。

　　② android:prompt 属性用于设置当单击 Spinner 组件时显示下拉列表的标题，仅在 dialog 模式下有效，可以将其设定为一个类似于 "@string/name" 的字符串资源。

　　③ android:entries 属性是在 strings.xml 文件中设定的一个数组资源，通过该属性将其设定为一个类似于 "@string/array_name" 的数组资源，Android 将根据该数组资源来生成 Spinner 组件列表项。

2. Spinner 组件重要方法

　　通过修改 XML 属性能很快设定组件的样式，但有时需要通过调用组件的方法来动态地修改组件属性，下面介绍 Spinner 组件的重要方法。

　　① Spinner 类的方法：public void setAdapter(SpinnerAdapter adapter)，该方法的参数是 Adapter 适配器，它的功能是设定组件所使用的适配器。

说明

Adapter 适配器是一种连接数据与组件的桥梁，通过 Adapter 可以告诉组件要显示哪些数据，如何显示这些数据，并根据不同数据和组件的需要使用不同的 Adapter 适配器，常用的适配器有 ArrayAdapter、SimpleAdapter、SimpleCursorAdapter 和 BaseAdapter。有关的适配器将在后面的学习中介绍。

如果连接的数据是数组类型，则需要使用 ArrayAdapter（数组适配器）。而该方法的参数是 SpinnerAdapter，ArrayAdapter 是 SpinnerAdapter 的间接子类，所以，该方法的参数也可以是 ArrayAdapter。ArrayAdapter<T>是一种模板类型，尖括号中的 T 代表数组元素的数据类型，如连接整型数组的适配器应该是 ArrayAdapter<Integer>，而连接字符串数组的配器应该是 ArrayAdapter<String>。

② ArrayAdapter 的构造方法：ArrayAdapter(Context context,int textViewResourceId, T[] object)，它的参数 context 为当前 Activity 的环境，下拉列表中的每一个选项将会作为 TextView 显示，textViewResourceId 就是 TextView 组件的 ID，object 为适配器需要连接的数组数据。

③ ArrayAdapter 类的方法：public void setDropDownViewResourcer(int resource)，它的功能是设置下拉菜单的显示样式，参数 resource 为下拉菜单显示样式 XML 资源文件，可以利用 Android 系统自带的样式，如默认值 android.R.layout.simple_spinner_item 和 android.R.layout.simple_spinner_dropdown_item。

3. Spinner 组件的使用

（1）通过数组资源文件，静态展示 Spinner 选项。

示例：用 Spinner 组件显示所要选择的职业分别为教师、工人、农民、作家、演员等。首先在 strings.xml 资源文件中添加字符串数组名为"profession"，内容为教师、工人、农民、作家、演员等 item 选项，设置下拉列表标题的字符串资源（spin_prompt），代码如下：

```xml
<resources>
    <string name="spin_prompt">请选择职业</string>
    <string-array name="profession">
        <item> 教师 </item>
        <item> 工人 </item>
        <item> 农民 </item>
        <item> 作家 </item>
        <item> 演员 </item>
    </string-array>
</resources>
```

然后，在 activity_main.xml 布局文件中添加 Spinner 组件，设置 Spinner 组件的属性如下：

```xml
<Spinner
    android:layout_width="wrap_content"
    android:layout_height="wrap_content"
    android:id="@+id/spinner1"
    android:entries="@array/profession"
    android:spinnerMode="dialog"
    android:prompt = "@string/spin_prompt"
/>
```

注意

android:prompt 必须要引用 strings.xml 中的资源 ID，而不能在这里直接用文字。另外，android:prompt 只有在 dialog 模式下才有效。

（2）通过 Java 代码方式，动态展示 Spinner 选项。

首先，在 activity_main.xml 布局文件中添加 Spinner 组件，设置 Spinner 组件属性的代码如下：

```
<Spinner
    android:layout_width="wrap_content"
    android:layout_height="wrap_content"
    android:id="@+id/spinner1"
/>
```

然后，修改 MainActivity.java。首先创建存放 Spinner 选项的数组，然后，创建 ArrayAdapter 数组适配器，在 ArrayAdapter 构造时第 1 个参数为 this，代表当前 Activity 的环境；第 2 个参数为 android.R.layout.simple_spinner_item，注意该 ID 是以"android"开头，代表 Android 系统自带布局中的组件，本质上是 Android 系统自带的用于显示选项的 TextView 组件 ID；第 3 个参数为 profession，代表字符串数组。最后，通过 setAdapter 方法设定 Spinner 组件的数据源。其相关 Java 代码如下：

```java
public class MainActivity extends AppCompatActivity {
    //定义一个用于存放 Spinner 选项的数组
    private static final String[] profession = {"教师","工人","农民","作家","演员"};
    //定义 Spinner 变量
    private Spinner spinner;
    @Override
    protected void onCreate(Bundle savedInstanceState) {
        super.onCreate(savedInstanceState);
        setContentView(R.layout.activity_main);
        //从数组创建 ArrayAdapter 数组适配器
        ArrayAdapter<String> adapter = new ArrayAdapter<String>( this,android.R.lay-
        out.simple_spinner_item,profession);
        //设置下拉菜单的显示样式
        adapter.setDropDownViewResource(android.R.layout.simple_spinner_item);
        //设置 Spinner 数据源
        spinner = (Spinner) findViewById(R.id.spinner1);
        spinner.setAdapter(adapter);
    }
}
```

利用这种方法不需要在 strings.xml 资源文件中定义任何资源。

4. Spinner 组件监听器

Spinner 组件最重要的监听器实际上就是用户选择了某个选项的监听器，设定该监听器的方法为 Public void setOnItemSelectedListener(AdapterView.OnItemSelectedListener listener)，其中，AdapterView.OnItemSelectedListener 是选项监听器。它的功能是监听 Spinner 选项被选中的事件，该方法是 Spinner 组件从其父类 AdapterView 中继承得到的。示例如下：

```
spinner = (Spinner) findViewById(R.id.spinner1);
```

```
spinner.setOnItemSelectedListener(new AdapterView.OnItemSelectedListener() {
    @Override
    public void onItemSelected(AdapterView<?> parent, View view, int position, long id) {
            //将选项视图转换为 TextView 类型
            TextView txt = (TextView)view;
            //获取选中项的显示字符串
            String strName = txt.getText().toString();
    }
    @Override
    public void onNothingSelected(AdapterView<?> parent) {
        //没有任何选项被选中时处理代码
    }
});
```

OnItemSelectedListener 接口需要实现两个方法，一个是 onItemSelected（选项被选中时触发），另一个是 onNothingSelected（没有任何选项被选中时触发），一般情况下是在 onItemSelected 添加处理代码，onItemSelected 方法中的参数 parent 为单击的 Spinner 组件，view 为单击的那一项的视图，position 为单击的那一项的位置。

2.3.3 表格布局

表格布局与常见的表格类似，它是以行和列的形式管理组件。表格布局使用 < TableLayout > 为标记定义，在表格布局中，每行为一个 TableRow 对象，也可以为一个 View 对象。当为 View 对象时，该 View 对象将独占一行，当为 TableRow 对象时，可在 TableRow 下添加子组件，默认情况下，每个子组件占据一列。

表格布局的行数由开发人员决定，有多少个 TableRow 对象（或 View 对象），就有多少行。而表格布局的列数等于含有最多子组件的行（TableRow）的列数。例如，有一表格布局是 3 行，第 1 行含 2 个子组件，第 2 行含 3 个子组件，第 3 行含 4 个子组件，那么该表格布局的列数为 4。

在 Android 中，可以使用 XML 布局文件定义表格布局管理器，也可以使用 Java 来创建，但推荐使用 XML 布局文件定义表格布局管理器。在 XML 布局文件中，定义表格布局管理器的基本语法格式如下：

```
<TableLayout
    属性列表 >
    <TableRow>
        需要添加的 UI 组件
    </TableRow>
        多个<TableRow>
</TableLayout>
```

表格布局 TableLayout 类继承自 LinearLayout 类，它除了继承来自父类的属性和方法外，还包含表格布局所特有的属性和方法。表格布局的属性包括全局属性和单元格属性，其中全局属性也称为列属性，列属性及其对应方法如表 2-13 所示。

表 2-13 TableLayout 类列属性及其对应方法

属性名称	对应方法	描述
android:collapseColumns	setCoiumnCollapsed(int,Boolean)	设置要隐藏的列
android:shrinkColumns	setShrinkColumns(boolean)	设置可收缩的列
android:stretchColumns	setStretchAllColumns(boolean)	设置可伸展的列

示例：
android:stretchColumns="0"，表示第 0 列可伸展。
android:shrinkColumns="1,2"，表示第 1、2 列皆可收缩。
android:collapseColumns="*"，表示隐藏所有行。

 说明

列可以同时具备 stretchColumns 和 shrinkColumns 属性。

表格布局的单元格属性，有以下两个参数。
android:layout_column 用于指定该单元格在第几列显示；
android:layout_span 用于指定该单元格占据的列数（未指定时，为 1）。
示例：
android:layout_column="1"，表示该组件显示在第 1 列。
android:layout_span="2"，表示该组件占据 2 列。

 说明

一个组件也可以同时具备全局属性和单元格属性。

项目实施

1. 项目分析

运用 Android 表格布局技术，设计一个用户注册界面，效果如图 2-12 所示。

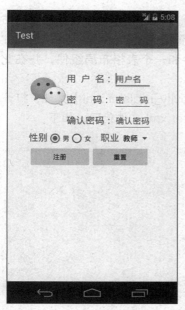

用户注册界面设计特点：
① 整个界面可看成由 5 行组成。
② 第 1~3 行出现图片，跨越 3 行文字。
③ 第 4 行由 4 列组成。
④ 第 5 行由 2 列组成。
分析结果：
① 整个界面看成是由两个表格布局组成的。
② 第 1 个表格布局由图片、用户名、密码和确认密码组成。
③ 第 2 个表格布局由性别、职业、注册和重置组成。
④ UI 界面中有单选按钮、下拉列表、ImageView、TextView、EditText 和 Button 等组件。
⑤ 采用线性布局和表格布局技术。

图 2-12　用户注册界面

2. 项目实现

（1）打开用户登录项目。

启动 Android Studio，在 Android Studio 起始页选择【Open an existing Android Studio project】，或在 Android Studio 主页菜单栏上选择【File】→【Open】，选择打开用户登录项目。

（2）在用户登录项目中创建用户注册界面。

操作方法：右击图 2-13 所示的 app 下【java】项，选择快捷菜单【New】→【Activity】→【Empty Activity】。然后，修改 Activity Name 名称为 RegisterActivity，Layout Name 的名称为 activity_register。单击【Finish】按钮。

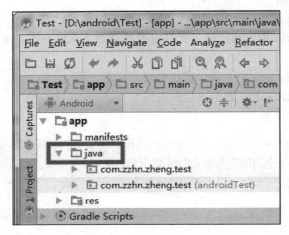

图 2-13　右击【java 项】

（3）设计布局文件。

在 res/layout 文件夹中，打开布局的 activity_register.xml 文件，使用线性布局和表格布局技术进行设计，首先将默认的相对布局修改成线性布局，并设置 android:orientation="vertical"，然后嵌套一个线性布局，在此线性布局中放置一个图片组件和一个表格布局组件，并在此线性布局下方放置一个表格布局组件。

操作方法：展开【res】→【layout】文件夹，双击【activity_register.xml】文件，打开右侧布局文件 text 编辑窗口，在编辑窗口中输入 activity_register.xml 文件代码，如下：

```xml
<?xml version="1.0" encoding="utf-8"?>
<LinearLayout xmlns:android="http://schemas.android.com/apk/res/android"
    xmlns:tools="http://schemas.android.com/tools"
    android:layout_width="match_parent"
    android:layout_height="match_parent"
    android:layout_margin="45dp"
    android:orientation="vertical"
    tools:context="com.zzhn.zheng.test. ZhuCeActivity">
    <LinearLayout
        android:layout_width="match_parent"
        android:layout_height="wrap_content"
        android:orientation="horizontal">
        <ImageView
            android:layout_width="80dp"
```

```xml
            android:layout_height="100dp"
            android:src="@drawable/copyright"/>
        <TableLayout
            android:layout_width="wrap_content"
            android:layout_height="wrap_content"
            android:shrinkColumns="*">
            <TableRow>
                <TextView
                    android:layout_width="wrap_content"
                    android:layout_height="wrap_content"
                    android:text="用户名："
                    android:textSize="20sp"/>
                <EditText
                    android:layout_height="wrap_content"
                    android:layout_width="wrap_content"
                    android:hint="用户名"
                    android:id="@+id/username"/>
            </TableRow>
            <TableRow>
                <TextView
                    android:layout_width="wrap_content"
                    android:layout_height="wrap_content"
                    android:text="密  码："
                    android:textSize="20sp"/>
                <EditText
                    android:layout_height="wrap_content"
                    android:layout_width="wrap_content"
                    android:hint="密  码"
                    android:inputType="numberPassword"
                    android:id="@+id/userpwd"/>
            </TableRow>
            <TableRow>
                <TextView
                    android:layout_width="wrap_content"
                    android:layout_height="wrap_content"
                    android:text="确认密码："
                    android:textSize="20sp"/>
                <EditText
                    android:layout_height="wrap_content"
                    android:layout_width="wrap_content"
                    android:hint="确认密码"
                    android:inputType="numberPassword"
                    android:id="@+id/conpwd"/>
            </TableRow>
        </TableLayout>
    </LinearLayout>
    <TableLayout
        android:layout_width="match_parent"
        android:layout_height="wrap_content" >
        <TableRow>
          <TextView
                android:layout_width="wrap_content"
                android:layout_height="wrap_content"
```

```xml
                android:text="性别"
                android:textSize="20sp"/>
            <RadioGroup
                android:id="@+id/rg1"
                android:orientation="horizontal"
                android:gravity="left"
                android:layout_width="match_parent"
                android:layout_height="wrap_content">
                <RadioButton
                    android:layout_width="wrap_content"
                    android:layout_height="wrap_content"
                    android:textColor="#3F51B5"
                    android:checked="true"
                    android:text="男"
                    android:id="@+id/rb_1"/>
                <RadioButton
                    android:layout_width="wrap_content"
                    android:layout_height="wrap_content"
                    android:textColor="#3F51B5"
                    android:checked="false"
                    android:text="女"
                    android:id="@+id/rb_2"/>
            </RadioGroup>
            <TextView
                android:layout_width="wrap_content"
                android:layout_height="wrap_cohtent"
                android:paddingLeft="20dp"
                android:text="职业"
                android:textSize="20sp"/>
            <Spinner
                android:layout_width="match_parent"
                android:layout_height="wrap_content"
                android:id="@+id/spinner1"
                android:entries="@array/profession"/>
        </TableRow>
        <TableRow>
            <Button
                android:layout_width="wrap_content"
                android:layout_height="wrap_content"
                android:layout_span="2"
                android:id="@+id/bt1"
                android:text="注册"/>
            <Button
                android:layout_width="wrap_content"
                android:layout_height="wrap_content"
                android:layout_span="2"
                android:id="@+id/bt2"
                android:text="重置"/>
        </TableRow>
    </TableLayout>
</LinearLayout>
```

（4）调试运行。

① 修改清单文件 AndroidManifest.xml，让程序从 ZhuCeActivity 启动。

② 单击工具栏上的 AVD Manager 图标 ，打开虚拟设备对话框，在虚拟设备对话框中单击启动虚拟设备的命令按钮，打开 Android Studio 模拟器。

③ 单击工具栏上的"三角形"运行按钮 ，运行本项目。

项目总结

通过本项目的学习，读者应学会采用线性布局和表格布局技术设计用户注册界面的方法。

① 用户注册界面是由 TextView、EditText、ImageView、RadioButton、Spinner 和 Button 等组件组成的，读者应了解这些组件的常用属性。

② 采用表格布局技术，进行用户注册界面设计。读者应掌握表格布局中全局属性及单元格属性的运用。

项目训练——用表格布局设计计算器界面

用表格布局设计计算器界面，效果如图 2-14 所示。

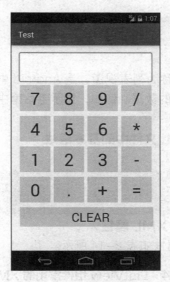

图 2-14 计算器界面效果

练习题

2-3-1 修改用户注册界面的 XML 文件，要求将界面上显示的文字放置于 strings.xml 文件中。

2-3-2　说明表格布局设计的特点。

2-3-3　说明 Spinner 设计方法和适配器的作用。常用适配器有哪些?

2-3-4　RadioButton 是如何实现单选功能的？如何监控 RadioButton 组件选中状态的改变？

项目 2-4　随手记列表界面设计

学习目标

- 掌握 ListView 组件的使用方法，了解 ListView 组件事件监听处理机制。
- 掌握 SimpleAdapter 简单适配器的使用方法。
- 掌握 BaseAdapter 自定义适配器的使用方法，了解 ListView 组件的优化方法。
- 学会运用 ListView 组件进行随手记列表界面设计。

项目描述

运用 ListView 组件与 BaseAdapter 自定义适配器的方法，设计一个随手记列表界面，要求在随手记列表界面上能显示图片和文字。

知识储备

2.4.1　ListView 组件

在 Android 中，ListView 被称为列表视图，是 Android 中最常用的一种视图组件。它是以垂直列表的形式显示所有列表项的数据。例如，显示电话簿中联系人的信息、系统功能设置或状态等。

1. ListView 组件在 XML 文件中的基本语法

格式代码如下：

```
<ListView
    属性列表
/>
```

2. ListView 组件常用的 XML 属性

ListView 组件常用的 XML 属性如表 2-14 所示。

表 2-14　ListView 组件常用的 XML 属性

属性名称	描述
android:divider	用于为列表视图设置分隔条，既可用颜色分隔，也可用 Drawable 资源分隔
android:dividerHeight	设置分隔条的高度
android:entries	用于通过数组资源为 ListView 指定列表项

续表

属性名称	描述
android:footerDividersEnabled	用于设置是否在 footer view 之前绘制分隔条,默认值为 true,若设置为 false,表示不绘制。使用该属性时,需要通过 ListView 组件提供的 addFooterView() 方法为 ListView 设置 footer view
android:headerDividersEnabled	用于设置是否在 header view 之后绘制分隔条,默认值为 true,若设置为 false,表示不绘制。使用该属性时,需要通过 ListView 组件提供的 addHeaderView() 方法为 ListView 设置 header view
android:listSelector	用于设置 ListView 中的 item 选中时的颜色,默认为浅灰底色
android:fadeScrollbars	值为"true",可以实现滚动条的自动隐藏和显示
android:fastScrollEnabled	值为"true",可加快滑动速度

3. ListView 组件显示列表项的方法

ListView 组件显示列表项的数据方式是采用 MVC 模式将前端显示和后端数据进行分离,即 ListView 组件在装载数据时并不是直接使用 ListView.add 或者类似的方法添加数据,而是需要指定一个 Adapter 作为适配器来显示列表中元素的布局方式。

Adapter 常用实现类分为以下几种。
- ArrayAdapter:通常用于将数组或 List 集合的多个值包装成多个列表项。
- SimpleAdapter:用于将 List 集合的多个对象包装成多个列表项。
- SimpleCursorAdapter:只是用于包装 Cursor 提供的数据。
- BaseAdapter:自定义的适配器。

通过 Adapter 为 ListView 指定要显示的列表项,可分为如下步骤。

① 创建 Adapter 对象。对于纯文字的列表项,通常使用 ArrayAdapter 对象。而创建 ArrayAdapter 对象通常可以有两种情况,一种是通过数组资源文件创建,另一种是通过在 Java 文件中使用的字符串数组创建。

在创建 ArrayAdapter 时,必须指定 Android 系统自带的用于显示选项的 TextView 组件 ID,该参数决定每个列表项的外观形式。这与在项目 2-3 中的 Spinner 列表选项框中介绍的创建 ArrayAdapter 对象基本相同。其不同之处是在创建该对象时,要指定列表项的外观形式。为 ListView 指定的外观形式通常有以下几个属性值。

simple_list_item_1:每一个列表项都是普通的 TextView。
simple_list_item_2:每一个列表项都是普通的 TextView(字体略大)。
simple_list_item_checked:每一个列表项都是一个已勾选的列表项。
simple_list_item_multiple_choice:每一个列表项都是带多选框的文本。
simple_list_item_single_choice:每一个列表项都是带单选按钮的文本。

② 将创建的适配器对象与 ListView 相关联,具体代码如下:

```
ListView.setAdapter(adapter);
```

下面分别介绍在 Android 中创建 ListView 的方法。

第一种:通过数组资源文件创建 ListView。

【例2-6】在Android Studio中创建新项目,名称为ListViewDemo,通过布局文件添加一个ListView组件,并通过数组资源为其设置列表项,列表项中的数据为电话簿中联系人姓名。

首先修改新建项目ListViewDemo中res/layout目录下的布局文件activity_main_xml,将默认添加的TextView组件删除,并添加一个ListView组件。添加ListView组件布局代码如下:

```
<ListView
    android:id="@+id/listView_name"
    android:layout_width="wrap_content"
    android:layout_height="wrap_content"
    android:entries="@array/name"
    android:divider="@color/colorAccent"
    android:dividerHeight="3dp"
/>
```

然后,在res/values目录中创建一个定义数组资源的XML文件arrays.xml,并在该文件中添加名称为name的字符串数组。关键代码如下:

```
<?xml version="1.0" encoding="utf-8"?>
<resources>
    <string-array name="name">
        <item>张艳</item>
        <item>李力</item>
        <item>王丹</item>
    </string-array>
</resources>
```

最后运行本实例,观察运行结果。

数组资源文件中的列表项也可放置在strings.xml文件里。

第二种:通过ArrayAdapter创建ListView。

【例2-7】修改项目ListViewDemo下的布局文件activity_main_xml中的ListView组件属性,并通过ArrayAdapter适配器使用数组提供列表项,列表项中的数据为电话簿中联系人姓名和电话,列表项可设置为单选模式。

首先,修改ListViewDemo项目的res/layout目录下的布局文件activity_main_xml中的ListView组件属性。ListView组件的布局代码如下:

```
<ListView
    android:id="@+id/listView_tel"
    android:layout_width="wrap_content"
    android:layout_height="wrap_content"
    android:divider="@color/colorAccent"
    android:dividerHeight="3dp" />
```

然后,在MainActivity.java中的onCreate()方法中为ListView创建并关联适配器。先定义存储姓名和电话的字符串数组,然后获取布局文件中ListView组件,创建适配器,并将字符串数组装载到适配器,最后将适配器与ListView组件相关联。关键代码如下:

```
protected void onCreate(Bundle savedInstanceState) {
    super.onCreate(savedInstanceState);
```

```java
    setContentView(R.layout.activity_main);
    //定义一个数组,并将字符串数组初始化
    String [] arr = {"张艳 133123456","李力 185234567","王丹 130122334"};
    //获取布局文件中的ListView
    ListView listview = (ListView)findViewById(R.id.listView_tel);
    //定义数据源适配器
    ArrayAdapter<String> arrayAdapter = new ArrayAdapter<String>(this,android-id.R.layout.simple_list_item_single_choice,arr);
    //为ListView设置Adapter
    listview.setAdapter(arrayAdapter);
}
```

最后运行本实例,观察运行结果。

第三种:通过 SimpleAdapter 创建 ListView。

SimpleAdapter 适配器的主要功能是将 List 集合的数据转换为 ListView 可以支持的数据。而要实现这种转换,首先需要定义一个数据显示的布局文件,该布局文件用于定义 ListView 每一行所需要显示的所有组件。在需要转换的 List 集合中保存的是多条 Map 集合数据,这些 Map 集合保存的是具体要显示的信息,即该布局文件中的每个组件的 ID 就是保存在 Map 集合的 key,而每个组件的显示内容,则是由 Map 保存的 value 决定的。SimpleAdapter 构造方法如下:

```
SimpleAdapter(Context context,List<Map<String,?>>,int resource,String[] from,int[] to)
```

下面通过【例 2-8】说明使用 SimpleAdapter 创建 ListView 的方法。

【例 2-8】在 Android Studio 中创建新项目,名称为 SimpleAdapterDemo。然后,修改项目下的布局文件 activity_main_xml,添加第 1 个 ListView 组件。通过定义 SimpleAdapter 适配器,可提供数据源的列表项,列表项数据为电话簿中的头像、联系人姓名、城市和电话。

首先修改 SimpleAdapterDemo 项目 res/layout 目录下的布局文件 activity_main_xml,将默认添加的 TextView 组件文本属性修改为"电话簿",并添加第 1 个 ListView 组件。布局代码如下:

```xml
<TextView
    android:layout_width="wrap_content"
    android:layout_height="wrap_content"
    android:text="电话簿"
    android:textSize="30dp"
    android:layout_gravity="center"/>
<ListView
    android:id="@+id/personListView"
    android:layout_width="wrap_content"
    android:layout_height="wrap_content"
    android:divider="@color/colorAccent"
    android:dividerHeight="3dp" />
```

创建 ListView 中列表选项布局文件 list_person_layout.xml 的方法:右击【res】→【layout】目录,选择快捷菜单【New】→【XML】→【Layout XML File】,输入 list_person_layout,单击【Finish】按钮。

其次,在列表选项布局文件 list_person_layout.xml 中设置显示头像图片、联系人姓名、城市和电话的组件。布局代码如下:

```xml
<?xml version="1.0" encoding="utf-8"?>
```

```xml
<LinearLayout xmlns:android="http://schemas.android.com/apk/res/android"
    android:layout_width="match_parent"
    android:layout_height="match_parent">
    <ImageView
        android:paddingRight="20dp"
        android:layout_width="50dp"
        android:layout_height="30dp"
        android:src="@drawable/contact_pic"
        android:id="@+id/img"/>
    <TextView
        android:id="@+id/txtName"
        android:layout_width="0dp"
        android:layout_weight="1"
        android:layout_height="wrap_content" />
    <TextView
        android:id="@+id/txtCity"
        android:layout_width="0dp"
        android:layout_weight="1"
        android:layout_height="wrap_content" />
    <TextView
        android:id="@+id/txtPhone"
        android:layout_width="0dp"
        android:layout_weight="1"
        android:layout_height="wrap_content" />
</LinearLayout>
```

然后在 MainActivity.java 程序中创建适配器需要的数据集合对象 getData()方法，再在 onCreate()方法中获取布局文件中的 ListView 组件，定义数据源适配器，将适配器与 ListView 组件相关联。其关键代码如下：

```java
protected void onCreate(Bundle savedInstanceState) {
    super.onCreate(savedInstanceState);
    setContentView(R.layout.activity_main);
    //获取布局文件中的 ListView
    listview = (ListView)findViewById(R.id.personListView);
    //定义数据源适配器
    SimpleAdapter adapter = new SimpleAdapter(this, getData(),R.layout.list_person_layout, new String[] { "img", "name", "City", "Phone" }, new int[]
    { R.id.img,R.id.txtName, R.id.txtCity, R.id.txtPhone });
    //适配器与 ListView 相关联
    listview.setAdapter(adapter);
}
    //创建适配器需要的数据集合对象
    private List<Map<String, Object>> getData() {
        List<Map<String, Object>> list = new ArrayList<Map<String, Object>>();
        Map<String, Object> map = new HashMap<String, Object>();
        map.put("img", R.drawable.contact_pic);
        map.put("name", " 张艳 ");
        map.put("City", " 长沙 ");
        map.put("Phone", " 133123456 ");
        list.add(map);
        map = new HashMap<String, Object>();
        map.put("img", R.drawable.contact_pic);
```

```
        map.put("name", " 李力 ");
        map.put("City", " 株洲 ");
        map.put("Phone", " 185123456");
        list.add(map);
        map = new HashMap<String, Object>();
        map.put("img", R.drawable.contact_pic);
        map.put("name", " 王丹 ");
        map.put("City", " 武汉 ");
        map.put("Phone", " 130123456 ");
        list.add(map);
        map = new HashMap<String, Object>();
        map.put("img", R.drawable.contact_pic);
        map.put("name", " 刘明艳 ");
        map.put("City", " 上海 ");
        map.put("Phone", " 1389990456 ");
        list.add(map);
        return list;
}
```

最后运行本实例，观察运行结果。

第四种：通过 ListView+BaseAdapter 实现复杂列表选项。

此方法将在随手记列表界面设计项目中介绍。

4. ListView 组件监听器

ListView 组件最重要的监听器是实施对用户选择了某个选项的监听。设定该监听器的方法为 public void onItemClick(AdapterView<?> parent, View view, int position, long id)。它的功能是监听 ListView 选项被选中的事件。例如，当用户单击 ListView 的列表项时，为获得该选项的值，需要为 ListView 添加 OnItemClickListener 监听器。其代码如下：

```
//为 ListView 添加 OnItemClickListener 监听器
listview.setOnItemClickListener(new AdapterView.OnItemClickListener() {
    @Override
    public void onItemClick(AdapterView<?> parent, View view, int position, long id) {
        //获取选项的值
        String result = parent.getItemAtPosition(position).toString();
        //显示提示的消息
        Toast.makeText(MainActivity.this,result,Toast.LENGTH_SHORT).show();
    }
});
```

2.4.2　BaseAdapter 自定义适配器

在【例 2-7】和【例 2-8】中已经分别讲解了 ArrayAdapter 数组适配器和 SimpleAdapter 简单适配器的使用方法，现在将要介绍 BaseAdapter 自定义适配器的使用。BaseAdapter 自定义适配器与其他 Adapter 有些不同，其他的 Adapter 可以直接在其构造方法中进行数据的设置，如下：

```
SimpleAdapter adapter = new SimpleAdapter(this, getData(), R.layout.list_item, new String[]{"img","title","info",new int[]{R.id.img, R.id.title, R.id.info}});
```

但在 BaseAdapter 自定义适配器中就需要创建一个继承自 BaseAdapter 的类，并要重载 getCount、getItem、getItemId 和 getView 方法；其中 getView 是用来刷新它所在的 ListView。例如，创建 MyAdapter 类，让它继承自 BaseAdapter 的类，关键代码如下：

```
Public class MyAdapter extends BaseAdapter {
    private Context context;
    public MyAdapter(Context context) {
        this.context = context;
    }
    @Override
    public int getCount() {
        //此适配器中所代表的数据集中的条目数
        return 0;
    }
    @Override
    public Object getItem(int position) {
        //获取数据集中与指定索引对应的数据项
        return null;
    }
    @Override
    public long getItemId(int position) {
        //获取在列表中与指定索引对应的行ID
        return 0;
    }
    @Override
    public View getView(int position, View convertView, ViewGroup parent) {
        //获取一个在数据集中指定索引的视图来显示数据
        return null;
    }
}
```

其中，在对 getView 方法重写时，当列表项数据量很大时，如果每次都重新创建 View，设置资源，会严重影响手机性能，因此，在重载 getView 方法时，要进行 ListView 优化。

ListView 优化的第 1 种方法是利用缓存 convertView 的方式，判断缓存中是否存在 View，如果不存在则要创建 View，如果已存在就不要再创建 View。利用重用缓存 convertView 传递给 getView()方法来避免填充不必要的视图，如下：

```
If (convertView == null){
    View view = LayoutInfalter.from(getContext()).inflate(resourceID,null);
}else{
    View view = convertView;
}
```

ListView 优化的第 2 种方法是通过 convertView+ViewHolder 来实现，其中 ViewHolder 是一个静态类。当判断 convertView 为空时，就会根据已设计好的 ListView 的 Item 布局 XML 来为 convertView 赋值，并生成一个 ViewHolder 来绑定 convertView 里面的各个 View 组件（也就是 XML 布局里面的组件），再用 convertView 的 setTag 将 ViewHolder 设置到 Tag 中，以便系统第 2 次绘制 ListView 时从 Tag 中取出。当 convertView 不为空时，就直接用 convertView 的 getTag()来获得一个 ViewHolder。ViewHolder 模式通过 getView()方法在返回的视图的标签（Tag）中存储一个数据结构，这个数据结构包含了指向要绑定数据的视图的引用，从而避免每次调用 getView()的时候调用 findViewById()。代码如下：

```
//先定义 ViewHolder 静态类
static class ViewHolder {
    public ImageView img;
    public TextView noteTime;
```

```
        public TextView noteContent;
    }
    //重写getView
    public View getView(int position, View convertView, ViewGroup parent) {
        ViewHolder holder;
        If (convertView == null) {
            holder = new ViewHolder();
            LayoutInflater inflater = LayoutInflater.from(context);
            convertView = inflater.inflate(R.layout.list_note_layout, null);
            holder.img = (ImageView) findViewById(R.id.img);
            holder. noteTime = (TextView) findViewById(R.id.noteTime);
            holder. noteContent = (TextView) findViewById(R.id. noteContent);
            convertView.setTag(holder);
        }else {
            holder = (ViewHolder)convertView.getTag();
            holder.img.setImageResource(R.drawable.ic_launcher);
            holder. noteTime.setText("5月1日");
            holder. noteContent.setText("劳动节");
        }
        return convertView;
    }
```

项目实施

1. 项目分析

运用 ListView 组件与 BaseAdapter 自定义适配器的方法，设计一个随手记列表界面，要求在随手记列表界面上能显示图片和文字，效果如图 2-15 所示。

图 2-15 随手记列表界面

随手记列表界面设计特点：
① 整个界面由标题和垂直列表的数据项组成。
② 每个数据项由一个图片、两个文本框组成。
分析结果：
① 整个界面可采用相对布局或线性布局技术。
② 用一个文本框组件表示标题。
③ 用一个 ListView 组件实现垂直列表显示功能。
④ ListView 组件中 item 项的布局采用线性布局技术，并由图片和文本框组成。

2. 项目实现

（1）新建随手记项目。

启动 Android Studio，在 Android Studio 起始页选择【Start a new Android Studio project】，或在 Android Studio 主页菜单栏上选择【File】→【New】→【New Project】，新建 Android 工程。在 New Project 页面上输入应用程序的名称（NoteTest）、公司域名（com.zzhn.zheng）和存储路径，单击【Next】按钮。然后，选择工程的类型以及支持的最低版本，单击【Next】按钮。之后选择是否创建 Activity 以及创建 Activity 的类型，选择【Empty Activity】，单击【Finish】按钮。

（2）设计布局文件。

首先在【res】→【layout】文件夹中，打开布局的【activity_main.xml】文件，使用相对布局技术，添加 ListView 组件，设置 ListView、TextView 组件属性。

操作方法：展开【res】→【layout】文件夹，双击【activity_main.xml】文件，打开右侧布局文件 text 编辑窗口，在编辑窗口中输入 activity_main.xml 文件代码，如下：

```xml
<TextView
    android:layout_width="match_parent"
    android:layout_height="wrap_content"
    android:text="随手记列表"
    android:textSize="30sp"
    android:id="@+id/tv1"
    android:gravity="center"/>
<ListView
    android:layout_width="match_parent"
    android:layout_height="match_parent"
    android:layout_below="@+id/tv1"
    android:id="@+id/listview"
    android:divider="@color/colorAccent"
    android:listSelector="#ece10d"
    android:fadeScrollbars="true"
    android:dividerHeight="3dp" />
```

创建 ListView 中 item 列表选项布局文件 list_note_layout.xml。

操作方法：右击【res】→【layout】目录，选择快捷菜单【New】→【XML】→【Layout XML File】，输入 list_note_layout，单击【Finish】按钮。在列表选项布局文件 list_note_layout.xml 中设置显示随手记图片、时间和内容的组件。布局代码如下：

```xml
<?xml version="1.0" encoding="utf-8"?>
<LinearLayout xmlns:android="http://schemas.android.com/apk/res/android"
    android:layout_width="match_parent"
    android:layout_height="match_parent"
    android:orientation="horizontal">
    <ImageView
        android:paddingRight="20dp"
        android:layout_width="50dp"
        android:layout_height="50dp"
        android:src="@drawable/note_pic"
        android:id="@+id/img"/>
    <TextView
        android:layout_width="0dp"
        android:layout_weight="0.5"
```

```xml
            android:layout_height="wrap_content"
            android:id="@+id/noteTime"/>
        <TextView
            android:layout_width="0dp"
            android:layout_weight="1"
            android:layout_height="wrap_content"
            android:id="@+id/noteContent"/>
</LinearLayout>
```

（3）编写 Java 程序代码。

首先创建 MyAdapter 类，让它继承自 BaseAdapter 的类，并通过 convertView+ViewHolder 实现对 ListView 的优化。程序关键代码如下：

```java
public class MyAdapter extends BaseAdapter {
    private Context context;
    private List<Map<String, Object>> list ;
    public MyAdapter(Context context, List<Map<String, Object>> list) {
        this.context = context;
        this.list = list;
    }
    @Override
    public int getCount() {
        //在此适配器中所代表的数据集中的条目数
        return list.size();
    }
    @Override
    public Object getItem(int position) {
        //获取数据集中与指定索引对应的数据项
        return list.get(position);
    }
    @Override
    public long getItemId(int position) {
        //获取在列表中与指定索引对应的行 id
        return position;
    }
    //ViewHolder 静态类
    static class ViewHolder
    {
        public ImageView img;
        public TextView noteTime;
        public TextView noteContent;
    }
    //获取一个在数据集中指定索引的视图来显示数据
    @Override
    public View getView(int position, View convertView, ViewGroup parent) {
        ViewHolder holder = null;
        //如果缓存 convertView 为空，则需要创建 View
        if(convertView == null){
            holder = new ViewHolder();
```

```
            //根据自定义的Item布局加载布局
            LayoutInflater inflater = LayoutInflater.from(context);
            convertView = inflater.inflate(R.layout.list_note_layout, null);
            holder.img = (ImageView)convertView.findViewById(R.id.img);
            holder.noteTime = (TextView)convertView.findViewById(R.id.noteTime);
            holder.noteContent = (TextView)convertView.findViewById(R.id.noteContent);
            //将设置好的布局保存到缓存中,并将其设置在Tag里,以便后面方便取出Tag
            convertView.setTag(holder);
        }else {
            holder = (ViewHolder)convertView.getTag();
        }
        holder.img.setBackgroundResource((Integer)list.get(position).get("img"));
        holder.noteTime.setText((String)list.get(position).get("noteTime"));
        holder.noteContent.setText((String)list.get(position).get("noteContent"));
        return convertView;
    }
}
```

然后,在 MainActivity.java 中编写创建适配器需要的数据集合对象 getData()方法,在 onCreate()方法中将获取的数据设置到 list 中。创建自定义适配器,将自定义适配器绑定到数据源,并与 ListView 组件相关联。创建适配器需要的数据集合对象的代码如下:

```
private List<Map<String, Object>> getData()
{
    List<Map<String, Object>> list = new ArrayList<Map<String, Object>>();
    Map<String, Object> map;
    for(int i=0;i<10;i++)
    {
        map = new HashMap<String, Object>();
        map.put("img", R.drawable.note_pic);
        map.put("noteTime", "4月25日");
        map.put("noteContent", "班级活动内容……");
        list.add(map);
    }
    return list;
}
```

最后,设置数据源、ListView 与自定义适配器相关联的代码如下:

```
listView = (ListView)findViewById(R.id.listview);
//获取将要绑定的数据并设置到list中
list = getData();
MyAdapter adapter = new MyAdapter(this,list);
listView.setAdapter(adapter);
```

(4)调试运行。

① 单击工具栏上的 AVD Manager 图标,打开虚拟设备对话框,在虚拟设备对话框中单击启动虚拟设备的命令按钮,打开 Android Studio 模拟器。

② 单击工具栏上的"三角形"运行按钮,运行本项目。

项目总结

通过本项目的学习，读者应学会运用 ListView+BaseAdapter 实现复杂列表选项的设计方法。

① 创建一个添加了 ListView 组件的布局文件，并设置相应属性。
② 创建 ListView 组件中 item 列表选项布局文件。
③ 创建一个类，让它继承自 BaseAdapter 的类，并通过 convertView+ViewHolder 实现对 ListView 优化。
④ 创建数据源，并实现数据源、BaseAdapter 适配器和 ListView 组件三者之间的相互关联。

项目训练——用BaseAdapter创建ListView实现联系人列表界面

要求将【例 2-8】中用 SimpleAdapter 创建 ListView 实现联系人列表的界面修改成用 BaseAdapter 创建 ListView 实现联系人列表的界面，列表选项数据为电话簿中的头像、联系人姓名、城市和电话。

练习题

2-4-1　如何实现在 ListView 组件上为每个列表项设置带单选按钮或多选按钮的样式？
2-4-2　说明 ListView 优化的方法和作用。
2-4-3　说明 SimpleAdapter 适配器的设计方法和作用。
2-4-4　如何监控 ListView 组件中 item 选项的变化？

项目 2-5　校园生活小助手主界面设计

　学习目标

- 掌握 GridView 组件的使用方法，了解 GridView 组件事件监听处理机制。
- 掌握 GridView 组件与 Adapter 适配器相结合的应用。
- 学会运用 GridView 组件进行校园生活小助手主界面设计。

项目描述

运用 GridView 组件与 SimpleAdapter 适配器相结合的方法，设计应用程序项目的主界面，如校园生活小助手主界面设计，要求在主界面上能显示应用程序项目的图片。

知识储备

2.5.1 GridView 组件

在 Android 中，GridView 被称为网格视图，它是按照行、列分布的方式来显示多个数据项的可滚动的视图组件，通常用于显示图片或图标等，如在 Android 手机中显示应用程序界面和实现九宫格图等界面时，经常是采用 GridView 组件进行界面设计。

GridView 和 ListView 有共同的父类 AbsListView，它们的区别在于：ListView 只在一个方向分布，而 GridView 会在两个方向分布。在使用网格视图时，首先需要在屏幕上添加 GridView 组件，通常是使用 GridView 标记在 XML 布局文件中添加。

1. GridView 组件在 XML 文件中的基本语法

格式如下：

```
<GridView
    属性列表
/>
```

2. GridView 的常用属性和方法

GridView 的常用属性和方法如表 2-15 所示。

表 2-15 GridView 的常用属性和方法

属性名称	对应方法	描述
android:columnWidth	setColumnWidth(int)	设置列的宽度
android:gravity	setGravity (int gravity)	设置对齐方式，必须是一个或多个值，多个值用"|"分隔开
android:horizontalSpacing	setHorizontalSpacing(int)	设置各元素之间的水平间距
android:numColumns	setNumColumns(int)	设置列数，其属性通常为大于零的值，如果只有一列，那么最好用 ListView 实现
android:stretchMode	setStretchMode(int)	设置缩放模式，其属性值为：none（不拉伸）、spacingWidth（仅拉伸元素之间的间距）、columnWidth（仅拉伸表格元素本身）或 spacingWidthUniform（表格元素本身、元素之间的间距一起拉伸）
android:verticalSpacing	setVerticalSpacing(int)	设置两行之间的间距

GridView 与 ListView 的使用方式相似，GridView 也需要通过 Adapter 提供显示的数据，开发者可通过 SimpleAdapter 来为 GridView 提供数据，也可以通过自定义 Adapter 并继承自 BaseAdapter 为 GridView 提供数据。不论是哪种方式，GridView 与 ListView 的用法基本一致。

3. GridView 组件监听器

GridView 组件的监听器用于监听用户选择了哪个 item 选项，设定该监听器的方法为 public void onItemClick(AdapterView<?> parent, View view, int index, long id)，它的功能是

用于监听 GridView 选项被选中的事件。当用户单击 GridView 的某个 item 选项时，为获得该选项 index 的值，需要为 GridView 添加 OnItemClickListener 监听器，并根据 index 的值决定将要跳转到下一级程序的界面窗口。

2.5.2 GridView 应用案例

下面通过【例 2-9】介绍运用 GridView 组件设计一款手机显示菜谱界面的方法。

【例 2-9】在 Android Studio 中创建新项目，名称为 GridViewDemo。修改项目下的布局文件 activity_main_xml，添加一个 GridView 组件，通过定义 SimpleAdapter 适配器，可以提供数据源的列表项，并设置数据列表项为菜谱图片和菜谱名称。

第一步，修改 GridViewDemo 项目 res/layout 目录下的布局文件 activity_main_xml，将默认添加的 TextView 组件删除，并添加一个 GridView 组件，布局代码如下：

```xml
<GridView
    android:layout_width="match_parent"
    android:layout_height="match_parent"
    android:numColumns="3"
    android:id="@+id/ms_gridview"
    android:verticalSpacing="20dp"
    android:horizontalSpacing="10dp"
    android:stretchMode="columnWidth"
    android:gravity="center"/>
```

第二步，创建 GridView 中数据选项布局文件 meishi_item.xml 的方法：右击【res】→【layout】目录，选择快捷菜单【New】→【XML】→【Layout XML File】，输入 meishi_item，单击【Finish】按钮。

在数据选项布局文件 meishi_item.xml 中设置显示菜谱图片和菜谱名称的组件，并将线性布局修改为相对布局。布局代码如下：

```xml
<?xml version="1.0" encoding="utf-8"?>
<RelativeLayout xmlns:android="http://schemas.android.com/apk/res/android"
    android:layout_width="match_parent"
    android:layout_height="match_parent">
    <ImageView
        android:layout_width="match_parent"
        android:layout_height="100dp"
        android:id="@+id/ms_img"
        android:layout_centerHorizontal="true"
        android:scaleType="fitXY"/>
    <TextView
        android:layout_width="wrap_content"
        android:layout_height="wrap_content"
        android:id="@+id/ms_desc"
        android:layout_centerHorizontal="true"
        android:layout_below="@+id/ms_img"/>
</RelativeLayout>
```

第三步，在 MainActivity.java 程序中先定义相关的变量，创建适配器需要的数据集合对象 getData()方法，然后在 onCreate()方法中获取布局文件中的 GridView 组件资源，定义数据源适配器，最后将适配器与 GridView 组件相关联。关键代码如下：

```java
public class MainActivity extends Activity {
    private GridView gridView;
    private List<Map<String,Object>> data_list;
```

```
    private SimpleAdapter sim_adapter;
    //将网格中的图片、文字资源定义在相应数组里
    public static int[] icon = {R.drawable.ms1,R.drawable.ms2,R.drawable.ms3,
    R.drawable.ms4,R.drawable.ms5,R.drawable.ms6,R.drawable.ms7,R.drawable.ms8,
    R.drawable.ms9,R.drawable.ms10,R.drawable.ms11,R.drawable.ms12};
    private String[] iconName = {"臭豆腐","糖油粑粑","血旺","龙脂猪血","宝庆猪血 丸子","洞庭银鱼","君山银针鸡片","腊味合蒸","椒盐馓子","麻辣小龙虾","红烧猪脚","长沙米粉"};
    @Override
    protected void onCreate(Bundle savedInstanceState) {
        super.onCreate(savedInstanceState);
        setContentView(R.layout.activity_main);
        gridView = (GridView) this.findViewById(R.id.ms_gridview);
        SimpleAdapter simpleAdapter = new SimpleAdapter(this,getData(),R.layout.m-eishi_item,new String[]{"img","txt"},new int[]{R.id.ms_img,R.id.ms_desc});
        gridView.setAdapter(simpleAdapter);
    }
    //创建适配器需要的数据集合对象
    public List<Map<String,Object>>getData(){
        List<Map<String,Object>> list = new ArrayList<Map<String, Object>>();
        for(int i = 0;i<icon.length;i++){
            Map<String,Object> map = new HashMap<String,Object>();
            map.put("img",icon[i]);
            map.put("txt",iconName[i]);
            list.add(map);          }
        return list;      }
}
```

菜谱界面运行结果如图 2-16 所示。

图 2-16　显示菜谱界面

模块2 Android UI界面设计

项目实施

1. 项目分析

运用 GridView 组件与 SimpleAdapter 适配器相结合的方法，设计校园生活小助手应用程序项目的主界面，要求在主界面上能显示应用程序项目的图片，效果如图 2-17 所示。

校园生活小助手界面设计特点：
① 整个界面由标题和 2 列 3 行的数据项组成。
② 每个数据项由一个图片组成。
分析结果：
① 界面可采用相对布局或线性布局技术。
② 用一个图片组件表示标题。
③ 用一个 GridView 组件实现网格视图功能。

图 2-17　校园生活小助手界面

2. 项目实现

（1）新建校园生活小助手项目。

启动 Android Studio，在 Android Studio 起始页选择【Start a new Android Studio project】，或在 Android Studio 主页菜单栏上选择【File】→【New】→【New Project】，新建 Android 工程。在 New Project 页面上输入应用程序的名称（SchoolHelper）、公司域名（com.zzhn.zheng）和存储路径，单击【Next】按钮。然后，选择工程的类型以及支持的最低版本，单击【Next】按钮。之后选择是否创建 Activity 以及创建 Activity 的类型，选择【Empty Activity】，单击【Finish】按钮。

（2）布局文件设计。

首先在 res/layout 文件夹中，打开布局的 activity_main.xml 文件，使用线性布局技术，添加 ImageView、GridView 组件，设置 ImageView、GridView 组件属性，删除原有的 TextView 组件。

操作方法：展开【res】→【layout】文件夹，双击【activity_main.xml】文件，打开右侧布局文件 text 编辑窗口，在编辑窗口中输入 activity_main.xml 文件代码，如下：

```
<ImageView
    android:layout_width="match_parent"
    android:layout_height="wrap_content"
    android:src="@drawable/bg"/>
```

```xml
<GridView
    android:id="@+id/gridView"
    android:layout_width="match_parent"
    android:layout_height="match_parent"
    android:numColumns="2"
    android:stretchMode="columnWidth">
</GridView>
```

创建 GridView 中 item 选项布局文件 grid_item.xml。

操作方法：右击【res】→【layout】目录，选择快捷菜单【New】→【XML】→【Layout XML File】，输入 grid_item，单击【Finish】按钮。在选项布局文件 grid_item.xml 中设置显示应用程序项目的图片组件，布局代码如下：

```xml
<?xml version="1.0" encoding="utf-8"?>
<LinearLayout xmlns:android="http://schemas.android.com/apk/res/android"
    android:layout_width="match_parent"
    android:layout_height="match_parent"
    android:padding="20dp"
    android:gravity="center">
    <ImageView
        android:id="@+id/img"
        android:layout_width="wrap_content"
        android:layout_height="wrap_content"
        android:src="@drawable/schoolview_on"/>
</LinearLayout>
```

（3）编写 Java 程序代码。

首先在 MainActivity.java 程序中定义相关的变量，创建适配器需要的数据集合对象 getData()方法。然后在 onCreate()方法中获取布局文件中的 GridView 组件，再定义数据源适配器。最后将适配器与 GridView 组件相关联，并设置 GridView 组件的监听器。关键代码如下：

```java
public class MainActivity extends Activity {
    private GridView gridView;
    //网格中的图片资源定义在一个数组里面
    private int[] img = new int[]{R.drawable.schoolview_on,R.drawable.timg,
    R.drawable.schooltel_on,R.drawable.note_on,R.drawable.course_on,
    R.drawable.music_on};
    @Override
    protected void onCreate(Bundle savedInstanceState) {
        super.onCreate(savedInstanceState);
        setContentView(R.layout.activity_school_helper);
        gridView = (GridView)this.findViewById(R.id.gridView);
        //定义数据源适配器
        SimpleAdapter simpleAdapter = new SimpleAdapter(this,getData(),
        R.layout.
        grid_item,new String[]{"img"},new int[]{R.id.img});
        gridView.setAdapter(simpleAdapter);
        //设置监听
        gridView.setOnItemClickListener(itemlist);
    }
    //创建适配器需要的数据集合对象
    public List<Map<String,Object>> getData(){
        List<Map<String,Object>> list = new ArrayList<Map<String, Object>>();
        for (int i =0;i<img.length;i++){
```

```
                    Map<String, Object> map = new HashMap<String,Object>();
                    map.put("img",img[i]);
                    list.add(map);
            }
            return list;
    }
    //监听事件处理
    private AdapterView.OnItemClickListener itemlist = new AdapterView.OnItem-
     ClickListener() {
    @Override
    public void onItemClick(AdapterView<?> parent, View view, int index, long id)
            {   //根据 index 值判断从哪里开始跳转到哪个窗口
                switch (index){
                    case 0:
                        //校园风光,从哪里开始跳转到哪个窗口
                        break;
                        ……
                }
                //执行跳转
            }
    };
}
```

（4）调试运行。

① 单击工具栏上的 AVD Manager 图标 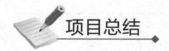，打开虚拟设备对话框，在虚拟设备对话框中单击启动虚拟设备的命令按钮，打开 Android Studio 模拟器。

② 单击工具栏上的"三角形"运行按钮 ，运行本项目。

项目总结

通过本项目的学习，读者应学会运用 GridView 组件实现网格视图界面的设计方法。

① 创建一个添加了 GridView 组件的布局文件，并设置相应属性。

② 创建 GridView 组件中 item 选项的布局文件。

③ 创建数据源，并实现数据源、SimpleAdapter 适配器和 GridView 组件三者之间的相互关联。

④ 设置 GridView 组件的监听器。

项目训练——用 GridView 组件实现应用程序列表界面

模拟手机屏幕设计一个应用程序列表界面，要求界面上至少包括 8 个应用程序项目，按 4 列排列，每个应用程序项目由图标和文字组成，所选应用程序项目的图标由读者朋友们自定。

练习题

2-5-1 如何设置 GridView 组件的缩放模式?
2-5-2 如何设置 GridView 组件的列数?
2-5-3 说明 GridView 使用方法和作用。
2-5-4 如何监控 GridView 组件中 item 选项的变化?

项目 2-6 院系简介界面设计

学习目标

- 掌握 Android 网格布局技术。
- 掌握 ScrollView 组件的使用方法。
- 学会运用 Android 网格布局设计院系简介界面。

项目描述

运用 Android 网格布局技术与 ScrollView 组件相结合的方法,设计一个院系简介界面,要求在界面上能实现院系图标和院系文字资料的滚动显示。

知识储备

2.6.1 网格布局

网格布局是在 Android 4.0 版本中提出的,它使用 GridLayout 表示,在网格布局中,屏幕被虚拟的细线划分成行、列和单元格,每个单元格放置一个组件,并且这个组件可以跨行或跨列摆放。

> **注意**
>
> 网格布局与表格布局相类似,它们都是以行、列的形式管理放入其中的组件,但网格布局可实现组件的跨行或跨列摆放,而表格布局则只能实现组件的跨列摆放,而不能实现组件的跨行摆放。

在 Android 中,可以使用 XML 布局文件定义网格布局管理器,也可以使用 Java 来创建,但推荐使用 XML 布局文件定义网格布局管理器。在 XML 布局文件中,定义网格布局管理器是使用 GridLayout 标记,其基本语法格式如下:

```
<GridLayout xmlns:android="http://schemas.android.com/apk/res/android"
    属性列表>
</GridLayout>
```

网格布局常用的 XML 属性如表 2-16 所示。

表 2-16　网格布局常用的 XML 属性

属性名称	描述
android:alignmentMode	设置布局管理器采用的对齐方式，其属性值为 alignBounds 时，表示对齐边界；属性值为 alignMargins 时，表示对齐边距。默认值为 alignMargins
android:orientation	设置为放入网格布局中的组件分配行和列时，指定其排列方式，其属性值为 horizontal 表示水平排列；vertical 表示垂直排列
android:columnCount	设置网格的最大列数，从 0 开始计算
android:columnOrderPreserved	设置列边界显示的顺序与列索引的顺序是否相同，属性值为 true，表示相同；属性值为 false，表示不相同
android:rowCount	设置网格的最大行数，从 0 开始计算
android:rowOrderPreserved	设置行边界显示的顺序与行索引的顺序是否相同，属性值为 true，表示相同；属性值为 false，表示不相同
android:useDefaultMargins	指定是否使用默认的边距，属性值为 true，表示使用；属性值为 false，表示不使用

为了控制网格布局管理器中各子组件的布局分布，网格布局管理器提供了 GridLayout.LayoutParams 内部类，在该类中提供了表 2-17 所示的 XML 属性，用来控制网格布局管理器中各子组件的布局分布。

表 2-17　GridLayout.LayoutParams 的 XML 属性

属性名称	描述
android:layout_column	设置该子组件在 GridLayout 的第几列
android:layout_columnSpan	设置该子组件在 GridLayout 横向上跨几列
android:layout_columnWeight	设置该子组件在水平方向上的权重，即该组件分配水平剩余空间的比例
android:layout_row	设置该子组件在 GridLayout 的第几行
android:layout_rowSpan	设置该子组件在 GridLayout 纵向上跨几行
android:layout_gravity	设置该子组件采用何种方式占据该网格的空间，其可选值为：top | bottom | left | right | center_vertical | fill_vertical | fill | center | center_horizontal | fill_horizontal | clip_vertical | clip_ horizontal | start | end
android:layout_rowWeight	设置该子组件在垂直方向上的权重，即该组件分配垂直剩余空间的比例

示例：用网格布局设计计算器界面，该计算器界面如图 2-14 所示。

分析该界面，可以将该界面分解成一个 6×4 的网格，其中第一个文本框横跨 4 列，第 6 个按钮横跨 4 列，中间每个按钮各占一格。为了实现该界面，在 XML 布局文件中定义一个 GridLayout，并在该 GridLayout 中依次定义文本框及各行的按钮。XML 布局文件代码如下：

```xml
<?xml version="1.0" encoding="utf-8"?>
<GridLayout xmlns:android="http://schemas.android.com/apk/res/android"
    xmlns:tools="http://schemas.android.com/tools"
    android:layout_width="match_parent"
    android:layout_height="match_parent"
    android:rowCount="6"
    android:columnCount="4"
    android:id="@+id/grid"
    tools:context="com.zzhn.zheng.test.Calculator">
    <!-- 定义一个横跨4列的文本框，并设置该文本框的前景色、背景色等属性 -->
    <TextView
        android:layout_width="wrap_content"
        android:layout_height="wrap_content"
        android:layout_columnSpan="4"
        android:textSize="50sp"
        android:layout_gravity="right"
        android:background="#eee"
        android:textColor="#000"
        android:text="0" />
    <!-- 定义第2行4个按钮 -->
    <Button
        android:text="7" />
    <Button
        android:text="8" />
    <Button
        android:text="9" />
    <Button
        android:text="/" />
    <!-- 定义第3行4个按钮 -->
    <Button
        android:text="4" />
    <Button
        android:text="5" />
    <Button
        android:text="6" />
    <Button
        android:text="*" />
    <!-- 定义第4至第5行4个按钮方法同第2行一样，这里省略 -->
    <!-- 定义第6行一个横跨4列的按钮 -->
    <Button
        android:layout_width="match_parent"
        android:layout_height="wrap_content"
        android:layout_columnSpan="4"
        android:text="CLEAR" />
</GridLayout>
```

注意

网格布局和其他布局不同，可以不为组件设置Layout_width和Layout_height属性，因为组件的宽高已经由几行几列决定了。

2.6.2 ScrollView 组件

在 Android 中，由于手机屏幕的高度有限，当组件要显示超过一屏幕的信息时，可使用 ScrollView 为普通组件添加垂直滚动条，这样在浏览时可以自动地进行滚屏操作。因此，ScrollView 被称为滚动视图。

ScrollView 里面最多只能包含一个组件，如果有多个组件，则要设置一个内嵌布局管理器，其基本语法格式如下：

```xml
<ScrollView
    android:layout_width="match_parent"
    android:layout_height="match_parent ">
    <LinearLayout
        android:layout_width="match_parent"
        android:layout_height="match_parent"
        android:orientation="vertical">
        ……
    </LinearLayout>
</ScrollView>
```

默认情况下，ScrollView 只能为其他组件添加垂直滚动条，如果需要添加水平滚动条，则可用另一个滚动视图 HorizontalScrollView 来实现。

项目实施

1. 项目分析

运用 Android 网格布局技术，设计一个院系简介界面，要求在界面上能显示院系图标和院系文字说明，并能实现整个界面的垂直滚动和每个院系文字说明的水平滚动，效果如图 2-18 所示。

图 2-18 院系简介界面

院系简介界面设计特点：每个院系由两列数据组成，第 1 列数据由跨两行的院系图标组成，第 2 列数据由两行文字说明组成，一行说明院系简介，另一行说明开设课程。整个界面是由各院系图标和文字说明一行行组成的。

分析结果：
① 界面采用网格布局技术。
② ImageView 组件跨两行显示。
③ HorizontalScrollView 实现文字的水平滚动。
④ ScrollView 实现整个界面的垂直滚动。

2. 项目实现

（1）新建院系简介项目。

启动 Android Studio，在 Android Studio 起始页选择【Start a new Android Studio project】，或在 Android Studio 主页选择菜单栏上【File】→【New】→【New Project】，新建 Android 工程。在 New Project 页面上输入应用程序的名称（DepartmentiInfo）、公司域名（com.zzhn.zheng）和存储路径，单击【Next】按钮。然后，选择工程的类型以及支持的最低版本，单击【Next】按钮。之后选择是否创建 Activity 以及创建 Activity 的类型，选择【Empty Activity】，单击【Finish】按钮。

（2）布局文件设计。

首先在 res/layout 文件夹中打开 activity_main.xml 布局文件，使用网格布局技术，添加垂直滚动条 ScrollView 组件和线性布局（LinearLayout）管理器。在定义每一个院系图标和说明时，都需要用线性布局（LinearLayout）管理器，对 ImageView 组件、水平滚动条 HorizontalScrollView 组件和 TextView 组件进行布局管理，并设置这些组件的属性等。

 注意

文字说明内容通常设置在 strings.xml 文件中。

操作方法：展开【res】→【layout】文件夹，双击【activity_main.xml】文件，打开右侧布局文件 text 编辑窗口，在编辑窗口中输入 activity_main.xml 文件代码，如下：

```xml
<?xml version="1.0" encoding="utf-8"?>
<GridLayout xmlns:android="http://schemas.android.com/apk/res/android"
    xmlns:tools="http://schemas.android.com/tools"
    android:layout_width="match_parent"
    android:layout_height="match_parent"
    android:paddingBottom="@dimen/activity_vertical_margin"
    android:paddingLeft="@dimen/activity_horizontal_margin"
    android:paddingRight="@dimen/activity_horizontal_margin"
    android:paddingTop="@dimen/activity_vertical_margin"
    tools:context="com.zzhn.zheng.test. MainActivity">
    <ScrollView
        android:layout_height="match_parent"
        android:layout_width="match_parent">
        <LinearLayout
            android:layout_width="match_parent"
            android:layout_height="match_parent"
            android:orientation="vertical">
            <!-- 定义第一个院系图标和说明 -->
            <LinearLayout
                android:layout_width="match_parent"
                android:layout_height="wrap_content"
                android:orientation="horizontal">
                <ImageView
                    android:layout_height="90dp"
                    android:layout_width="90dp"
                    android:src="@drawable/fxy"
                    android:layout_rowSpan="2" />
                <LinearLayout
```

```xml
            android:layout_width="match_parent"
            android:layout_height="match_parent"
            android:orientation="vertical">
            <HorizontalScrollView
                android:layout_width="match_parent"
                android:layout_height="wrap_content">
                <TextView
                    android:layout_width="wrap_content"
                    android:layout_height="50dp"
                    android:textSize="20sp"
                    android:layout_gravity="left"
                    android:text="@string/xbinfo"/>
            </HorizontalScrollView>
            <HorizontalScrollView
                android:layout_width="match_parent"
                android:layout_height="wrap_content">
                <TextView
                    android:layout_width="wrap_content"
                    android:layout_height="50dp"
                    android:layout_gravity="left"
                    android:text="@string/xbclass"
                    android:textSize="20sp"/>
            </HorizontalScrollView>
        </LinearLayout>
        <!-- 定义第 2 个至第 n 个院系图标和说明方法同上，省略 -->
    </LinearLayout>
    </ScrollView>
</GridLayout>
```

（3）调试运行。

① 单击工具栏上的 AVD Manager 图标，打开虚拟设备对话框，在虚拟设备对话框中单击启动虚拟设备的命令按钮，打开 Android Studio 模拟器。

② 单击工具栏上的"三角形"运行按钮，运行本项目。

项目总结

通过本项目的学习，读者应学会运用网格布局技术进行界面布局设计和垂直滚动条与水平滚动条的设计方法。

① 将默认的相对布局修改成 GridLayout 网格布局。

② 创建 ScrollView 组件，然后，创建线性布局（LinearLayout）管理器管理界面中所有组件，以实现垂直滚动效果。

③ 定义每一个院系图标和说明时，都需要用线性布局（LinearLayout）管理器，对 ImageView 组件、水平滚动条 HorizontalScrollView 组件和 TextView 组件进行布局管理。

④ 利用 strings.xml 文件设置文字说明内容。

项目训练——用网格布局与滚动视图结合设计菜谱界面

参照院系简介界面的设计方法设计一个菜谱显示界面。

2-6-1 在网格布局中如何实现跨行或跨列设置组件？
2-6-2 在网格布局中行数和列数的起始计算值是多少？
2-6-3 在网格布局中是不是一定要设置组件 Layout_width 和 Layout_height 属性？
2-6-4 说明 ScrollView 和 HorizontalScrollView 的使用方法和作用。

Chapter 3

模块 3
登录和注册

学习目标

- 了解 Android 程序生命周期的概念，掌握 Activity 生命周期中的主要函数方法。
- 理解 Intent 的概念，掌握 Intent 的使用方法。
- 掌握 Activity 的创建、启动、跳转和 Activity 之间数据传递的方法。
- 了解 Android 数据存储方式，掌握 SharedPreferences 数据存储的实现方法。
- 学会运用 SharedPreferences 数据存储方式保存登录和注册的数据。
- 学会登录模块和注册模块的功能设计方法。

项目描述

在模块 2 的项目 2-2 和项目 2-3 中介绍了登录和注册的界面设计。在完成了登录和注册的界面设计后，运用 SharedPreferences 数据存储方式实现保存登录和注册的数据，并实现登录和注册的功能设计。

知识储备

3.1 Android 程序生命周期

在 Android 系统中，大多数情况下每个程序都是在各自独立的 Linux 进程中运行。当一个程序或其某些部分被请求时，它的进程就"启动"了；当这个程序没有必要再运行下去且系统需要回收这个进程的内存用于其他程序时，这个进程就"终止"了。由此可见，Android 程序的生命周期是在 Android 系统中进程从启动到终止的全过程，并且 Android 程序的生命周期是由系统控制的，而非程序自身直接控制，当 Android 系统需要回收相应的应用程序时，它将按照进程的优先级来终止相应的程序。Android 进程的优先级从高到低依次是前台进程、可见进程、服务进程、后台进程和空进程。

1. 前台进程

前台进程是 Android 系统中最重要的进程，它是与用户正在进行交互的进程。这样的进程重要性最高，系统中只有少数几个这样的进程，只有当系统内存非常低时，系统才会选择终止前台进程。

一般情况，满足以下条件之一即可视为前台进程。

- ☐ 进程正在最前端运行一个和用户交互的 Activity（Activity 的 onResume()方法被调用）。
- ☐ 进程中有一个正在运行的 BroadcastReceiver（BroadcastReceiver.onReceive()方法正在被执行）。
- ☐ 进程中有一个 Service，并且在 Service 的某个回调函数内有正在执行的代码。

2. 可见进程

可见进程是指部分程序界面能够被用户看见，却不在前台与用户交互，不影响界面事件的进程。一般情况，Android 系统会有少量的可见进程，只有在极端的情况下，Android 系统才会为保证前台进程的资源而清除可见进程。

一般情况，满足以下条件之一即可视为可见进程。
- 有一个非前台但是仍然对用户可见的 Activity（Activity 的 onPause()方法被调用）。例如，当前的前台 Activity 是一个对话框，上一个 Activity 还是可见的，则上一个 Activity 就是可见进程。
- 具有一个绑定到可见 Activity 的 Service。

3. 服务进程

服务进程拥有 Service 的进程，该 Service 是用 starService()方法启动的，这些进程通常运行在后台，并且对用户是不可见的。但是它可以长期持续运行，提供给用户所关心的重要功能，如后台音乐播放、后台数据上传下载等。这样的进程对用户来说一般很有用，所以只有当系统没有足够内存来维持所有的前台进程和可见进程时，才会被结束。

4. 后台进程

后台进程运行着对用户不可见的 Activity（Activity 的 onStop()方法被调用），这些进程对用户体验没有直接的影响。例如，一个仅有 Activity 的进程，当用户启动了其他应用程序，使这个进程的 Activity 完全被遮挡，则这个进程便成为了后台进程。一般情况下，Android 系统中存在很多不可见进程，而且系统资源又十分紧张时，系统会优先终止后台进程。

5. 空进程

空进程是不包含任何活动的程序组件，系统可能随时关闭这类进程。

3.2 Activity 生命周期

Activity 生命周期是指 Activity 从启动到销毁的过程。在 Android 应用中，可以有多个 Activity，这些 Activity 就是由 Activity 堆栈进行管理的，当启动一个新的 Activity 后，此 Activity 将被加入到 Activity 栈顶，使之处于活动状态，而之前的 Activity 被压入下面，成为非活动 Activity，处于暂停或停止状态，等待是否可能被恢复为活动状态。在 Activity 栈中，栈顶的 Activity 将被显示到屏幕上，在关闭 Activity 时，也将按照栈的顺序来关闭，即最先打开的最后关闭。

Activity 一般有以下 4 种状态。
- Running 状态：一个新的 Activity 启动入栈后，它位于栈顶，正好处于屏幕最前方，此时它处于可见并可和用户交互的激活状态，此时 Activity 处于运行状态。
- Paused 状态：当 Activity 失去了焦点但仍然处于可见（如栈顶的 Activity 是透明的或者栈顶 Activity 并不是铺满整个手机屏幕）时，此时 Activity 处于暂停状态。
- Stop 状态：当 Activity 被其他 Activity 完全遮挡时，Activity 对用户不可见，此时 Activity 处于停止状态。
- Killed 状态：当 Activity 由于人为或系统原因（如低内存等）被销毁时，Activity 处于销毁状态，这时 Activity 已经被移出 Activity 堆栈中，需要重新启动才可以显示和使用。

Activity 这 4 种状态之间的转换关系：Activity 可以从活动状态转换成暂停状态或停止状态，而暂停状态又可以转换成停止状态，活动状态、暂停状态和停止状态又可以转换成销毁状态，销毁状态又可以转换成活动状态。各种状态之间可通过表 3-1 所示的函数调用转换。

表 3-1　Activity 生命周期内的回调方法

函数	是否可终止	说明
onCreate(Bundle savedInstanceState)	否	Activity 被启动后第一个被调用的函数，常用来进行 Activity 的初始化，例如，创建 View、绑定数据或恢复信息等
onStart()	否	当 Activity 显示在屏幕上时，该函数被调用
onRestart()	否	当 Activity 从停止状态进入活动状态前，调用该函数
onResume()	否	当 Activity 能够与用户交互，接受用户输入时，该函数被调用。此时 Activity 位于 Activity 栈的栈顶
onPause()	是	当 Activity 进入暂停状态时，该函数被调用。一般用来保存持久的数据或释放占用的资源
onStop()	是	当 Activity 处于停止状态时，该函数被调用
onDestroy()	是	在 Activity 被终止前，即进入非活动状态前，该函数被调用

或者当一个 Activity 活动的状态发生改变的时候，开发者可以通过调用 onXxx()的方法，获取到相关的通知信息。

为了能更好地理解 Activity 事件回调方法的调用顺序，下面通过一个示例来进行说明。

【例 3-1】在 Android Studio 下的 Test 项目下新建一个 Empty Activity，命名为 TestActivity，实现重写 Activity 不同状态的回调方法，并在不同方法中输出相应的日志信息。

首先，修改 res/layout 目录下的布局文件 activity_test.xml，添加一个 Button 组件，并设置 id 属性为 button，text 属性为"关闭 Activity"。

然后，打开 TestActivity.java 文件，定义一个字符串类型的标记常量 TAG，在重写的 onCreate()方法中调用 Log 类的 i()方法，输出一条日志信息。之后根据 ID 获取布局文件中的 Button 组件，为该组件设置单击事件监听器，并在重写的 onClick()方法中调用 finish()方法结束当前的 Activity。另外，重写 onStart()、onRestart()、onResume()、onPause()、onStop()和 onDestroy()方法，并在各方法中用 Log 类 i()方法输出不同的日志信息。关键代码如下：

```
//定义一个字符串类型的标记常量 TAG
String TAG = "****生命周期测试****";
@Override
protected void onCreate(Bundle savedInstanceState) {
    super.onCreate(savedInstanceState);
    setContentView(R.layout.activity_test);
    Log.i(TAG, "onCreate"); //输出一条日志信息
    Button button = (Button)findViewById(R.id.button);   //获取布局文件中的按钮组件
    button.setOnClickListener(new View.OnClickListener() {
        @Override
        public void onClick(View v) {
            finish(); //关闭 Activity
```

```
        });
    }
    protected void onStart(){
        super.onStart();
        Log.i(TAG, "****onStart****");
    }
    protected void onRestart(){
        super.onRestart();
        Log.i(TAG, "****onRestart()****");
    }
    protected void onResume(){
        super.onResume();
        Log.i(TAG, "****onResume()****");
    }
    protected void onPause(){
        super.onPause();
        Log.i(TAG, "****onPause()****");
    }
    protected void onStop(){
        super.onStop();
        Log.i(TAG, "****onStop()****");
    }
    protected void onDestroy(){
        super.onDestroy();
        Log.i(TAG, "****onDestroy()****");
    }
```

最后，调试运行本程序前，先修改清单文件 AndroidManifest.xml，将设置最初启动 Activity 的意图过滤器移动放置到 \<activity android:name=".TestActivity"\> 后，运行时，注意观察 LogCat 平台上显示的 Activity 的事件回调顺序。

3.3 Intent 的概念及使用方法

1. Intent 的概念

Android 中提供了 Intent 机制来协助应用程序间、组件之间的交互与通信。Intent 负责对应用中的一次操作的动作、动作涉及数据、附加数据进行描述，Android 则根据此 Intent 的描述，负责找到对应的组件，将 Intent 传递给调用的组件，并完成组件的调用。Intent 不仅可用于应用程序之间，也可用于应用程序内部的组件（如 Activity、Service）之间的交互。使用 Intent 可以激活 Android 应用的 3 个核心组件：活动、服务和广播接收器。在 Android 中，Activity、Service 和 BroadcastReceiver 三大组件之间是可以互相调用、协调工作的，而这些组件之间的通信主要是由 Intent 来协助完成的。

Intent 的中文意思是意图、意向和目的。Intent 可理解为不同组件之间通信的"媒介"，可用于专门提供组件互相调用的相关信息。因此，Intent 的作用是指出希望跳转到的目的组件的相关信息，并实现调用者和被调用者之间的数据传递。

2. Intent 启动组件的方法

Intent 可以启动一个 Activity，也可以启动一个 Service，还可以发起一个广播 Broadcasts。

具体方法如下。

（1）通过 startActivity() 或 startActivityForResult() 来启动一个 Activity。

（2）通过 startService() 来启动一个服务 Service，或者通过 bindService() 来绑定一个 Service。

（3）通过 sendBroadcast()、sendOrderedBroadcast() 或 sendStickyBroadcast() 等广播方法，在 Android 系统中发布广播消息。

3. Intent 的相关属性

Intent 是由 action(动作)、category(类别)、data(数据)、type(数据类型)、component(组件)、extras(扩展信息) 和 flags(标志位) 等部分组成的，其中最常用的是 action 属性和 data 属性。

（1）Intent 的 action 属性。

action 是指 Intent 要完成的动作，是一个字符串常量。Intent 常见动作如表 3-2 所示。

表 3-2 Intent 常见动作列表

常量	动作
ACTION_ANSWER	打开接听电话的 Activity，默认为 Android 内置的拨号盘界面
ACTION_CALL	打开拨号盘界面开始拨打电话，使用 URI 中的数字部分作为电话号码
ACTION_DELETE	打开一个 Activity，对所提供的数据进行删除操作
ACTION_DIAL	打开内置的拨号盘界面，显示 URI 中提供的电话号码
ACTION_EDIT	打开一个 Activity，对所提供的数据进行编辑操作
ACTION_INSERT	打开一个 Activity，在提供数据的当前位置插入操作
ACTION_PICK	启动一个 Activity，从提供的数据列表中选取一项
ACTION_SEARCH	启动一个 Activity，执行搜索动作
ACTION_SENDTO	启动一个 Activity，向数据提供的联系人发送信息
ACTION_SEND	启动一个可以发送数据的 Activity
ACTION_VIEW	对以 URI 方式传递的数据，根据 URI 协议部分以最佳方式启动相应的 Activity 进行处理，对于 http:address 将打开浏览器查看，对于 tel:address 将打开拨号呼叫指定的电话号码
ACTION_WEB_SEARCH	打开一个 Activity，对提供的数据进行 Web 搜索
ACTION_MAIN	任务最初启动的 Activity，不带任何输入输出数据

（2）Intent 的 category 属性。

Intent 中的 category 属性是一个执行动作 action 的附加信息。例如，CATEGORY_HOME 表示放回到 Home 界面，ALTERNATIVE_CATEGORY 则表示当前的 Intent 是一系列的可选动作中的一个。一个 Intent 可以包含多个 category，Intent 本身定义的 category 信息如表 3-3 所示。

表 3-3 Intent 定义的 category 信息

常量	含义
CATEGORY_BROWSABLE	表示目标 Activity 可以被浏览器启用
CATEGORY_GADGET	表示目标 Activity 可以嵌入到其他 Activity 中
CATEGORY_HOME	Activity 在屏幕打开或者按 Home 键时显示
CATEGORY_LAUNCHER	表示目标 Activity 是应用程序中最先被执行的 Activity
CATEGORY_PREFERENCE	定义目标 Activity 是首选的

（3）Intent 的 data 属性。

Intent 的 data 属性是执行动作的 URI 和 MIME 类型，不同的 action 由不同的 data 数据指定。例如，ACTION_EDIT 应用应该和要编辑的文档 URI 匹配，ACTION_VIEW 应用应该和要显示的 URI 匹配。

大部分情况下，数据类型可以从 URI 识别出来，比如 content:uri，指明了数据是在本地查找，并通过 ContentProvider 控制。当然，也可以通过 Intent 对象的方法 setData()来指定 URI，setType()来指定数据类型。通过 setDataAndType()方法既可以指定 URI，也可以指定数据类型。通过 getData()及 getType()方法可读取数据 URI 及数据类型。

示例：设计打开并显示 www.sina.com 网页，关键代码如下：

```
Uri uri = Uri.parse("http://www.sina.com");
Intent intent = new Intent(Intent.ACTION_VIEW,uri);
startActivity(intent);
或者：
//指定了 Intent 的 action 是 Intent.ACTION_VIEW
Intent intent = new Intent(Intent.ACTION_VIEW);
//通过 Uri.parse()方法，将一个网址字符串解析成一个 URI 对象，
//再调用 Intent 的 setData()方法将这个 URI 对象传递进去
intent.setData(Uri.parse("http://www.sina.com"));
startActivity(intent);
```

注意

要打开并显示网页，需要在清单文件 AndroidManifest.xml 中设置访问网络的权限，如：<uses-permission android:name="android.permission.INTERNET"/>

（4）Intent 的 type 属性。

type 属性用于明确指定 data 属性的数据类型或 MIME 类型，但是通常来说，当 Intent 不指定 data 属性时，type 属性才会起作用，否则 Android 系统将会根据 data 属性值来分析数据的类型，所以无需指定 type 属性。

data 和 type 属性一般只需要一个，通过 setData 方法会把 type 属性设置为 null，相反通过 setType 方法会把 data 属性设置为 null，如果想要两个属性同时设置，则要使用 setDataAndType()方法。setDataAndType()方法中有两个参数，第 1 个参数是 Uri，第 2 个参数是数据类型。

【例 3-2】运用 setDataAndType()方法，设置 data 和 type 属性，设计播放指定路径下的 mp3 文件。

设计思路：新建一个项目，在 activity_main.xml 布局文件中设置一个命令按钮，将音乐文件 fff.mp3 导入到 Android Studio 的 storage/sdcard 路径下，然后，在 MainActivity.java 中设置对命令按钮监听事件部分。代码如下：

```java
button.setOnClickListener(new View.OnClickListener() {
    @Override
    public void onClick(View v) {
        Intent intent = new Intent();
        intent.setAction(Intent.ACTION_VIEW);
        /*说明：file://表示查找文件，/storage/sdcard 为手机存储卡的路径
        *再加上具体歌曲的路径。
        */
        Uri data = Uri.parse("file:///storage/sdcard/fff.mp3");
        //设置 data+type 属性
        //方法：Intent.setDataAndType(Uri data, String type)
        intent.setDataAndType(data, "audio/mp3");
        startActivity(intent);
    }
});
```

播放 MP3 音乐运行效果如图 3-1 所示。

图 3-1　播放 MP3 音乐

（5）Intent 的 component 属性。

Intent 的 component 属性指定 Intent 的目标组件的类名称。通常 Android 会根据 Intent 中包含的其他属性的信息，比如 action、data/type、category 进行查找，最终找到一个与之匹配

的目标组件。但是，如果 component 属性有指定组件，将直接使用它指定的组件，而不再执行上述查找过程。

（6）Intent 的 extra 属性。

Intent 的 extra 属性是添加一些组件的附加信息，使用 extra 可以为组件提供扩展信息。Intent 提供了 put...()和 get...()方法，设置和读取额外的信息。例如要执行"发送用户信息"这个动作，就可以将用户信息（如用户名）保存在 extra 里，再传给用户信息发送组件。有关 extra 属性的运用，将在下面 Activity 之间的数据传递中详细介绍。

（7）Intent 的 flags 属性。

flags 属性是期望这个意图的运行模式。一个程序启动后系统会为这个程序分配一个 task（Android 中一组逻辑上在一起的 Activity 被叫作 task，可以理解成一个 Activity 堆栈）供其使用，另外同一个 task 里面可以拥有不同应用程序的 Activity。那么，同一个程序能不能拥有多个 task 呢？这就涉及加载 Activity 的启动模式。

4. Activity 的启动模式

Activity 有 4 种启动模式：standard、singleTop、singleTask 和 singleInstance。可以在清单文件 AndroidManifest.xml 中 Activity 标签的属性 android:launchMode 中设置该 Activity 的加载模式。

（1）standard 模式：默认的模式。以这种模式加载时，每当启动一个新的活动，定会构造一个新的 Activity 实例放到返回栈（目标 task）的栈顶，不管这个 Activity 是否已经存在于返回栈中。

（2）singleTop 模式：如果一个以 singleTop 模式启动的 Activity 的实例已经存在于返回栈的栈顶，那么再启动这个 Activity 时，不会创建新的实例，而是重用位于栈顶的那个实例，并且会调用该实例的 onNewIntent()方法将 Intent 对象传递到这个实例中。

注：如果以 singleTop 模式启动的 Activity 的一个实例已经存在于返回栈中，但是不在栈顶，那么它的行为和 standard 模式相同，也会创建多个实例。

（3）singleTask 模式：这种模式下，每次启动一个 Activity 时，系统首先会在返回栈中检查是否存在该活动的实例，如果存在，则直接使用该实例，并把这个活动之上的所有活动统统清除；如果不存在，就会创建一个新的活动实例。

（4）singleInstance 模式：总是在新的任务中开启，并且这个新的任务中有且只有这一个实例，也就是说被该实例启动的其他 Activity 会自动运行于另一个任务中。当再次启动该 Activity 的实例时，会重新调用已存在的任务和实例。并且会调用这个实例的 onNewIntent()方法，将 Intent 实例传递到该实例中。和 singleTask 相同，同一时刻在系统中只会存在一个这样的 Activity 实例，singleInstance 即单实例。

注：前 3 种模式中，每个应用程序都有自己的返回栈，同一个活动在不同的返回栈中入栈时，必然是创建了新的实例。而使用 singleInstance 模式可以解决这个问题，在这种模式下会有一个单独的返回栈来管理这个活动，不管是哪一个应用程序来访问这个活动，都公用同一个返回栈，也就解决了共享活动实例的问题。

Activity 的启动模式不仅可以在清单文件中设置，也可以使用代码对 flags 属性来设置。

5. 意图分类

Intent 分为显式意图和隐式意图两种。

（1）显式意图：Intent 的发送者在构造 Intent 对象时就指定了接受者，对于显式 Intent，Android 不需要去解析，因为目标组件已经明确了。

（2）隐式意图：Intent 的发送者在构造 Intent 对象时，并不知道接受者是谁，它需要通过解析，将 Intent 映射给可以处理此 Intent 的组件，如 Activity、BroadReceiver 或 Service。

隐式意图的 Intent 解析机制主要是在 AndroidManifest.xml 中查找已注册的所有 Intent 过滤器及 Intent 过滤器中定义的 Intent。Intent 过滤器其实就是用来匹配隐式 Intent 的。当一个意图对象被一个意图过滤器进行匹配测试时，只有动作、数据（URI 以及数据类型）和类别会被参考到。

6. Intent 过滤器

Intent 过滤器是一种根据 Intent 中的动作（action）、类别（category）和数据（data）等内容，对适合接收该 Intent 的组件进行匹配和筛选的机制。Intent 过滤器可以匹配数据类型、路径和协议，还可以确定多个匹配项顺序的优先级（Priority）。应用程序的 Activity、Service 及 BroadcastReceiver 组件都可以注册 Intent 过滤器。这样，这些组件在特定的数据格式上则可以产生相应的动作。

为了使组件能够注册 Intent 过滤器，通常在 AndroidManifest.xml 文件的各个组件下定义 <intent-filter> 节点，然后在 <intent-filter> 节点中声明该组件所支持的动作、执行的环境和数据格式等信息。当然，也可以在程序代码中动态地为组件设置 Intent 过滤器。<intent-filter> 节点支持 <action> 标签、<category> 标签和 <data> 标签，分别用来定义 Intent 过滤器的"动作""类别"和"数据"。<intent-filter> 节点支持的标签和属性如表 3-4 所示。

表 3-4 <intent-filter> 节点支持的标签和属性

标签	属性	说明
<action>	android:name	指定组件所能响应的动作，用字符串表示，通常由 Java 类名和包的完全限定名构成
<category>	android:category	指定以任何方式去服务 Intent 请求的动作
<data>	android:host	指定一个有效的主机名
	android:mimetype	指定组件能处理的数据类型
	android:path	有效的 URI 路径名
	android:port	主机的有效端口号
	android:scheme	所需要的待定协议

<category> 标签用于指定 Intent 过滤器的服务方式，每个 Intent 过滤器可以定义多个 <category> 标签，程序开发人员可以使用自定义的类别，也可以使用 Android 系统提供的类别。而 Android 系统提供的类别可参考表 3-5。

表 3-5 Android 系统提供的类别

值	说明
ALTERNATIVE	Intent 数据默认动作的一个可替换的执行方法
SELECTED _ ALTERNATIVE	和 ALTERNATIVE 类似，但替换的执行方法不是指定的而是被解析出来的

续表

值	说明
BROWSABLE	声明 Activity 可以由浏览器启动
DEFAULT	为 Intent 过滤器中定义的数据提供默认动作
HOME	设备启动后显示的第一个 Activity
LAUNCHER	在应用程序启动时首先被显示

AndroidManifest.xml 文件中每个组件的<intent-filter>都被解析成一个 Intent 过滤器对象。当应用程序安装到 Android 系统时，所有的组件和 Intent 过滤器都会注册到 Android 系统中。这样，Android 系统便可以将任何一个 Intent 请求通过 Intent 过滤器映射到相应的组件上。

这种 Intent 到 Intent 过滤器的映射过程称为"Intent 解析"。"Intent 解析"可以在所有的组件中找到一个与请求的 Intent 达成最佳匹配的 Intent 过滤器。Android 系统中 Intent 解析的匹配规则如下。

（1）Android 系统将所有应用程序包中的 Intent 过滤器集合在一起，形成一个完整的 Intent 过滤器列表。

（2）在 Intent 与 Intent 过滤器进行匹配时，Android 系统会将列表中所有 Intent 过滤器的"动作"和"类别"与 Intent 进行匹配，任何不匹配的 Intent 过滤器都将被过滤掉。没有指定"动作"的 Intent 过滤器可以匹配任何 Intent，但是没有指定"类别"的 Intent 过滤器只能匹配没有"类别"的 Intent。

（3）把 Intent 数据 URI 的每个子部与 Intent 过滤器的<data>标签中的属性进行匹配，如果<data>标签指定了协议、主机名、路径名或者 MIME 类型，那么这些属性都要与 Intent 的 URI 数据部分进行匹配，任何不匹配的 Intent 过滤器均被过滤掉。

（4）如果 Intent 过滤器的匹配结果多于一个，则可以根据在<intent-filter>标签中定义的优先级标签来对 Intent 过滤器进行排序，优先级最高的 Intent 过滤器将被选择。

例如，告诉系统组件从 ContentProvider 中获取图片数据并显示。

```
<data android:mimeType="image/*" />
```
告诉系统从网络上获取视频数据并显示。
```
<data android:scheme="http" android:type="video/*" />
```
告诉系统在启动时所加载的应用程序的 Activity。
```
<intent-filter>
    <action android:name="android.intent.action.MAIN" />
    <category android:name="android.intent.category.LAUNCHER" />
</intent-filter>
```

3.4　Activity 的启动与跳转

在 Android 系统中，应用程序一般都包含有多个 Activity，如果想实现由开发者选择任务最初启动的 Activity，以及实现在不同的 Activity 之间切换和传递数据，就可通过 Intent 来实现这一功能。通过意图启动 Activity 可分为显式启动和隐式启动两种方式。

1. 显式启动

显式启动是指在启动时必须在 Intent 中指明要启动的 Activity 所在的类。通常情况下，在一个 Android 项目中是通过 AndroidManifest.xml 文件配置项目程序在启动时所加载的应用程序的 Activity，即程序的入口。如果要启动其他的 Activity，则需要先创建一个 Intent 对象，并为它指定当前的应用程序上下文以及要启动的 Activity 这两个参数，然后，将这个 Intent 对象作为参数传递给 startActivity()方法。代码如下：

```
Intent intent = new Intent(FirstActivity.this , SecondActivity.class);
startActivity(intent);
```

2. 隐式启动

隐式启动是指由 Android 系统根据 Intent 的动作（action）和数据（data）决定启动哪一个 Activity。当隐式启动 Activity 时，系统会根据一定的规则对 Intent 和 Activity 进行匹配，使 Intent 的 action 和 data 与 Activity 匹配。

使用 Intent 来隐式启动 Activity，首先创建一个 Intent 对象，而与 Intent 匹配的 Activity 可以是应用程序本身，也可以是 Android 系统内置的，还可以是第三方应用程序提供的。然后，将这个 Intent 对象作为参数传递给 startActivity()方法。如打开拨打电话的界面代码如下：

```
Intent intent = new Intent(Intent.ACTION_DIAL);
intent.setData(Uri.parse("tel:10167"));
startActivity(intent);
```

下面通过一个示例来说明显式启动和隐式启动的运用方法。

【例 3-3】在 Android Studio 中的 Test 项目下新建一个 Empty Activity，命名为 TestJumpActivity，分别实现 Activity 的显式启动和隐式启动。

首先，修改 Test 项目中的 res/layout 目录下的布局文件 activity_test_jump.xml，添加两个 Button 组件，并分别设置 ID 属性为 button1 和 button2，text 属性分别为"跳转到欢迎界面"和"拨打电话"。

然后，打开 TestJumpActivity.java 文件，根据 ID 获取布局文件中的两个 Button 组件，然后为这些组件设置单击事件监听器，并在重写的 onClick()方法中调用相应的显式启动和隐式启动的程序。另外，在 Test 项目下新建一个 Empty Activity，命名为 WelcomeActivity，在 activity_welcome.xml 文件中添加 TextView 组件，设置文字为"欢迎界面"。关键代码如下：

```
//获取布局文件中的按钮组件
Button button1 = (Button)findViewById(R.id.button1);
Button button2 = (Button)findViewById(R.id.button2);
//设置对 button1 的监听
button1.setOnClickListener(new View.OnClickListener() {
    @Override
    public void onClick(View v) {
        //实现从 TestJumpActivity 跳转到 WelcomeActivity
        Intent intent = new Intent(TestJumpActivity.this, WelcomeActivity.class);
        startActivity(intent);
    }
});   //设置对 button2 的监听
button2.setOnClickListener(new View.OnClickListener() {
    @Override
    public void onClick(View v) {      //创建拨打电话意图
        Intent intent = new Intent(Intent.ACTION_DIAL);
```

```
            intent.setData(Uri.parse("tel:10167"));
            startActivity(intent);
        }
    });
```

最后，修改 AndroidManifests.xml 文件，将设置应用项目启动程序的意图过滤器的代码（如下所示）放置到<activity android:name=".TestJumpActivity">后，则将该项目的启动程序修改为 TestJumpActivity，运行结果如图 3-2、图 3-3、图 3-4 所示。

```
<intent-filter>
    <action android:name="android.intent.action.MAIN" />
    <category android:name="android.intent.category.LAUNCHER" />
</intent-filter>
```

图 3-2　启动主界面　　　　　　图 3-3　欢迎界面　　　　　　图 3-4　打电话界面

3.5　Activity 之间的数据传递

在 3.4 节中介绍了实现 Activity 跳转的两种方法，但这两种方法都没有涉及 Activity 之间的数据传递。而在 Activity 跳转时，常常会遇到下面两种数据传递的情况，一种情况是将第 1 个 Activity 中的某个值传递给第 2 个 Activity 的带参数的跳转方式，另一种情况是调用另一个 Activity 并返回结果，下面分别进行介绍。

1．带参数的跳转方式

将第 1 个 Activity 中的某个值传递到第 2 个 Activity 中，常用的有以下两种方法。

第 1 种方法是先在第 1 个 Activity 中把一个个的键值对 put 到 Intent 中，如将用户名的键名为 username，值为 admin 的数据传递给第 2 个 Activity，那么在第 1 个 Activity 中的关键代码如下：

```
Intent intent = new Intent(FirstActivity.this , SecondActivity.class);
intent.putExtra("username" , "admin");
setActivity(intent);
```

然后，再在第 2 个 Activity 中取出第 1 个 Activity 传递过来的数据，代码如下：
```java
protected void onCreate(Bundle savedInstanceState) {
    super.onCreate(savedInstanceState);
    setContentView(R.layout.activity_second);
    //取得从上一个 Activity 当中传递过来的 Intent 对象
    Intent intent = getIntent();
    //从 Intent 当中根据 key 取得 value，实现两个 Activity 之间数据的传送
    String value = intent.getStringExtra("username");
    //根据组件的 ID 得到响应的组件对象
    myText= (TextView)findViewById(R.id.myText);
    //为组件设置 Text 值
    myText.setText(value);
}
```

第 2 种方法就是采用 Bundle 对象，先在第 1 个 Activity 中将数据放入 Bundle 对象中，然后再批量加入到 Intent 中。其关键代码如下：
```java
Bundle bundle = new Bundle();
bundle.putString("username" , "admin");
intent.putExtras(bundle);
```

然后，在第 2 个 Activity 中取出传递过来的数据。方法是先获取 Intent 对象，再调用 getExtras()方法获取 Bundle 对象，最后通过 Bundle 对象的 getXxx()方法获取具体的内容，如获取传递过来的用户名，其关键代码如下：
```java
Intent intent = getIntent();
Bundle bundle = intent.getExtras();
bundle.getString("username");
```

使用 Bundle 方法在某些场合下会更加方便，如果要从 A 界面跳转到 B 界面或者 C 界面时，如采用第 1 种方法则要写两个 Intent，而采用第 2 种方法则只需要使用 1 个 Bundle 直接将值存入其中，然后再存入 Intent 中。

2. 调用另一个 Activity 并返回结果

在 Android 的应用开发中，有时需要在一个 Activity 中调用另一个 Activity，当用户在第 2 个 Activity 中选择完成后，程序会自动返回到第 1 个 Activity 中，第 1 个 Activity 要能够获取用户在第 2 个 Activity 中选择的结果。按照 Activity 启动的先后顺序，先启动的 Activity 称为父 Activity，后启动的 Activity 称为子 Activity。那么，为获得第 2 个 Activity（子 Activity）的返回值，一般可以分为 3 个步骤，下面将介绍每一个步骤的实现过程和关键代码。

（1）以 Sub_Activity 的方式启动子 Activity。

在这个步骤中，开发者需要调用 startActivityForResult(Intent,requestCode)函数（注意与前面单程调用的 startActivity(Intent) 函数进行区别），参数 Intent 用于决定启动哪个 Activity，参数 requestCode 是唯一标识于子 Activity 的请求码。因为一个父 Activity 可以有多个子 Activity，在所有子 Activity 返回时，父 Activity 都会调用同一个处理方法，所以父 Activity 使用 requestCode 来确定数据究竟是哪一个子 Activity 返回的。

通过使用 Intent，显式启动子 Activity 的关键代码如下：
```java
Int SUBACTIVITY1=1;
Intent intent = new Intent(this,SubActivity1.class);
startActivityForResult(intent, SUBACTIVITY1);
```

隐式启动子 Activity 的关键代码如下：

```
Int SUBACTIVITY2=2;
Uri uri = Uri.parse("ttp://www.baidu.com");
Intent intent = new Intent(Intent.ACTION_VIEW,uri);
startActivityForResult(intent, SUBACTIVITY2);
```

（2）设置子 Activity 的返回值。

在子 Activity 调用 finish()函数关闭前，调用 setResult()函数将所需要的数据返回给父 Activity。setResult()函数有两个参数，一个是结果码，另一个是返回值。结果码表明子 Activity 的返回状态是正确返回还是取消选择返回，通常为 Activity.RESULT_OK、Activity.RESULT_CANCELED，或自定义的结果码。结果码均为整数类型。返回值封装在 Intent 中，子 Activity 通过 Intent 将需要返回的数据传递给父 Activity。数据主要是 URI 形式，可以附加一些额外信息，这些额外信息用 extra 的集合表示。

在子 Activity 中设置返回值的关键代码如下：

```
String uriString = editText.getText().toString;
Uri data = Uri.parse(uriString);
Intent result = new Intent(null,data);
setResult(RESULT_OK,result);
finish();
```

（3）在父 Activity 中获取返回值。

当子 Activity 关闭时，启动其父 Activity 的 onActivityResult()函数将被调用（回调函数由系统自动触发），如果需要在父 Activity 中处理子 Activity 的返回值，则要重写此函数，此函数代码如下：

```
public void onActivityResult(int requestCode,int resultCode,Intent data)
```

onActivityResult()函数有 3 个参数，第 1 个参数 requestCode 表示是哪一个子 Activity 的返回值，第 2 个参数 resultCode 表示子 Activity 的返回状态，第 3 个参数 data 表示子 Activity 的返回数据，返回数据类型是 Intent。根据返回数据的用途不同，URI 数据的协议也不同，也可以使用 extra 方法返回一些原始类型的数据。

在父 Activity 中处理子 Activity 返回值的代码如下：

```
//定义两个子 Activity 的请求码
private static final int SUBACTIVITY1=1;
private static final int SUBACTIVITY2=2;
//在父 Activity 中进行处理函数的重写
public void onActivityResult(int requestCode,int resultCode,Intent data) {
    Super.onActivityResult(requestCode,resultCode,data);
    //对请求码进行匹配
    Switch(requestCode){
        case SUBACTIVITY1:     //第 1 个子 Activity 返回情况
            if (resultCode == Activity.RESULT_OK){// 返回状态是正确处理
                Uri unData = data.getData();
            }elseif(resultCode == Activity.RESULT_CANCEL) {}
            Break;
        case SUBACTIVITY2:     //第 2 个子 Activity 返回情况
            if (resultCode == Activity.RESULT_OK){     //返回状态是正确处理
                Uri uriData = data.getData();
            }
            Break;
    }
}
```

3.6 Android 数据存储

数据存储是应用程序最基本的问题,是任何企业系统、应用软件都必须解决的问题。在应用程序开发中,数据存储必须是以某种方式保存,不能丢失,并且能够有效、简单地使用和更新这些数据。在 Android 中一共提供了 5 种数据存储方式,它们的特点介绍如下。

- SharedPreferences:它是一个较轻量级的存储数据的方法,用来存储"key-value"形式的数据,只可以用来存储基本的数据类型。
- File:文件存储方式是一种比较常见的存储方式,是 Android 中读取/写入文件的方法。和 Java 中实现程序的 I/O 一样,它提供了 FileInputStream 和 FileOutputStream 方法来对文件进行操作。
- SQLite:它是 Android 提供的一个标准数据库,并支持 SQL 语句。
- Network:它主要通过网络来存储和获取数据。
- ContentProvider:数据共享,它是应用程序之间共享数据的唯一方法。一个程序可以通过数据共享来访问另一个程序的数据。

下面将详细介绍 SharedPreferences 的数据存储方式。

3.7 SharedPreferences

SharedPreferences 是 Android 平台上一个轻量级的存储类。它的本质是基于 XML 文件存储 key-value 键值对数据,它的 value 值只能是 int、long、boolean、String 和 float 类型。SharedPreferences 通常用来存储一些简单的配置信息。其存储位置在/data/data/<包名>/shared_prefs 目录下。

SharedPreferences 本身并不是一个类,而是一个接口,其接口语法如下:

```
SharedPreferences spf = getSharedPreferences(String name,int mode);
```

在 getSharedPreferences(String name,int mode)中有两个参数,第 1 个参数是 name,表示存储数据的文件名;第 2 个参数是 mode,表示对数据操作的几种方式,其可选值包括以下几个。

- Context.MODE_PRIVATE:指定该 SharedPreferences 里的数据只能被本应用程序读写;
- Context.MODE_WORLD_READABLE:指定该 SharedPreferences 里的数据可以被其他应用程序读,但不能写;
- Context.MODE_WORLD_WRITEABLE:指定该 SharedPreferences 里的数据可以被其他应用程序读写。

在面向对象里,接口是不能产生对象的,而只能引用一个对象,因而通过 Activity 提供的 getSharedPreferences(String name,int mode) 可实现引用一个真正的 SharedPreferences 对象。在获取到对象后,就可以利用其所提供的方法来获取 SharedPreferences 数据文件中的值。SharedPreferences 常用的方法如表 3-6 所示。

表 3-6 SharedPreferences 常用的方法

方法名称	方法说明
boolean contains(String key)	判断 SharedPreferences 是否包含特定 key 的数据

续表

方法名称	方法说明
abstract Map<String,?> getAll()	获取 SharedPreferences 里的全部 key-value 对
boolean getBoolean(String key, boolean defValue)	获取 SharedPreferences 里指定 key 对应的 boolean 值
int getInt(String key, int defValue)	获取 SharedPreferences 里指定 key 对应的 int 值
float getFloat(String key, float defValue)	获取 SharedPreferences 里指定 key 对应的 float 值
long getLong(String key, long defValue)	获取 SharedPreferences 里指定 key 对应的 long 值
String getString(String key, string defValue)	获取 SharedPreferences 里指定 key 对应的 String 值
SharedPreferences.Editor edit()	创建一个 Editor 对象
SharedPreferences.Editor clear()	清空 SharedPreferences 里所有数据
SharedPreferences.Editor putString(String key,String value)	向 SharedPreferences 存入指定 key 对应的 String 值
SharedPreferences.Editor putInt(String key, int value)	向 SharedPreferences 存入指定 key 对应的 int 值
SharedPreferences.Editor putFloat(String key, float value)	向 SharedPreferences 存入指定 key 对应的 String 值
SharedPreferences.Editor putLong(String key, long value)	向 SharedPreferences 存入指定 key 对应的 String 值
SharedPreferences.Editor putBoolean(String key, boolean value)	向 SharedPreferences 存入指定 key 对应的 boolean 值
SharedPreferences.Editor remove(String key)	删除 SharedPreferences 指定 key 对应的数据
boolean commit()	当 Editor 编辑完之后，调用该方法提交

使用 SharedPreferences 存储数据的步骤如下。

① 调用 context.getSharedPreferences(String name, int mode)获取 SharedPreferences 对象；

② 利用 SharedPreferences.Editor edit()方法获取 Editor 对象；

③ 通过 Editor 对象存储 key-value 键值对数据；

④ 通过 commit()方法提交数据。

有关 SharedPreferences 存储数据的应用将在下面的项目实施中介绍。

项目实施

1. 项目分析

（1）首先是登录模块的功能设计。在模块 2 的项目 2-2 的用户登录界面上，当用户首次登录，输入了用户名、密码和记住密码的状态后，Java 处理程序将会把用户当前输入的信息与用户注册时保存到 XML 文件中的信息进行比较，如果当前输入的用户名和密码与注册时保存在 XML 文件中的用户名和密码相同，就跳转到主程序的主界面，否则，提示用户信息输入有错误。另一方面，如果用户选择了记住密码的状态，则会将本次登录时输入的用户名和密码保存到另一个 XML 文件中，以便下一次登录时将前面输入的用户名和密码自动显示到输入文本框中。

（2）注册模块的功能设计。在模块 2 的项目 2-3 的注册界面上，用户首先要输入用户注册信息，然后，程序在判断了用户名、密码不能为空和两次输入的密码一致后，才能执行数据的保存功能，而数据的存储是采用 SharedPreferences 数据存储方式将数据保存到 XML 文件中。

2．项目实现

（1）打开用户登录项目，编写登录处理程序。

启动 Android Studio，在 Android Studio 起始页选择【Open an existing Android Studio project】，或在 Android Studio 主页选择【File】→【Open】，选择用户登录项目打开。

注：用户登录项目是在模块 2 的项目 2-2 中创建的 Test 项目。

在 java/com.zzhn.zheng.test 文件夹中，打开 MainActivity.java 文件，输入登录程序代码。登录程序的关键代码有两部分，一个是初始化程序代码，另一个是登录命令按钮监听事件处理程序。

初始化程序代码中，首先是获得布局文件上的组件，如 EditText、CheckBox 和 Button 等，然后，获取 SharedPreferences 对象，取出保存的用户名，并根据记住密码的状态，决定是否取出保存密码，并设置到相应的 EditText 组件。其关键代码如下：

```java
private void init() {        //获得布局文件上的组件
    usernameEdit= (EditText) findViewById(R.id.usersid);
    pwdEdit= (EditText) findViewById(R.id.pwid);
    rememberPwdCheck= (CheckBox) findViewById(R.id. rememberpw);
    loginBtn= (ImageButton) findViewById(R.id.login);
    //创建 SharedPreferences 接口对象 pref，users 中保存上次登录时输入的信息
    //Context.MODE_PRIVATE 数据只能被本应用程序读写
    pref=getSharedPreferences("users", Context.MODE_PRIVATE);
    //获取 pref 对象中 USERNAME 键的值
    usernameEdit.setText(pref.getString("USERNAME",""));
    //判断 pref 对象中记住密码的状态
    if(pref.getBoolean("REMBERPWD",true)){
        pwdEdit.setText(pref.getString("PWD",""));
    }else{   pwdEdit.setText("");     }
    //创建 SharedPreferences 接口对象 spf，notes 中保存注册中用户信息
    spf = getSharedPreferences("notes", Context.MODE_PRIVATE);
}
```

登录命令按钮监听事件处理程序的功能是将用户输入的信息与注册时保存的信息进行比较，判断输入信息是否与注册信息一致，不一致就报出错误，如果设置了记住密码，就要将用户信息保存。其代码如下：

```java
private void seListeners() {
    loginBtn.setOnClickListener(new View.OnClickListener() {
```

```
                @Override
                public void onClick(View v) {
                    String username = spf.getString("username","");
                    String password = spf.getString("password","");
                    String name = usernameEdit.getText().toString();
                    String word = pwdEdit.getText().toString();
                    if(username.equals(name)&&password.equals(word)) {
                        SharedPreferences.Editor editor = pref.edit();
                        if (rememberPwdCheck.isChecked()) {
                            editor.putString("USERNAME", name);
                            editor.putString("PWD", word);
                            editor.putBoolean("REMBERPWD", true);
                            editor.commit();
                        } else {
                            editor.putBoolean("REMBERPWD", false);
                            editor.commit();
                        }
                        Intent intent = new Intent();
                        intent.setClass(MainActivity.this, MainMenu.class);
                        startActivity(intent);
                        finish();
                    }else{
                        Toast.makeText(MainActivity.this, "账户或密码错误,
                        登录失败！", Toast.LENGTH_SHORT).show();
                    }
                }
            });
        }
```

（2）编写注册处理程序。

打开用户登录项目中 RegisterActivity.java 文件，编写注册处理程序。此程序包括两部分，一部分是初始化程序，另一部分是编写注册按钮监听事件处理程序。其中初始化程序代码如下：

```
private void initView() {
    et_user = (EditText) findViewById(R.id.username);
    et_pwd1 = (EditText) findViewById(R.id.userpwd);
    et_pwd2 = (EditText) findViewById(R.id.conpwd);
    rg1= (RadioGroup) findViewById(R.id.rg1);
    rb_1 = (RadioButton) findViewById(R.id.rb_1);
    rb_2 = (RadioButton) findViewById(R.id.rb_2);
    but1 = (Button) findViewById(R.id.bt1);
    //设置 RadioGroup 监听，获取选中项的字符串
    rg1.setOnCheckedChangeListener(new RadioGroup.OnCheckedChangeListener() {
        @Override
        public void onCheckedChanged(RadioGroup group, int checkedId) {
            if (checkedId == rb_1.getId()) {
                rb = rb_1.getText().toString();
            } else {
                rb = rb_2.getText().toString();
            }
        }
```

```java
        });
        //设置 spinner 监听，获取选中项的显示字符串
        spinner = (Spinner) findViewById(R.id.spinner1);
        spinner.setOnItemSelectedListener(new AdapterView.OnItemSelectedListener() {
            @Override
            public void onItemSelected(AdapterView<?> parent, View view, int position, long id) {
                //将选项视图转换为 TextView 类型
                TextView txt = (TextView)view;
                //获取选中项的显示字符串
                String strName = txt.getText().toString();
            }
            @Override
            public void onNothingSelected(AdapterView<?> parent) {
                //没有任何选项被选中时处理代码
            }
        });
    }
```

注册按钮监听事件处理程序是在判断了用户名与密码不为空和两次密码输入一致时，才完成将注册界面上的信息保存到 XML 文件的处理，否则将进行相应的错误提示。注册按钮监听事件处理程序代码如下：

```java
    private void setListener() {
        but1.setOnClickListener(new View.OnClickListener() {
          public void onClick(View v) {
                //获取 EditText 的值
                String username = et_user.getText().toString();
                String pwd1 = et_pwd1.getText().toString();
                String pwd2 = et_pwd2.getText().toString();
                if (username.isEmpty() || pwd1.isEmpty() ||pwd2.isEmpty()) {
                    Toast.makeText(RegisterActivity.this, "账号密码不能为空", Toast.LENGTH_SHORT).show();
                } else {
                    if (pwd1.equals(pwd2)) {
                        SharedPreferences spf = getSharedPreferences("notes", Context.MODE_PRIVATE);
                        SharedPreferences.Editor editor = spf.edit();
                        editor.putString("username",username);
                        editor.putString("password",pwd1);
                        editor.putString("sex", rb);
                        editor.putString("prof",strName);
                        editor.commit();         //提交
                        Toast.makeText(RegisterActivity.this, "注册成功", Toast.LENGTH_SHORT).show();
                        Intent intent = new Intent(RegisterActivity.this, MainActivity.class);
                        startActivity(intent);
                        finish();
                    } else {
                        Toast.makeText(RegisterActivity.this, "两次输入的密码不一致",
```

```
Toast.LENGTH_SHORT).show();                    }
                }
            }
        });
    }
```

（3）调试运行。

① 单击工具栏上的 AVD Manager 图标 ，打开虚拟设备对话框，在虚拟设备对话框中单击启动虚拟设备的命令按钮，打开 Android Studio 模拟器。

② 单击工具栏上的"三角形"运行按钮 ，运行本项目。

（4）导出保存注册信息的 XML 文件。

操作方法：选择菜单【Tools】→【Android】→【Android Device Monitor】，打开 DDMS，切换到"File Export"面板，在根目录下展开【data】→【data】→【project_package_name】→【shared_prefs】目录，其中 project_package_name 是应用程序被创建时确定的包名。打开后有两个名为 notes.xml 和 users.xml 的文件，这两个文件就是创建 SharedPreferences 对象时的定义，其中 notes.xml 是保存注册信息的 XML 文件，如图 3-5 所示。

图 3-5　XML 文件的目录信息

通过 DDMS 右上角提供的 "pull a file from the device"（箭头所指的标记）功能，可导出 notes.xml 文件，并用文本编辑工具打开显示的信息。

项目总结

通过本项目的学习，读者应掌握登录和注册模块的设计方法。

① 在注册模块中使用 SharedPreferences 存储数据的方法，保存注册信息。

② 在登录模块中使用 SharedPreferences 存储数据的方法，取出保存的注册信息与输入信息比较，并根据比较结果实施界面跳转，同时将当前输入的信息根据"记住密码"的状态进行保存，便于下次登录时能自动调出前次输入的信息。

③ 运用 TextUtils.isEmpty() 方法，实现判断用户名或密码是否为空。

④ 运用 equals() 方法，实现判断字符串是否相等。

⑤ 登录和注册按钮监听事件处理程序设计。

项目训练——登录和注册

按照模块 3 中的项目要求,与模块 2 中项目 2-2 和项目 2-3 组合,设计完成一个完整的登录和注册模块。

练习题

3-1　Android 程序的生命周期由什么组成?
3-2　Activity 生命周期状态有哪些?Activity 之间的跳转方式有哪些?
3-3　说明 Activity 之间数据的传递方法。
3-4　Intent 的作用是什么?启动组件的方法有哪些?意图过滤器在哪里配置?
3-5　说明 SharedPreferences 存储数据的方法和作用。
3-6　如何获取 Spinner 选中项的文本?
3-7　如何获取 RadioGroup 选中项的文本?

Chapter 4

模块 4
校园风光图文浏览

> **学习目标**

- 了解 Fragment 的概念，掌握 Fragment 生命周期中的主要函数方法。
- 掌握 Fragment 的基本使用方法。
- 了解 ViewPager 的作用，掌握 ViewPager 的使用方法。
- 学会运用 ViewPager 与 Fragment 组合来实现图文浏览的功能。
- 学会校园风光图文浏览的功能设计。

> **项目描述**

设计一个仿微信界面的校园风光图文浏览模块。该校园风光浏览界面的上半部分显示图片，下半部分显示文字说明，底部是能实现图片切换的文字选择按钮。同时，通过在屏幕上的手动滑动可实现图片切换，并且使底部文字选择按钮也随着图片的变化而发生变化。

> **知识储备**

4.1 Fragment 的概述

在 Android 3.0 中引入了 Fragment 的概念，它的初衷是用在大屏幕设备，如平板计算机上，以支持更加动态和灵活的 UI 设计。Fragment 的中文意思是碎片，它与 Activity 十分相似，用于在一个 Activity 中描述一些行为或一部分用户界面。使用多个 Fragment 可以在一个单独的 Activity 中建立多个 UI 界面，也可以在多个 Activity 中重用 Fragment。

Fragment 不能独立存在，它必须嵌入到 Activity 中，而且 Fragment 的生命周期直接受所在的 Activity 的影响，两者生命周期的关系如图 4-1 所示。例如，当 Activity 被暂停时，所有隶属于它的 Fragment 也都被暂停；当 Activity 被销毁时，所有隶属于它的 Fragment 都被销毁。然而，当一个 Activity 处于 resumed 状态（正在运行）时，我们可以单独地对每一个 Fragment 进行操作，比如添加或删除它们。Fragment 有自己的布局和生命周期，它可通过自己的生命周期来管理自己的行为。

使用 Fragment 时，需要继承 Fragment 或 Fragment 的子类（DialogFragment、ListFragment、PreferenceFragment、WebViewFragment）。Fragment 具有与 Activity 类似的回调函数。Fragment 生命周期分析如下。

- 当一个 Fragment 被创建时，它会经历 onAttach()、onCreate()、onCreateView()和 onActivityCreated()状态。
- 当一个 Fragment 对用户可见时，它会经历 onStart()和 onResume()状态。
- 当一个 Fragment 进入"后台模式"时，它会经历 onPause()和 onStop()状态。
- 当一个 Fragment 被销毁时（或者持有它的 Activity 被销毁了），它会经历 onPause()、onStop()、onDestroyView()、onDestroy()和 onDetach()状态。
- 就像 Activity 一样，可以在 onCreate()、onCreateView()和 onActivityCreated()状态中使用 Bundle 对象保存一个 Fragment 的对象。

- Fragment 的大部分状态都和 Activity 很相似，但 Fragment 有一些新的状态。

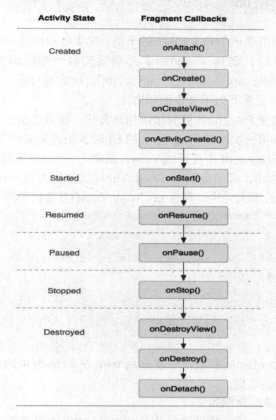

图 4-1 Activity 与 Fragment 的生命周期

onAttach()——当 Fragment 被加入到 Activity 时调用此方法（在这个方法中可以获得所在的 Activity）。

onCreateView()——当 Activity 要得到 Fragment 的 layout（界面）时，调用此方法，Fragment 在其中创建自己的 layout。

onActivityCreated()——当 Activity 的 onCreated()方法返回后调用此方法。

onDestroyView()——当 Fragment 中的视图被移除的时候，调用这个方法。

onDetach()——当 Fragment 和 Activity 分离的时候，调用这个方法。

Fragment 的几个特性如下。

- Fragment 总是作为 Activity 界面的组成部分。Fragment 可通过 getActivity()方法获取所在的 Activity，Activity 可以调用 FragmentManager 的 findFragmentById()或 findFragment ByTag()方法获取 Fragment。
- 在 Activity 运行时，可以调用 FragmentManager 的 add()、remove()和 replace()方法动态地操作 Fragment。一个 Activity 可同时组合多个 Fragment，一个 Fragment 也可被多个 Activity 复用。
- Fragment 可以响应输入事件，并有自己的生命周期，但其生命周期被所在的 Activity 的生命周期控制。

4.2 创建 Fragment

创建 Fragment 必须创建一个 Fragment 的子类，或者继承自另一个已经存在的 Fragment 的子类。与 Activity 类似，创建 Fragment 都需要实现一些回调方法，如 onCreate()、onCreateView()、onStart()、onResume()、onPause()、onStop()等。

通常，我们在开发中会重写以下 3 个回调方法。

onCreate()：系统创建 Fragment 的时候调用此方法，该方法是初始化相关的组件。

onCreateView()：当第一次绘制 Fragment 的 UI 时系统调用这个方法，该方法必须返回一个 View，该 View 就是 Fragment 所显示的 View，如果 Fragment 不提供 UI 也可以返回 null。

要实现 Fragment 的 UI，必须实现 onCreateView()方法。假设 Fragment 的布局设置写在 example_fragment.xml 资源文件中，那么 onCreateView()方法代码如下：

```java
public static class ExampleFragment extends Fragment
{
    @Override
    public View onCreateView(LayoutInflater inflater, ViewGroup container,
    Bundle savedInstanceState)
    {
        // 从布局文件 example_fragment 加载一个布局文件
        return inflater.inflate(R.layout.example_fragment, container, false);
    }
}
```

onCreateView()中，container 参数代表该 Fragment 在 Activity 中的父组件；savedInstance-State 提供了上一个实例的数据。

inflate()方法的 3 个参数介绍如下。

第 1 个参数是 resource ID，指明了当前 Fragment 对应的资源文件；

第 2 个参数是父容器组件；

第 3 个参数是布尔值，表明是否连接该布局及其父容器组件，在这里设置为 false，因为系统已经插入了这个布局到父组件，设置为 true 将会产生一个多余的 ViewGroup。

如果继承自 ListFragment，onCreateView()默认的实现会返回一个 ListView。

onPause()：当用户离开 Fragment 时，第一个调用这个方法的 Fragment，需要提交一些变化的标记，因为用户很可能不再返回。

4.3 Fragment 与 Activity 通信

实现 Fragment 与 Activity 通信，也就是将 Fragment 加载到 Activity 中，其方法有以下两种。

一种方法是直接在布局文件中添加，将 Fragment 作为 Activity 整个布局的一部分；另一种方法是当 Activity 运行时，将 Fragment 放入 Activity 布局中，实现动态添加 Fragment。

1. 直接在布局文件中添加 Fragment

例如，在手机上显示两个界面，一个是课程列表，另一个是课程内容，并且在手机的左侧显示课程列表，右侧显示课程内容。

（1）创建 FragmentTest 项目，输入 Activity 名称为 FragmentTest。

（2）创建两个 Fragment 的 XML 文件，分别为显示课程列表的 XML 文件和显示课程内容的 XML 文件，显示课程列表的 activity_fragment_course_list.xml 文件的代码如下：

```xml
<?xml version="1.0" encoding="utf-8"?>
<LinearLayout xmlns:android="http://schemas.android.com/apk/res/android"
    xmlns:tools="http://schemas.android.com/tools"
    android:layout_width="match_parent"
    android:layout_height="match_parent"
    android:orientation="vertical"
    tools:context="com.zzhn.zheng.fragmenttest.FragmentCourseList">
    <TextView
        android:layout_width="wrap_content"
        android:layout_height="match_parent"
        android:layout_gravity="center_horizontal"
        android:textSize="20sp"
        android:background="#58ecff"
        android:text="显示课程列表的 Fragment" />
</LinearLayout>
```

显示课程内容的 activity_fragment_course_detail.xml 文件的代码如下：

```xml
<?xml version="1.0" encoding="utf-8"?>
<LinearLayout xmlns:android="http://schemas.android.com/apk/res/android"
    xmlns:tools="http://schemas.android.com/tools"
    android:layout_width="match_parent"
    android:layout_height="match_parent"
    tools:context="com.zzhn.zheng.fragmenttest.FragmentCourseDetail">
    <TextView
        android:layout_width="wrap_content"
        android:layout_height="match_parent"
        android:layout_gravity="center_horizontal"
        android:textSize="20sp"
        android:background="#0fed4a"
        android:text="显示课程详情的 Fragment"/>
</LinearLayout>
```

（3）创建 Fragment 对应的 Java 类，这些 Java 类要继承自 android.app.Fragment，并且重写 onCreateView 方法来指定对应的视图。如课程列表对应的 FragmentCourseList.java 的关键代码如下：

```java
public class FragmentCourseList extends Fragment {
    @Override
    public View onCreateView(LayoutInflater inflater, ViewGroup container,
                    Bundle savedInstanceState) {
    // Inflate the layout for this fragment
        return inflater.inflate(R.layout.activity_fragment_course_list, container, false);
    }
}
```

（4）直接在 activity_ fragment_test.xml 布局文件中添加 Fragment，方法是采用<fragment>

</fragment>标记实现。例如，在一个布局文件中添加两个Fragment，其代码如下：

```xml
<?xml version="1.0" encoding="utf-8"?>
<LinearLayout xmlns:android="http://schemas.android.com/apk/res/android"
    xmlns:tools="http://schemas.android.com/tools"
    android:layout_width="match_parent"
    android:layout_height="match_parent"
    tools:context="com.zzhn.zheng.fragmenttest.FragmentTest">
    <fragment android:name="com.zzhn.zheng.fragmenttest.FragmentCourseList"
        android:id="@+id/list_fragment"
        android:layout_weight="1"
        android:layout_width="0dp"
        android:layout_height="match_parent" />
    <fragment android:name="com.zzhn.zheng.fragmenttest.FragmentCourseDetail"
        android:id="@+id/detail_fragment"
        android:layout_weight="1"
        android:layout_width="0dp"
        android:layout_height="match_parent" />
</LinearLayout>
```

在<fragment></fragment>标记中，android:name属性用于指定要添加的Fragment，在该属性上应填写开发者所创建的Fragment的完整类名。

2. 当Activity运行时动态添加Fragment

上面的用法只是静态引用Fragment，其实Fragment真正强大之处在于它可以动态地添加到Activity中，下面将介绍动态添加Fragment的方法。

（1）为了动态添加Fragment，首先需要指定一个FrameLayout作为容器，在XML文件中只引入课程列表的Fragment，而课程内容的Fragment将采用动态方法添加，因此，修改activity_fragment_test.xml代码如下：

```xml
<?xml version="1.0" encoding="utf-8"?>
<LinearLayout xmlns:android="http://schemas.android.com/apk/res/android"
    xmlns:tools="http://schemas.android.com/tools"
    android:layout_width="match_parent"
    android:layout_height="match_parent"
    tools:context="com.zzhn.zheng.fragmenttest.FragmentTest">
    <fragment android:name="com.zzhn.zheng.fragmenttest.FragmentCourseList"
        android:id="@+id/list_fragment"
        android:layout_weight="1"
        android:layout_width="0dp"
        android:layout_height="match_parent" />
    <FrameLayout
        android:id="@+id/frame1"
        android:layout_width="0dp"
        android:layout_height="match_parent"
        android:layout_weight="1" >
    </FrameLayout>
</LinearLayout>
```

（2）当Activity处于Running（运行）状态时，在Activity的布局中动态地加入Fragment的方法如下所示。

首先，需要一个FragmentTransaction实例，代码如下：

```
//获得一个FragmentTransaction的实例
FragmentManager fragmentManager = getFragmentManager();
```

```
FragmentTransaction fragmentTransaction = fragmentManager.beginTransaction();
```

> **注意**
>
> 如果是 import android.support.v4.app.FragmentManager;导入 FragmentManager 包，那么就要使用 FragmentManager fragmentManager = getSupportFragmentManager();获得 FragmentManager。

然后使用 add()方法加上 Fragment 的对象，add()方法的第 1 个参数是这个 Fragment 要放入的 ViewGroup（由 ResourceID 指定），第 2 个参数是需要添加的 Fragment。最后需要调用 commit()方法提交事务，使得 FragmentTransaction 实例的改变生效。例如，要在 Activity 运行时添加一个名称为 FragmentCourseDetail 的 Fragment，其代码如下：

```
//实例化 FragmentCourseDetail 的对象
FragmentCourseDetail coursedetail = new FragmentCourseDetail();
//添加一个显示详细课程内容的 Fragment
fragmentTransaction.add(R.id. detail_fragment, coursedetail);
fragmentTransaction.commit();    //提交事务
```

下面通过一个实例来说明如何实现 Fragment 与 Activity 通信。

【例 4-1】在手机上设计两个界面，一个界面是在手机的左侧显示院系介绍、教师介绍和课程介绍等栏目，另一个界面是显示相应栏目的内容。当单击左侧的栏目时，则在右侧直接显示相应栏目的内容，并且还能实现两个界面之间的数据传递。如果在左侧输入 xinxi（信息）时，单击"提交"按钮，将在右侧显示出 xinxi。设计效果如图 4-2 所示。

图 4-2 设计效果图

设计思路如下。

（1）首先创建 FragmentDemo 项目，输入 Activity 名称为 FragmentDemo。在此项目下创建 3 个 Fragment 的 XML 文件，分别为 fragment01.xml、fragment02.xml、fragment03.xml。在这 3 个 XML 文件中主要放置一个文本框组件用于显示相应栏目所对应的信息。如

fragment01.xml 中放置文本框，显示文本内容为"这是院系介绍界面"。同时，为了验证 Fragment 与 Activity 之间的数据传递，多设置了一个文本框组件，用于接收左侧栏目上的文本编辑框所传递过来的数据。

（2）创建 Fragment01、Fragment02、Fragment03 所对应的 Java 类，这些 Java 类要继承 android.app.Fragment，并且重写 onCreateView 方法来指定返回的对象就是该 Fragment 显示的内容。

（3）在 activity_ fragment_demo.xml 布局文件中添加 3 个命令按钮（Button），分别用于显示院系介绍、教师介绍和课程介绍等栏目，同时指定一个 FrameLayout 作为容器。为了验证 Fragment 与 Activity 之间的数据传递，设置了一个文本编辑框和提交命令按钮。其代码如下：

```xml
<?xml version="1.0" encoding="utf-8"?>
<LinearLayout xmlns:android="http://schemas.android.com/apk/res/android"
    xmlns:tools="http://schemas.android.com/tools"
    android:layout_width="match_parent"
    android:layout_height="match_parent"
    android:orientation="horizontal"
    tools:context="com.zzhn.zheng.fragmentdemo.FragmentDemo">
    <LinearLayout
        android:layout_width="100dp"
        android:layout_height="match_parent"
        android:orientation="vertical">
        <Button
            android:layout_width="match_parent"
            android:layout_height="wrap_content"
            android:text="院系介绍"
            android:onClick="click1"/>
        <Button
            android:layout_width="match_parent"
            android:layout_height="wrap_content"
            android:text="教师介绍"
            android:onClick="click2"/>

        <Button
            android:layout_width="match_parent"
            android:layout_height="wrap_content"
            android:text="课程介绍"

        android:onClick="click3"/>
        <!--//传递数据用-->
        <EditText
            android:layout_width="match_parent"
            android:layout_height="wrap_content"
            android:id="@+id/et"/>
        <Button
            android:layout_width="match_parent"
            android:layout_height="wrap_content"
            android:text="提交"
            android:onClick="commit"/>
    </LinearLayout>
    <FrameLayout
        android:id="@+id/f1"
```

```xml
        android:layout_width="match_parent"
        android:layout_height="match_parent"></FrameLayout>
</LinearLayout>
```

（4）在 FragmentDemo.java 中采用动态替换 Fragment 方法，根据所选择的栏目不同加载不同的 Fragment，其关键代码如下：

```java
public class FragmentDemo extends AppCompatActivity {
    private Fragment01 fg1;
    private EditText et;
    @Override
    protected void onCreate(Bundle savedInstanceState) {
        super.onCreate(savedInstanceState);
        setContentView(R.layout.activity_fragment_demo);
        //创建 Fragment 对象
        fg1 = new Fragment01();
        //获得 Fragment 管理器
        FragmentManager fm = getFragmentManager();
        //开启事务
        FragmentTransaction ft = fm.beginTransaction();
        //将 Fragment 显示至界面
        ft.replace(R.id.f1, fg1);
        ft.commit();
        et = (EditText) findViewById(R.id.et);
    }
    public void click1(View v) {
        //将 Fragment 显示到屏幕
        //创建 Fragment 对象
        Fragment01 fg1 = new Fragment01();
        //获得 Fragment 管理器
        FragmentManager fm = getFragmentManager();
        //开启事务
        FragmentTransaction ft = fm.beginTransaction();
        //将 Fragment 显示至界面
        ft.replace(R.id.f1, fg1);
        ft.commit();
    }
    public void click2(View v) {
        //将 Fragment 显示到屏幕
        //创建 Fragment 对象
        Fragment02 fg2 = new Fragment02();
        //获得 Fragment 管理器
        FragmentManager fm = getFragmentManager();
        //开启事务
        FragmentTransaction ft = fm.beginTransaction();
        //将 Fragment 显示至界面
        ft.replace(R.id.f1, fg2);
        ft.commit();
    }
    public void click3(View v) {
        //将 Fragment 显示到屏幕
        //创建 Fragment 对象
        Fragment03 fg3 = new Fragment03();
```

```
            //获得Fragment管理器
            FragmentManager fm = getFragmentManager();
            //开启事务
            FragmentTransaction ft = fm.beginTransaction();
            //将Fragment显示至界面
            ft.replace(R.id.f1, fg3);
            ft.commit();
        }
    }
```

（5）为了将Activity的左侧文本编辑框中输入的文本xinxi传递到Fragment01上显示，修改FragmentDemo.java程序，增加下列代码：

```
//传递数据用
public void commit(View v){
    EditText et = (EditText) findViewById(R.id.et);
    String text = et.getText().toString();
    fg1.setText(text);
}
```

而在 Fragment01.java 程序中除了重写 onCreateView()方法外，还要编写传递数据 setText()方法，其关键代码如下：

```
public class Fragment01 extends Fragment {
    private TextView tv;
    //此方法返回的对象就是该Fragment显示的内容
    public View onCreateView(LayoutInflater inflater, ViewGroup container, Bundle savedInstanceState){
        View v = View.inflate(getActivity(), R.layout.fragment01,null);
        //传递数据
        tv = (TextView) v.findViewById(R.id.tv);
        return v;
    }
    //传递数据用
    public  void setText(String text){
        tv.setText(text);
    }
}
```

思考题：如何实现将Fragment02上输入的数据传递到左侧文本编辑框上？

4.4 ViewPager 与 Fragment 的组合使用

ViewPager 是 Android 扩展包 v4 包中的类，该类直接继承了 ViewGroup 类，是一个容器类，可以在其中添加其他的 View 类。ViewPager 类与 ListView 类似，也需要设置 PagerAdapter 适配器来完成页面和数据的绑定。而 PagerAdapter 是一个基类适配器，经常被用来实现 app 引导图。ViewPager 经常和 Fragment 一起使用，并且提供了专门的 FragmentPagerAdapter 和 FragmentStatePagerAdapter 类供 Fragment 中的 ViewPager 使用。使用 ViewPager 可以实现从简单的导航，到页面菜单和视图滑动等功能，在安卓应用中 ViewPager 与 Fragment 的组合使用就如同 ListView 一样使用得非常频繁。

【例 4-2】创建院系介绍、教师介绍和课程介绍 3 个页面，运用 ViewPager 与 Fragment

的组合设计方法，以实现院系介绍、教师介绍和课程介绍 3 个页面之间的左右滑动效果。设计效果如图 4-3 所示。

图 4-3　3 个页面左右滑动效果图

设计思路如下。

（1）首先创建 ViewPagerDemo 项目。

（2）在 ViewPagerDemo 项目中导入 v4 包。

在 Android Studio 的新建工程中会默认导入 v7 包，即在 Gradle 中默认配置了 com.android.support:appcompat-v7:x.x.x 的依赖，而不会默认配置 v4 包，如果在项目中要用到 v4 包，则需要开发者手动在 Gradle 中配置 v4 包的依赖。下面我们先介绍下 v4 包的配置方法。

第一步，单击菜单栏上【File】→【Project Structure】，打开 Project Structure 界面，先选中【app】，再选中【Dependencies】选项，然后单击【+】符号，选择第 1 项，进入 Choose Library Dependency 界面，操作步骤如图 4-4 所示。

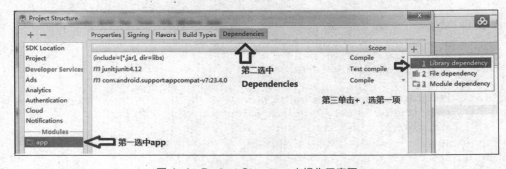

图 4-4　Project Structure 上操作示意图

第二步，在 Choose Library Dependency 界面上，选择 com.android.support:supportv4:24.0.0 项，单击【OK】按钮，如图 4-5 所示，返回到 Project Structure 界面。

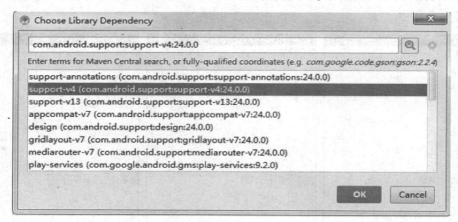

图 4-5　选择 com.android.support:support-v4:24.0.0 项

第三步，在 Project Structure 界面上单击【OK】按钮，完成 v4 包的配置。
（3）在 activity_main.xml 布局文件里加入 v4 包中的 ViewPager 类。代码如下：

```xml
<android.support.v4.view.ViewPager
        android:id="@+id/viewPager"
        android:layout_width="wrap_content"
        android:layout_height="wrap_content"
        android:layout_gravity="center" >
</android.support.v4.view.ViewPager>
```

support.v4.view:ViewPager 组件是用来管理 layout 并可以左右滑动显示各个页面数据等。
（4）创建院系介绍、教师介绍和课程介绍这 3 个 Fragment 页面。首先创建院系介绍、教师介绍和课程介绍这 3 个 Fragment 页面的布局文件，分别为 fragment01.xml、fragment02.xml 和 fragment03.xml。其中 fragment01.xml 的代码如下：

```xml
<?xml version="1.0" encoding="utf-8"?>
<LinearLayout xmlns:android="http://schemas.android.com/apk/res/android"
    android:layout_width="match_parent"
    android:layout_height="match_parent"
    android:orientation="vertical">
    <TextView
        android:layout_width="wrap_content"
        android:layout_height="wrap_content"
        android:textSize="20sp"
        android:layout_weight="0.2"
        android:id="@+id/vpText1"
        android:textColor="#ef693030"/>
    <TextView
        android:layout_width="match_parent"
        android:layout_height="match_parent"
        android:gravity="center_vertical"
        android:text="这是院系介绍界面"
        android:layout_weight="0.8"
        android:textSize="20sp"
        android:textColor="#ef693030"/>
</LinearLayout>
```

Fragment 页面即为左右滑动需要显示的页面,而新建的 Fragment01 类要继承 Fragment,并重写 onCreateView 函数。Fragment01.java 代码如下:

```java
public class Fragment01 extends Fragment {
    private String text;
    private TextView tv = null;
    public Fragment01(String text){
        super();
        this.text = text;
    }
    //覆盖此函数,先通过 inflater inflate 函数得到 view,最后返回
    @Override
    public View onCreateView(LayoutInflater inflater, ViewGroup container, Bundle savedInstanceState) {
        View v = inflater.inflate(R.layout.fragment01, container, false);
        tv = (TextView)v.findViewById(R.id.vpText1);
        tv.setText(text);
        return v;
    } }
```

注 意

Fragment01 继承 Fragment 时,所导入的包是 android.support.v4.app.Fragment。

Fragment02.java、Fragment03.java 的创建方法与 Fragment01.java 相似,这里不再详述。

(5)创建 MainActivity 类,并继承自 android.support.v4.app.FragmentActivity 类。创建装载碎片的 list 集合,并将 Fragment01、Fragment02 和 Fragment03 这 3 个碎片添加到 list 集合中。再定义适配器 myPagerAdapter,并继承 FragmentPagerAdapter 类,然后重写 myPagerAdapter 构造方法、获得每个页面的 Fragment getItem(int arg0)方法和统计页面总个数的 getCount()方法。最后将 ViewPager 装载到 Fragment 适配器,以获得数据源。其关键代码如下:

```java
public class MainActivity extends FragmentActivity {
    /** 页面 list **/
    List<Fragment> fragmentList = new ArrayList<Fragment>();
    @Override
    protected void onCreate(Bundle savedInstanceState) {
        super.onCreate(savedInstanceState);
        setContentView(R.layout.activity_main);
        ViewPager vp = (ViewPager)findViewById(R.id.viewPager);
        fragmentList.add(new Fragment01("院系介绍"));
        fragmentList.add(new Fragment02("教师介绍"));
        fragmentList.add(new Fragment03("课程介绍"));
        vp.setAdapter(new  myPagerAdapter(getSupportFragmentManager(),  fragmentList));
    }
    // 定义适配器
    class myPagerAdapter extends FragmentPagerAdapter {
        private List<Fragment> fragmentList;
        public myPagerAdapter(FragmentManager fm, List<Fragment> fragmentList){
```

```java
            super(fm);
            this.fragmentList = fragmentList;
        }
        // 得到每个页面
        @Override
        public Fragment getItem(int arg0) {
            return (fragmentList == null || fragmentList.size() == 0) ? null :
            fragmentList.get(arg0);
        }
        // 页面的总个数
        @Override
        public int getCount() {
            return fragmentList == null ? 0 : fragmentList.size();
        }
    }
}
```

其中在 onCreate 函数中得到 ViewPager 实例并设置数据源，getSupportFragment Manager 表示得到 Fragment 管理器，Fragment01、Fragment02 和 Fragment03 表示具体的页面。

下面以校园风光图文浏览项目为例，详细介绍 ViewPager 与 Fragment 组合使用的方法。

项目实施

1. 项目分析

利用 ViewPager 与 Fragment 组合使用的方法，设计一个校园风光图文浏览项目，要求在界面上显示校园风光的图片和风景的文字说明，能够实现页面的左右滑动和通过底部命令按钮来选择显示的图片，并且当页面滑动时，底部命令按钮会改变颜色的功能。界面效果如图 4-6 所示。

校园风光图文浏览项目设计思路：

① 创建 SchoolView 项目，输入 Activity 名称为 SchoolViewActivity，并在该项目中导入 v4 包；

② 修改项目布局文件，在 layout 配置中添加 android.support.v4.view.ViewPager 标签，以 ViewPager 作为 Fragment 的容器，并设置底部导航命令按钮；

③ 创建 4 个 Fragment 页面，分别表示我的校园、校园风景 1、校园风景 2、校园风景 3；

④ 每个 Fragment 页面的布局文件都是由 ImageView 和 TextView 组成的，而每个 Fragment 要继承自 android.support.v4.app.Fragment；

⑤ 创建 Activity，要继承自 android.support.v4.app.FragmentActivity，并实现 ViewPager+Fragment 的功能；

⑥ 设计底部导航的命令按钮，实现当页面滑动时，底部命令按钮会改变颜色和通过命令按钮选择图片的功能。

图 4-6　校园风光浏览效果

2. 项目实现

（1）创建 SchoolView 项目，输入 Activity 名称为 SchoolViewActivity，并在该项目中导入 v4 包，操作方法与【例 4-2】描述一致。

（2）修改 activity_school_view.xml 布局文件，在 layout 配置中添加 android.support.v4.view.ViewPager 标签，以 ViewPager 作为 Fragment 的容器。其代码如下：

```xml
<LinearLayout
    android:layout_width="match_parent"
    android:layout_height="match_parent"
    android:layout_weight="1">
    <android.support.v4.view.ViewPager
        android:layout_width="match_parent"
        android:layout_height="match_parent"
        android:id="@+id/viewPager">
    </android.support.v4.view.ViewPager>
</LinearLayout>
```

设置底部 4 个命令按钮的布局文件代码如下：

```xml
<LinearLayout
    android:layout_width="match_parent"
    android:layout_height="wrap_content"
    android:layout_weight="0.1"
    android:orientation="horizontal"
    android:background="#201d1d">
    <Button
        android:layout_width="wrap_content"
        android:layout_height="wrap_content"
        android:id="@+id/btn1"
        android:text="我的校园"
        android:layout_weight="1"
        android:background="#0000"
        android:textColor="#FFF"/>
    <Button
        android:layout_width="wrap_content"
        android:layout_height="wrap_content"
        android:id="@+id/btn2"
        android:text="校园风景 1"
        android:layout_weight="1"
        android:background="#0000"
        android:textColor="#FFF"/>
    <Button
        android:layout_width="wrap_content"
        android:layout_height="wrap_content"
        android:id="@+id/btn3"
        android:text="校园风景 2"
        android:layout_weight="1"
        android:background="#0000"
        android:textColor="#FFF"/>
    <Button
        android:layout_width="wrap_content"
        android:layout_height="wrap_content"
```

```
            android:id="@+id/btn4"
            android:text="校园风景 3"
            android:layout_weight="1"
            android:background="#0000"
            android:textColor="#FFF"/>
    </LinearLayout>
```

（3）创建 4 个 Fragment 页面，分别表示校园风景的图片。首先分别创建我的校园、校园风景 1、校园风景 2 和校园风景 3 这 4 个界面所对应的 Fragment01、Fragment02、Fragment03 和 Fragment04 这 4 个 Fragment 页面。每个 Fragment 页面的布局文件都是由 ImageView 组件和 TextView 组件组成的，其中 ImageView 组件用于显示校园风景图片，TextView 组件用于显示风景的文字说明。布局文件采用线性布局技术，两个组件按照垂直方向对齐进行排列，现以校园风景 3 界面所对应的 Fragment04 页面为例来说明 Fragment 页面设计，其他的 Fragment01、Fragment02 和 Fragment03 的设计方法相类似。

布局文件 fragment04.xml 的代码如下：

```
<?xml version="1.0" encoding="utf-8"?>
<LinearLayout xmlns:android="http://schemas.android.com/apk/res/android"
    android:layout_width="match_parent"
    android:layout_height="match_parent"
    android:orientation="vertical">
    <ImageView
        android:layout_width="match_parent"
        android:layout_height="260dp"
        android:scaleType="fitXY"
        android:src="@drawable/fengjing4"/>
    <TextView
        android:layout_width="match_parent"
        android:layout_height="wrap_content"
        android:text="校园风景 3"/>
</LinearLayout>
```

新建的 Fragment04 类要继承 android.support.v4.app.Fragment，并重写 onCreateView 函数。Fragment04.java 代码如下：

```
public class Fragment04 extends Fragment {
    public View onCreateView(LayoutInflater inflater,ViewGroup container,Bundle savedInstanceState){
        return inflater.inflate(R.layout.fragment04,container,false);
    }
}
```

（4）创建 SchoolViewActivity 类，并继承自 android.support.v4.app.FragmentActivity 类，同时，设置 OnClickListener 接口。而在 SchoolViewActivity.java 程序设计中包括以下几个部分。

第一，定义变量，包括定义一个碎片管理器 FragmentManager，装载碎片的 list 集合，定义 4 个碎片（Fragment01、Fragment02、Fragment03 和 Fragment04），4 个命令按钮和 ViewPager。

第二，重写 onCreate 函数，完成一系列的初始化操作，包括设置命令按钮的监听，初始化碎片，并将碎片添加到 list 集合中。然后获得 Fragment 管理器，并将 ViewPager 装载到 Fragment 适配器，以获得数据源。最后设置页面改变监听。

第三，创建内部类为自定义一个 MyFragmentPageAdapter 的适配器。
第四，创建内部类，负责监听当页面变化时命令按钮字体颜色的改变。
第五，设置命令按钮单击时所产生的监听事件。
第六，设置将命令按钮颜色进行初始化。
SchoolViewActivity.java 的关键代码如下：

```java
public class SchoolViewActivity extends FragmentActivity implements
View.OnClickListener{
    //定义一个碎片管理器
    private FragmentManager fragmentManager;
    //定义适配器里需要的数据源
    private List<Fragment> fragmentList = new ArrayList<Fragment>();
    //定义4个碎片
    private Fragment01 fragment01;
    private Fragment02 fragment02;
    private Fragment03 fragment03;
    private Fragment04 fragment04;

    private ViewPager viewPager;
    private Button btn1;
    private Button btn2;
    private Button btn3;
    private Button btn4;
    @Override
    protected void onCreate(Bundle savedInstanceState) {
        super.onCreate(savedInstanceState);
        setContentView(R.layout.activity_school_view);
        btn1=(Button) this.findViewById(R.id.btn1);
        btn2=(Button) this.findViewById(R.id.btn2);
        btn3=(Button) this.findViewById(R.id.btn3);
        btn4=(Button) this.findViewById(R.id.btn4);
        btn1.setOnClickListener(this);
        btn2.setOnClickListener(this);
        btn3.setOnClickListener(this);
        btn4.setOnClickListener(this);
        //初始化碎片
        fragment01 = new Fragment01();
        fragment02 = new Fragment02();
        fragment03 = new Fragment03();
        fragment04 = new Fragment04();
        //添加到集合
        fragmentList.add(fragment01);
        fragmentList.add(fragment02);
        fragmentList.add(fragment03);
        fragmentList.add(fragment04);
        viewPager = (ViewPager)this.findViewById(R.id.viewPager);
        //得到Fragment管理器
        fragmentManager = this.getSupportFragmentManager();
        //ViewPager装载Fragment适配器，获得数据源
        viewPager.setAdapter(new
```

```java
                MyFragmentPageAdapter(fragmentManager,fragmentList));
        //设置页面改变监听
        viewPager.setOnPageChangeListener(pageListener);
    }
    //创建内部类为自定义一个 MyFragmentPageAdapter 的适配器
    class MyFragmentPageAdapter extends FragmentPagerAdapter {
        private List<Fragment> fragments;
        public MyFragmentPageAdapter(FragmentManager fm) {
            super(fm);
        }
        //导入 3 个方法,增加一个带两个参数的构造方法
        public MyFragmentPageAdapter(FragmentManager fm,List<Fragment> fragments){
            super(fm);
            this.fragments = fragments;
        }
        @Override
        public Fragment getItem(int position) {
            return fragments.get(position);
        }
        @Override
        public int getCount() {
            return fragments.size();
        }
    }
    //创建内部类,监听当页面变化时按钮字体颜色的变化
    private ViewPager.OnPageChangeListener pageListener = new ViewPager.
OnPageChangeListener() {
    @Override
    public void onPageScrolled(int position, float positionOffset, int positionOffsetPixels)
    {
        clearColor();
        if(position == 0){
            btn1.setTextColor(Color.RED);
        }else if(position == 1){
            btn2.setTextColor(Color.RED);
        }else if(position == 2){
            btn3.setTextColor(Color.RED);
        }else if(position == 3){
            btn4.setTextColor(Color.RED);
        }
    }
    @Override
    public void onPageSelected(int position) { }
    @Override
    public void onPageScrollStateChanged(int state) { }
};
//按钮监听产生事件
@Override
public void onClick(View v) {
    clearColor();
    if(v.getId() == R.id.btn1){
```

```
                //当第 1 个按钮被点击时，设置显示"我的校园"碎片
                viewPager.setCurrentItem(0);
                btn1.setTextColor(Color.RED);
        }else if(v.getId() == R.id.btn2){
                //当第 2 个按钮被点击时，设置显示"校园风景 1"碎片
                viewPager.setCurrentItem(1);
                btn2.setTextColor(Color.RED);
        } else if(v.getId() == R.id.btn3) {
                //当第 3 个按钮被点击时，设置显示"校园风景 2"碎片
                viewPager.setCurrentItem(2);
                btn3.setTextColor(Color.RED);
        }else if(v.getId() == R.id.btn4) {
                //当第 4 个按钮被点击时，设置显示"校园风景 3"碎片
                viewPager.setCurrentItem(3);
                btn4.setTextColor(Color.RED);
        }
    }
    public void clearColor(){
        btn1.setTextColor(Color.WHITE);
        btn2.setTextColor(Color.WHITE);
        btn3.setTextColor(Color.WHITE);
        btn4.setTextColor(Color.WHITE);
    }
}
```

（5）调试运行。

① 单击工具栏上的 AVD Manager 图标，打开虚拟设备对话框，在虚拟设备对话框中单击启动虚拟设备的命令按钮，打开 Android Studio 模拟器。

② 单击工具栏上的"三角形"运行按钮 ，运行本项目。

项目总结

通过本项目的学习，读者应掌握 ViewPager+Fragment 的使用方法。

① 导入 v4 包。

② 修改 activity_school_view.xml 布局文件，在 layout 配置中添加 android.support. v4.view.ViewPager 标签，以 ViewPager 作为 Fragment 的容器。

③ 创建碎片(Fragment 页面)，并且 Fragment 要继承 android.support.v4.app.Fragment，并重写 onCreateView 函数。

④ 创建 SchoolViewActivity 类，使其继承自 android.support.v4.app.FragmentActivity。

在 SchoolViewActivity 中首先要初始化碎片，并将碎片添加到 list 集合中，通过 this.getSupport FragmentManager();获得 Fragment 管理器。

⑤ 自定义一个 MyFragmentPageAdapter 的适配器，并使其继承 FragmentPagerAdapter，然后将 ViewPager 装载到 Fragment 适配器，以获得数据源。

⑥ 设置页面改变监听，当页面变化时，修改命令按钮字体的颜色。

⑦ 设置命令按钮监听产生的事件。

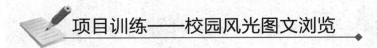

项目训练——校园风光图文浏览

按照模块 4 中的项目要求完成校园风光图文浏览设计。

练习题

4-1 Fragment 的作用是什么？Fragment 有什么特征？
4-2 Fragment 生命周期状态有哪些？Fragment 与 Activity 之间有什么关系？
4-3 如何创建 Fragment？如何实现 Fragment 与 Activity 之间的通信？
4-4 ViewPager 是什么类？它的作用是什么？
4-5 如何实现页面之间的左右滑动效果？
4-6 说明 ViewPager 与 Fragment 组合使用的方法。

Chapter 5

模块 5
记事本

学习目标

- 掌握操作栏（ActionBar）的使用方法。
- 掌握选项菜单（OptionsMenu）的使用方法。
- 掌握子菜单（SubMenu）的使用方法。
- 掌握上下文菜单（ContextMenu）的使用方法。
- 掌握 AlertDialog 对话框的使用方法。
- 了解数据库存储的概念，掌握 Android 的数据库存储的方法。
- 学会在记事本列表界面上进行选项菜单、子菜单、上下文菜单和对话框的设计。
- 学会运用 SQLite 数据库实现对记事本中的数据进行添加、编辑和删除操作。

项目描述

本项目将实现的记事本功能如下。

（1）将记事本中的数据用 ListView 组件列表显示在手机界面上。

（2）在记事本列表界面上通过选项菜单设计"添加数据"菜单，并实现对记事本数据的添加。

（3）在 ListView 组件的 item 上可弹出含有编辑和删除项的上下文菜单，并在数据修改与删除时，可通过对话框提供相关操作的提示信息。

（4）运用 SQLite 数据库实现对记事本中数据进行添加、查询、编辑和删除操作。

知识储备

Android 用户界面的组成除了 View（视图）外，还包括菜单和对话框。其中，菜单 Menu 是 Android 用户界面中最常见的元素之一，使用非常频繁。在 Android 中，常用的菜单有选项菜单（OptionsMenu）、子菜单（SubMenu）和上下文菜单（ContextMenu）3 种。

在 Android 中，每个 Activity 包含一个菜单，一个菜单又能包含多个菜单项和多个子菜单，子菜单其实也是菜单，因此子菜单也可以包含多个菜单项。android.view.Menu 接口代表一个菜单，用来管理各种菜单项。由于每个 Activity 默认都自带了一个 Menu 接口，因此，我们只需要为它添加菜单项和响应菜单项的单击事件。android.view.MenuItem 代表每个菜单项，android.view.SubMenu 代表子菜单，onCreateOptionMenu()和 onOptionsMenu Selected()是 Activity 中提供的两个回调方法，用于创建菜单项和响应菜单项的单击事件。

在 Android 系统中，菜单项的生成有两种方式，一种是编写菜单项的 XML 文件，并通过在 onCreateOptionsMenu()函数中调用 getMenuInflater().inflater()函数来生成一个菜单。使用该方法可以将菜单内容和代码进行分离，有利于后续菜单的调整，但这种方法却无法在菜单中为选项添加图标。另一种是在 Java 代码中编写菜单生成代码，使用这种方法创建菜单比较复杂，但它可以生成多种形式的菜单项。

由于在 Android 3.0 之后，Google 在 UI 导航设计上引入了操作栏（ActionBar）用于取代 3.0 之前的标题栏，因此，选项菜单也被称为显示在操作栏上的菜单。下面分别介绍操作栏（ActionBar）、选项菜单（OptionsMenu）、子菜单（SubMenu）和上下文菜单（ContextMenu）的使用方法。

5.1 操作栏

在 Android 3.0 出现时，操作栏（ActionBar）主要用于代替传统的标题栏，图 5-1 所示为一个操作栏。在操作栏的左侧显示的是应用程序的图标和标题，右侧显示了一些主要操作，如删除和保存菜单项，以及溢出（overflow）菜单。

图 5-1 操作栏 ActionBar

操作栏的主要功能如下。
- 提供专用的空间来标识应用程序的图标和用户位置。这是通过左侧应用程序图标或者 Activity 标题来实现的，开发者可以选择删除图标和标题。
- 提供一致的导航和不同应用程序间的视图优化。操作栏提供内置的选项卡导航可在不同的 Fragment 之间切换。它也提供了下拉列表作为另一种导航方式或重置当前视图。
- 突出显示 Activity 的主要操作（如查找、创建和分享等）。开发者通过直接放置选项菜单到操作栏（作为 Action Item）来为关键用户动作提供直接访问。动作项也能提供动作视图，它为更加直接的动作行为提供内置 widget，与动作项无关的菜单项可以放到溢出（overflow）菜单中，通过单击设备的 MENU 按钮或者操作栏的溢出（overflow）菜单按钮来访问。

1. ActionBar 的添加、隐藏与显示

从 Android 3.0（API Level 11）开始，ActionBar 被包含在所有的使用 Theme.AppCompat 主题的 Activity（或者是这些 Activity 的子类）中，当 targetSdkVersion 或 minSdkVersion 属性被设置为"11"或更大的数值时，这个主题是默认的主题。

如果需要隐藏 ActionBar，可以修改 styles.xml 文件，将 style 属性中的 Theme.AppCompat 主题样式修改为 NoActionBar，其代码如下：

```
<style name="AppTheme" parent="Theme.AppCompat.NoActionBar">
```

如果需要恢复 ActionBar，则在 styles.xml 文件中，将 style 属性中的 Theme.AppCompat 主题样式修改为 Light.DarkActionBar，其代码如下：

```
<style name="AppTheme" parent="Theme.AppCompat. Light.DarkActionBar">
```

2. 为 ActionBar 添加菜单项

下面在已创建的 Test 项目中，通过示例来介绍运用创建菜单项的 XML 文件为操作栏（ActionBar）添加"删除"和"保存"两个菜单项的操作步骤。

第一步，在 Test 项目的 res 目录下创建 menu 目录。方法是右击【res】目录，选择【New】菜单下的【Directory】菜单，弹出图 5-2 所示的对话框，在"Enter new directory name"栏中输入 menu，单击【OK】按钮。

第二步，创建 menu_main.xml 文件。方法是右击【menu】目录，选择【New】菜单下的【Menu resource file】菜单，弹出图 5-3 所示的对话框，在"File name"输入栏中输入 menu_main，单击【OK】按钮。

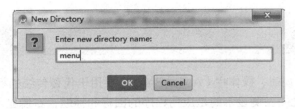

图 5-2 创建 menu 目录

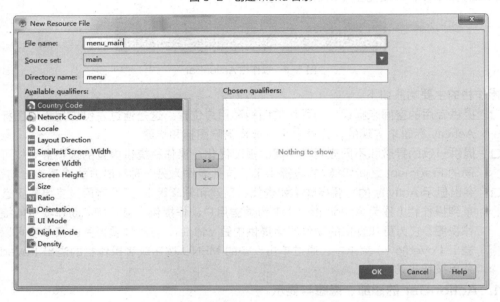

图 5-3 创建 menu_main.xml 文件

在 values 目录下的 strings.xml 文件中设置 name="del"字符变量的值为"删除"，name="save"字符变量的值为"保存"。再双击 menu_main.xml 文件，输入创建菜单项的布局代码，如下：

```xml
<?xml version="1.0" encoding="utf-8"?>
<menu xmlns:android="http://schemas.android.com/apk/res/android"
    xmlns:app="http://schemas.android.com/apk/res-auto">
    <item android:id="@+id/item1"
        android:title="@string/del"
        android:orderInCategory="1"
        app:showAsAction="ifRoom|withText"/>
    <item
        android:id="@+id/item2"
        android:orderInCategory="2"
        app:showAsAction="ifRoom|withText"
        android:title="@string/save"/>
</menu>
```

在 XML 文件中，通过给<item>元素声明 android:showAsAction="ifRoom"属性，请求将一个菜单项作为一个操作项来显示。用这种方式，只有在操作栏的有效空间里，菜单项才能显示在 ActionBar 中。如果没有足够的空间，这个菜单项会显示在溢出（overflow）菜单中。在默认情况下，操作项仅显示图标，如果要显示文本标题，除了要给<item>元素声明 android:title（标题）

和 android:icon（图标）属性外，还要给 android:showAsAction 属性添加 withText 设置。

showAsAction 总共有以下 5 个属性。

- never：永远不会显示，只会在溢出列表中显示。
- ifRoom：会显示在 Item 中，但是如果已经有 4 个或者 4 个以上的 Item 时会隐藏在溢出列表中。
- always：无论是否溢出，总会显示。
- withText：Title 会显示。
- collapseActionView：可拓展的 Item。

orderInCategory 属性是表示操作项的显示顺序。

第三步，创建菜单项。在 Test 项目中先创建名称为 MenuDemo 的 Empty Activity，然后修改 MenuDemo.Java 程序，创建 onCreateOptionsMenu() 方法，实现在此方法中加载 menu_main.xml 文件中定义的菜单项资源，以完成当 Activity 首次启动时，系统会调用 Activity 组装的 ActionBar 和溢出菜单。onCreateOptionsMenu() 方法的 Java 代码如下：

```java
public boolean onCreateOptionsMenu(Menu menu) {
    //调用父类方法来加入系统菜单
    super.onCreateOptionsMenu(menu);
    //实例化一个 getMenuInflater() 对象
    MenuInflater inflater = getMenuInflater();
    inflater.inflate(R.menu.menu_main, menu);  //解析菜单文件
    return true;    //返回 true 显示菜单
}
```

第四步，响应菜单项的选择。当用户选择了一个操作项或菜单项时，Activity 会接收一个 onOptionsItemSelected() 的回调，并将 android:id 属性的 ID 值传递给这个方法，然后，开发者就可以根据 ID 值编写响应菜单项的单击事件处理程序。onOptionsItemSelected() 方法的 Java 代码如下：

```java
@Override
public boolean onOptionsItemSelected(MenuItem item) {
    switch (item.getItemId()) {
        //响应每个菜单项（通过菜单项的 ID）
        case R.id.item1:
            //删除事件处理
            Toast.makeText(this, "您单击了删除操作项！",
            Toast.LENGTH_SHORT).show();
            break;
        case R.id.item2:
            //保存事件处理
            Toast.makeText(this, "您单击了保存操作项！",
            Toast.LENGTH_SHORT).show();
            break;
        default:
            //对没有处理的事件，交给父类来处理
            return super.onOptionsItemSelected(item);
    }
    //返回 true 表示处理完菜单项的事件
    return true;
}
```

5.2 选项菜单

选项菜单（OptionsMenu）是显示在操作栏（ActionBar）上的菜单项。由于 Android 的 Activity 已经提前创建了 android.view.Menu 对象，并提供了创建菜单项的回调方法，因此，创建选项菜单的方法就是首先在 onCreateOptionsMenu()方法中添加菜单项的内容或给菜单项分组，然后，再在 onOptionsItemSelected()方法中响应选项菜单项的选择。

在操作栏（ActionBar）一节中，我们已经介绍了通过 XML 文件创建菜单项的方法，那么，在本节中将要介绍的是通过 Java 程序动态创建选项菜单的方法。

1. 创建选项菜单

在 onCreateOptionsMenu()方法中添加选项菜单的方法有以下 3 种。
- 直接指定标题：menu.add("普通菜单");
- 通过资源指定标题：menu.add(R.string.menuitem);
- 通过 menu.add 添加显示指定菜单项的组号、ID、排序号和标题。其中，在 add(int groupId, int itemId, int order, CharSequence title)方法中，第 1 个参数是组号，Android 中可以给菜单分组，以便快速地操作同一组的菜单。第 2 个参数指定每个菜单项的唯一 ID 号，它可以自己指定，也可以让系统来自动分配，在响应菜单时需要通过 ID 号来判断哪个菜单被单击了。常规的做法是定义一些 ID 常量，但在 Android 中有更好的方法，就是通过资源文件来引用。第 3 个参数代表菜单项显示顺序的编号，编号小的显示在前面。

创建选项菜单的 Java 代码如下：

```java
public Boolean onCreateOptionsMenu(Menu menu) {
    //调用父类方法来加入系统菜单
    super.onCreateOptionsMenu(menu);
    //添加菜单项
    //1.直接指定标题
    MenuItem plain = menu.add("普通菜单项");
    //2.通过资源指定标题
    menu.add(R.string. menuitem);
    //3.显示指定菜单项的组号、ID、排序号、标题
    menu.add(1, Menu.FIRST, 1, "分享");
    //添加4菜单项，分成2组
    int group1 =1;
    int gourp2 =2;
    //显示指定菜单项的组号、ID、排序号、标题
    menu.add(group1, Menu.FIRST + 1, 2, "打开文件");
    menu.add(group1, Menu.FIRST + 2, 3, "关闭文件");
    menu.add(gourp2, Menu.FIRST + 3, 4, "修改数据");
    menu.add(gourp2, Menu.FIRST + 4, 5, "删除数据");
    //如果希望显示菜单，请返回true
    return  true;
}
```

2. 响应选项菜单的选择

（1）通过重写 onOptionsItemSelected()方法。

在完成创建菜单项后，接着就是编写响应菜单项的选择程序，而响应菜单项使用最多的方

法是重写 onOptionsItemSelected()回调方法。每当有菜单项被单击时，Android 就会调用该方法，并传入被单击的菜单项。

使用 onOptionsItemSelected()方法响应菜单项的 Java 代码如下：

```java
@Override
 publicboolean onOptionsItemSelected(MenuItem item) {
    switch (item.getItemId()) {
    //响应每个菜单项（通过菜单项的 ID）
    case 1:
        //处理的事件 1
        Toast.makeText(this, "您单击了分享文件！", Toast.LENGTH_SHORT).show();
        break;
    case 2:
        //处理的事件 2
        Toast.makeText(this, "您单击了打开文件！", Toast.LENGTH_SHORT).show();
        break;
    case 3:
        //处理的事件 3
        Toast.makeText(this, "您单击了关闭文件！", Toast.LENGTH_SHORT).show();
        break;
    case 4:
        //处理的事件 3
        Toast.makeText(this, "您单击了修改数据！", Toast.LENGTH_SHORT).show();
        break;
    case 5:
        //处理的事件 4
        Toast.makeText(this, "您单击了删除数据！", Toast.LENGTH_SHORT).show();
        break;
    default:
        //对没有处理的事件，交给父类来处理
        return super.onOptionsItemSelected(item);
    }
    //返回 true 表示处理完菜单项的事件
    return true;
}
```

（2）使用监听器。

虽然上面介绍的方法是推荐使用的方法，但 Android 还提供了类似 Java Swing 的监听器方式来响应菜单，其设计思路是对添加的菜单项设置监听器。其关键 Java 代码如下：

```java
public boolean onCreateOptionsMenu(Menu menu) {
    //调用父类方法来加入系统菜单
    super.onCreateOptionsMenu(menu);
    //添加菜单项，定义为变量 menuItem
    MenuItem menuItem = menu.add("普通菜单项");
    //设置对 menuItem 菜单项的监听
    menuItem.setOnMenuItemClickListener(new MenuItem.OnMenuItemClickListener() {
        //设置菜单项的单击事件
        @Override
        public boolean onMenuItemClick(MenuItem item) {
```

```
                Toast toast = Toast.makeText(MenuDemo.this,
                        "单击了普通菜单项", Toast.LENGTH_SHORT);
                toast.show();
                return false;
            }
        });
        return true;
    }
```

注意：onMenuItemClick(MenuItem item)回调方法先于 onOptionsItemSelected 执行。

5.3 子菜单

子菜单（SubMenu）提供了一种自然的组织菜单项的方式，它被大量地运用在 Windows 和其他 OS 的 GUI 设计中。Android 同样支持子菜单，开发者可以通过 addSubMenu(int groupId, int itemId, int order, int titleRes)方法非常方便地创建子菜单，然后，通过 add()方法添加子菜单项。

创建子菜单项的 Java 代码如下：

```
@Override
publicboolean onCreateOptionsMenu(Menu menu) {
    super.onCreateOptionsMenu(menu);
    //可以带子菜单的菜单项
    SubMenu submenu=menu.addSubMenu(1,0,1,"文件操作");
    submenu.add(1,1,1,"新建");
    submenu.add(1,2,2,"编辑");
    submenu.add(1,3,3,"重命名");
    // 显示菜单，请返回 true
    return true;
}
```

响应子菜单项的 Java 代码如下：

```
@Override
public boolean onOptionsItemSelected(MenuItem item) {
    switch (item.getItemId()) {
    //响应子菜单项（通过子菜单项的 ID）
    case 1:
        //新建事件处理
        Toast.makeText(this, "您单击了新建项！", Toast.LENGTH_SHORT).show();
        break;
    case 2:
        //编辑事件处理
        Toast.makeText(this, "您单击了编辑项！", Toast.LENGTH_SHORT).show();
        break;
    case 3:
        //重命名事件处理
        Toast.makeText(this, "您单击了重命名项！", Toast.LENGTH_SHORT).show();
        break;
    default:
        //对没有处理的事件，交给父类来处理
        return super.onOptionsItemSelected(item);
```

```
        }
        //返回true表示处理完菜单项的事件
        return true;
}
```

5.4 上下文菜单

　　Android 的上下文菜单（ContextMenu）类似于 PC 上的右键菜单。当为一个视图注册了上下文菜单之后，长按（2秒左右）这个视图对象就会弹出一个浮动菜单，即上下文菜单。任何视图都可以注册上下文菜单，不过，最常见的是用于列表视图 ListView 的 item 项上。

注意

Android 的上下文菜单不支持图标或快捷键。

　　创建一个上下文菜单的步骤如下。
　　第一步，创建上下文菜单项。运用覆盖 Activity 的 onCreateContenxtMenu()方法，调用 Menu 的 add 方法添加菜单项（MenuItem）。
　　创建上下文菜单的 Java 代码如下：

```java
//本例会通过长按条目激活上下文菜单
@Override
public void onCreateContextMenu(ContextMenu menu, View view,
        ContextMenuInfo menuInfo) {
    if(view.getId()==R.id.but){
        //上下文菜单的标题
        menu.setHeaderTitle("课程介绍");
        //添加上下文菜单项
        menu.add(0, 1, 0, "授课教师");
        menu.add(0, 2, 0, "课时");
        menu.add(0, 3, 0, "上课地点");
    }
}
```

　　第二步，响应菜单的单击事件。运用覆盖 Activity 的 onContextItemSelected()方法，响应上下文菜单菜单项的单击事件，其 Java 关键代码如下：

```java
//响应菜单的单击事件
@Override
public boolean onContextItemSelected(MenuItem item){
    //获取当前被选择的菜单项的信息
    switch(item.getItemId()){
      case 1:
          //在这里添加处理代码
          break;
      case 2:
          //在这里添加处理代码
          break;
      case 3:
```

```
            //在这里添加处理代码
            break;
    }
    return true;
}
```

第三步，调用 registerForContextMenu()方法，为视图注册上下文。代码如下：
```
public void onCreate(Bundle savedInstanceState) {
    super.onCreate(savedInstanceState);
    setContentView(R.layout.activity_menu_demo);
    Button but=(Button) findViewById(R.id.but);    //注册按钮 but
    this.registerForContextMenu(but);    //注册上下文菜单
}
```

上述创建菜单的代码都可在 MenuDemo.Java 程序中进行设置和调试。

5.5 AlertDialog 对话框

在 Android 开发中，经常会需要在 Android 界面上弹出一些对话框，用于接受用户之间的交互，比如询问用户或者让用户选择。因此，对话框一般用于显示提示信息和选择与当前应用程序直接相关的功能。

在 Android 中主要提供了以下 4 种对话框。
- AlertDialog：功能丰富，应用最广泛的对话框。
- ProgressDialog：进度对话框，可显示一个进度环或者一个进度条效果的对话框。
- DatePickerDialog：日期选择对话框，具有日期选择效果的对话框。
- TimePickerDialog：时间选择对话框，具有时间选择效果的对话框。

在本节中只介绍 AlertDialog 对话框的使用方法。

AlertDialog 是 Dialog 的一个直接子类，一个 AlertDialog 可以有两个按钮（Button）或 3 个按钮，或者由单选框、复选框或列表框与按钮组成，用户可以为 AlertDialog 设置 title 和 message。不能直接通过 AlertDialog 的构造函数来生成 AlertDialog，一般生成的时候都是通过它的内部静态类 AlertDialog.Builder 来构造的。AlertDialog 对话框由 4 个区域组成，即图片区、标题区、内容区和按钮区，如图 5-4 所示。

图 5-4　AlertDialog 对话框区域

创建一个 AlertDialog 对话框的步骤如下。
① 创建一个 AlertDialog.Builder 对象。
② 调用 AlertDialog.Builder 的 setTitle()方法设置标题。
③ 调用 AlertDialog.Builder 的 setIcon()方法设置图标。
④ 调用 AlertDialog.Builder 的相关方法设置对话框的内容。
⑤ 调用 AlertDialog.Builder 的 setPositiveButton()、setNeutralButton()或 setNegativeButton()方法添加多个按钮。在对话框中的按钮设置如下：setPositiveButton 一般表示确定，排在左起第 1 位；setNeutralButton 一般表示忽略，排在左起第 2 位；setNegativeButton 一般表示取消，排在左起第 3 位。如果超过 3 个按钮，也只能显示 3 个，重复的以最后一个为准。
⑥ 延迟自动关闭对话框，如果没有在对话框中设置按钮，则需要等待用户看清楚对话框

的内容之后，自动关闭对话框。方法是首先创建和显示 AlertDialog 对象，然后定义 Handler 对象，调用 postDelayed 函数，第 1 个参数为 Runnable，在其 run 函数中调用 AlertDialog 的 dismiss 函数，第 2 个参数为延迟的时间，单位是毫秒。

⑦ 调用 AlertDialog.Builder 的 create() 方法创建 AlertDialog 对象，再调用 AlertDialog 对象的 show() 方法将对话框显示出来。

其中，设置对话框内容的相关方法如下。

- setMessage() 方法：设置对话框内容为简单文本。
- setItem() 方法：设置对话框内容为简单列表项。
- setMultiChoiceItems() 方法：设置对话框内容为多选列表项。
- setSingleChoiceItems() 方法：设置对话框内容为单选列表项。
- setAdapter() 方法：设置对话框为自定义列表项。
- setView() 方法：设置对话框内容为自定义 View。

【例 5-1】创建简单文本对话框、简单列表对话框、多选列表和单选列表对话框的示例。

第一步，首先在 Test 项目中创建名称为 AlertDialogDemo 的 Empty Activity，在 activity_alert_dialog_demo.xml 文件中采用线性布局，垂直方向放置 4 个命令按钮。其布局代码如下：

```xml
<?xml version="1.0" encoding="utf-8"?>
<LinearLayout xmlns:android="http://schemas.android.com/apk/res/android"
    xmlns:tools="http://schemas.android.com/tools"
    android:layout_width="match_parent"
    android:layout_height="match_parent"
    android:orientation="vertical"
    tools:context="com.zzhn.zheng.test.AlertDialogDemo">
    <Button
      android:layout_width="match_parent"
      android:layout_height="wrap_content"
      android:text="简单文本对话框"
      android:id="@+id/but1"/>
    <Button
      android:layout_width="match_parent"
      android:layout_height="wrap_content"
      android:text="简单列表对话框"
      android:id="@+id/but2"/>
    <Button
      android:layout_width="match_parent"
      android:layout_height="wrap_content"
      android:text="多选列表对话框"
      android:id="@+id/but3"/>
    <Button
      android:layout_width="match_parent"
      android:layout_height="wrap_content"
      android:text="单选列表对话框"
      android:id="@+id/but4"/></LinearLayout>
```

第二步，在 AlertDialogDemo.java 程序中先定义 4 个命令按钮的变量，然后在 onCreate() 方法中通过 findViewById() 方法获取 UI 界面上 4 个命令按钮。

第三步，在 AlertDialogDemo.java 程序中编写简单文本对话框按钮的监听器类。其关键代码如下：

```java
class but1Listener implements View.OnClickListener{
    @Override
    public void onClick(View v) {
        //创建对话框对象
        AlertDialog.Builder builder = new AlertDialog.Builder(AlertDialogDemo.this);
        //设置对话框内容
        builder.setMessage("确认退出吗？");
        //设置对话框标题
        builder.setTitle("提示");
        //设置对话框按钮
        builder.setPositiveButton("确认", new DialogInterface.OnClickListener() {
            @Override
            public void onClick(DialogInterface dialog, int which) {
                Toast.makeText(AlertDialogDemo.this, "您单击了确认！", Toast.LENGTH_SHORT).show();
            }
        }).setNegativeButton("取消", new DialogInterface.OnClickListener() {
            @Override
            public void onClick(DialogInterface dialog, int which) {
                Toast.makeText(AlertDialogDemo.this, "您单击了取消！", Toast.LENGTH_SHORT).show();
            }
        }).create();
        //显示对话框
        builder.show();
    }
}
```

第四步，在AlertDialogDemo.java 程序中编写简单列表对话框按钮的监听器类。方法是首先创建 String[]用于设置列表框内容，调用 AlertDialog 的 setItems 函数，传入 String[]和newDialogInterface.OnClickListener()，在 onClick 函数中的 int 参数表示选择的列表索引，传入 String[]可以获得选择项的内容。其关键代码如下：

```java
class but2Listener implements View.OnClickListener {
    @Override
    public void onClick(View v) {
        //创建对话框对象
        AlertDialog.Builder builder = new AlertDialog.Builder(AlertDialogDemo.this);
        builder.setTitle("选择课程");    //设置对话框标题
        //设置对话框内容
        final String course[] = new String[]{"英语", "数学", "计算机"};
        builder.setItems(course, new DialogInterface.OnClickListener() {
            @Override
            public void onClick(DialogInterface dialog, int which) {
                //显示选中列表项
                Toast.makeText(AlertDialogDemo.this,course[which] , Toast.LENGTH_SHORT).show();
            }
```

```
        });
        builder.setNegativeButton("取消", null).show();
    }
}
```

第五步,在 AlertDialogDemo.java 程序中编写多选列表对话框按钮的监听器类。方法是创建 String[]用于设置列表框内容,创建 boolean[]用于设置每项是否选中。调用 AlertDialog 的函数 setMultiChoiceItems,传入 String[]、boolean[]和 DialogInterface.OnMultiChoiceClickListener,设置取消按钮,在 onClick 函数中的 DialogInterface 参数表示对话框对象,int 参数表示选择的列表索引,传入 String[]可以获得选择项的内容。其关键代码如下:

```
class but3Listener implements View.OnClickListener {
    @Override
    public void onClick(View v) {
        //创建对话框对象
        AlertDialog.Builder builder = new AlertDialog.Builder(AlertDialogDemo.this);
        builder.setTitle("选择课程");       //设置对话框标题
        //设置对话框内容
        final String course[] = new String[]{"英语", "数学", "计算机"};
        builder.setMultiChoiceItems(course, new boolean[]{true, false,
                true}, new DialogInterface.OnMultiChoiceClickListener() {
            @Override
            public void onClick(DialogInterface dialog, int which,
                                boolean isChecked) {
                Toast.makeText(AlertDialogDemo.this, course[which] + isChecked, 0)
                        .show();
            }
        });
        builder.setNegativeButton("取消", new DialogInterface.OnClickListener() {
            @Override
            public void onClick(DialogInterface dialog, int which) {
                dialog.cancel();
            }
        });
        builder.show();
    }
}
```

第六步,在 AlertDialogDemo.java 程序中编写单选列表对话框按钮的监听器类。方法是创建 String[]用于设置列表框内容,调用 AlertDialog 的函数 setSingleChoiceItems,传入 String[]、int(默认选中项索引,小于 0 表示都未选中)和 new DialogInterface.OnClickListener,在 onClick 函数中的 int 参数表示选择的列表索引,传入 String[]可获得选择项的内容。其关键代码如下:

```
class but4Listener implements View.OnClickListener {
    @Override
    public void onClick(View v) {
        //创建对话框对象
        AlertDialog.Builder builder = new AlertDialog.Builder(AlertDialogDemo.this);
        builder.setTitle("选择课程");       //设置对话框标题
        //设置对话框内容
        final String course[] = new String[]{"英语", "数学", "计算机"};
        builder.setSingleChoiceItems(course, 0, new DialogInterface.OnClickLis
```

```
tener(){
            @Override
            public void onClick(DialogInterface dialog, int which) {
                Toast.makeText(AlertDialogDemo.this, course[which] + "被点击了", 0)
                        .show();            }
        });
        builder.show();
    }
}
```

第七步，将上述的监听器绑定到相关按钮，其代码如下：

```
but1.setOnClickListener(new but1Listener());
but2.setOnClickListener(new but2Listener());
but3.setOnClickListener(new but3Listener());
but4.setOnClickListener(new but4Listener());
```

第八步，修改 AndroidManifest.xml 文件，将应用项目启动程序的意图过滤器的代码放置在<activity android:name=". AlertDialogDemo">后面，以改变启动程序的顺序，运行调试后的效果如图 5-5～图 5-9 所示。

图 5-5　界面设计

图 5-6　简单文本对话框

图 5-7　简单列表对话框

图 5-8　多选列表对话框

图 5-9　单选列表对话框

5.6 SQLite 数据存储

1. SQLite 数据库的概念

SQLite 诞生于 2000 年 5 月，它是一款轻型数据库，它的设计目标是嵌入式的，而且目前已经在很多嵌入式产品中使用。SQLite 占用的资源非常少，在嵌入式设备中，只需要几百 KB 的内存就足够了，因此，它非常适合作为手机的数据存储，这也是 Android 系统要采用 SQLite 数据库的原因之一。

SQLite 数据库具有如下特征。

- 轻量级：SQLite 是进程内的数据引擎，使用 SQLite 一般只需要带上它的一个动态库，就可以享受它的全部功能。
- 独立性：SQLite 数据库的核心引擎本身不依赖第三方软件，使用它不需要安装。
- 隔离性：SQLite 数据库中所有的信息（如表、视图、触发器）都包含在一个文件内，方便管理和维护。
- 跨平台：SQLite 数据库支持大部分操作系统，许多手机系统都可以运行。
- 多语言接口：SQLite 数据库支持很多语言接口，如 C/C++、Java、Python、.Net、Ruby、Perl 等。
- 安全性：SQLite 数据库通过数据库级上的独占性和共享锁来实现独立事务处理。即多个进程在同一时间从同一数据库读取数据，但只有一个进程可以写入数据。

此外，SQLite 数据库是开源的，许多开源项目（Mozilla、PHP、Python）都使用了 SQLite。SQLite 是由 SQL 编译器、内核、后端及附件等组件组成的。

SQLite 的数据存储类型分为下面几种。

- NULL：表示该值为 NULL 值。
- INTEGER：表示该值为无符号整型值。
- REAL：表示该值为浮点值。
- TEXT：文本字符串，存储使用的编码方式为 UTF-8。
- BLOB：存储 Blob 数据，该类型数据和输入数据完全相同。

SQLite 并没有提供专门的布尔存储类型，取而代之的是存储整型 1 表示 true，0 表示 false。另外，SQLite 也没有提供专门的日期时间存储类型，而是以 TEXT、REAL 和 INTEGER 类型分为不同的格式表示该类型。

SQLite 与其他数据库最大的不同是对数据类型的支持，创建一个表时，可以在 Create Table 语句中指定某列的数据类型，但是用户可以将任何数据类型放入任何列中。当某个值插入数据库时，SQLite 将检查它的类型。如果该类型与关联的列不匹配，则 SQLite 会尝试将该值转换成该列的类型，如果不能转换，则该值将作为其本身具有的类型存储。比如可以将一个字符串放入 Integer 列，SQLite 称之为"弱类型"。此外，SQLite 不支持一些标准的 SQL 功能，特别是外键（Foreign Key）约束，嵌套 Transcaction、Right Outer Join 和 Full Outer Join，还有一些修改表的功能。除此之外，SQLite 是一个完整的 SQL 系统。

> **注意**
>
> 考虑到数据库平台的可移植性问题，在实际的开发中还是应该尽可能地使数据类型的存储与声明时保持一致。

Android 在运行时集成了 SQLite 数据库，所以每个 Android 应用程序都可以使用 SQLite 数据库。由于 Android 提供了一些新的 API 来使用 SQLite 数据库，因此，在 Android 开发中，开发人员只需要学会使用这些 API 即可。

数据库存储在 data/<项目文件夹>/databases/下。Android 开发中使用 SQLite 数据库，Android 可以通过 ContentProvider 或者 Service 访问一个数据库。

2. SQLiteDatabase 类

Android 提供了一个名为 SQLiteDatabase 的类。该类封装了一些操作数据库的 API，使用该类可以对数据进行创建（Create）、增加（Insert）、查询（Query）、更新（Update）和删除（Delete）操作。

SQLiteDatabase 类所提供的一系列对数据库操作的方法如下。

① execSQL(String sql)：执行 SQL 语句。

② execSQL(String sql, Object[] bindArgs)：执行带占位符的 SQL 语句。

③ insert(String table, String nullColumnHack, ContentValues values)：向表中插入一条记录。

④ update(String table, ContentValues values, String whereClause, String[] whereArgs)：更新表中指定的某条记录。

⑤ delete(String table, String whereClause, String[]whereArgs)：删除表中指定的某条记录。

⑥ query(String table, String[] columns, String selection, String[] selectionArgs, String groupBy, String having, String orderBy)：查询表中的记录。

⑦ rawQuery(String sql, String[] selectionArgs)：查询带占位符的记录。

⑧ move(int offset)：从当前位置将游标向上或向下移动的行数。offest 为正数表示向下移，负数表示向上移。

⑨ moveToFirst()：将游标移动到第一行，成功返回 true。

⑩ moveToLast()：将游标移动到最后一行，成功返回 true。

⑪ moveToNext()：将游标移动到下一行，成功返回 true。

⑫ moveToPosition(int position)：将游标移动到指定行，成功返回 true。

⑬ moveToPrevious()：将游标移动到上一行，成功返回 true。

其中，重点要掌握的是 execSQL()和 rawQuery()方法。execSQL()方法可以执行 INSERT、UPDATE、DELETE 和 CREATE 等操作；rawQuery()方法可以执行 SELECT 语句。同时，SQLiteDatabase 类还提供了对应于添加、删除、更新、查询的操作方法，即 insert()、delete()、update()和 query()，以便不太了解 SQL 语法的用户使用。而对于熟悉 SQL 语句的开发者可以直接使用 execSQL()和 rawQuery()方法执行 SQL 语句，就能完成数据的添加、删除、更新和查询操作。有关上述对数据库操作方法的使用将在数据库编程操作一节中进行介绍。

3. SQLiteOpenHelper 类

SQLiteOpenHelper 类是一个管理数据库创建和版本的辅助类。通过继承 SQLiteOpenHelper 类，并重写其中的 onCreate()和 onUpgrade()方法，用户就可以创建和升级 SQLite 数据库。而通过 getReadableDatabase()和 getWritableDatabase()方法可以获得 SQLiteDatabase 对象，从而对数据库进行操作。

SQLiteOpenHelper 类常用的方法如下。

① close()：关闭数据库。
② getDatabaseName()：获取数据库名称。
③ getReadableDatabase()：创建或打开一个只读数据库。
④ getWritableDatabase()：创建或打开一个可读可写的数据库。
⑤ onCreate(SQLiteDatabase db)：一次创建数据库时调用。
⑥ onOpen(SQLiteDatabase db)：打开数据库时调用。
⑦ onUpgrade(SQLiteDatabase db, int oldVersion, int newVersion)：数据库版本升级时调用。

4. 数据库编程操作

（1）创建数据库。

创建数据库就是创建一个类，并使其继承 SQLiteOpenHelper 类。在 SQLiteOpenHelper 的子类中需要实现以下 3 个方法。

第一是构造函数，调用父类 SQLiteOpenHelper 的构造函数。这个方法有以下 4 个参数：Context context（上下文环境）、String name（数据库文件名）、CursorFactory factory（游标，通常是 Null）、int version（正在使用的数据库模型版本的整数）。

第二是 onCreate()方法，它需要一个 SQLiteDatabase 对象作为参数，根据需要对这个对象填充表和初始化数据。

第三是 onUpgrage() 方法，它需要 3 个参数：一个 SQLiteDatabase 对象，一个旧的版本号和一个新的版本号。在 Android 中数据库升级使用 SQLiteOpenHelper 类 onUpgrade 方法。

【例 5-2】创建 notes 数据库和 note 数据表，其中 note 数据表有 4 个字段，分别为 note_id（整型）、title（文本型）、content（文本型）和 notedate（文本型）等。

创建一个 DBHelper 类，并使其继承 SQLiteOpenHelper。其关键代码如下：

```java
public class DBHelper extends SQLiteOpenHelper {
    private static final String DBNAME = "notes.db";
    private static final int VERSION = 1;
    /**
    *创建数据库的构造方法
    * context 为应用程序上下文，name 为数据库的名字
    * factory 为查询数据库的游标工厂，一般情况下用 null
    * version 为数据库的版本，一般大于 0
    */
    public DBHelper(Context context) {
        super(context, DBNAME,null, 1);
    }
    //在数据库第一次创建时会执行
    @Override
    public void onCreate(SQLiteDatabase db) {
```

```
            try {
                String sql1="create table note(note_id integer primary key
                autoincrement, title text,content text,notedate text)";
            }catch(Exception e){
                System.out.println("create table error");
                e.printStackTrace();
            }
    }
    //更新数据的时候调用的方法
    @Override
    public void onUpgrade(SQLiteDatabase db, int oldVersion, int newVersion) {

    }
}
```

（2）对数据库表进行操作。

首先，实例化一个 DBHelper 对象 dbhelper。然后，通过调用 getReadableDatabase() 或 getWritableDatabase()方法，获得 SQLiteDatabase 对象，而具体调用哪个方法，则取决于是否需要改变数据库的内容，如不需要改变数据库的内容就调用 getReadableDatabase()方法；反之则调用 getWritableDatabase() 方法。最后，通过使用 execSQL 方法执行 SQL 语句或通过使用 insert、delete、update 和 query 方法，将 SQL 语句的一部分作为参数，以实现对数据库表的添加、删除、修改和查询操作。

【例 5-3】对 note 数据表进行添加、删除、修改和查询操作。

第一步，为 note 数据表添加记录。示例代码如下：

```
public void insertNote(String title, String content) {
    //定义添加记录的 SQL 语句
    String sql="insert into note values(null,?,?,?)";
    //获得 SQLiteDatabase 对象，dbhelper 是 DBHelper 的实例化对象
    SQLiteDatabase db=dbHelper.getWritableDatabase();
    //执行 SQL 语句，其中 date2string (new Date())是当前日期格式转换方法
    db.execSQL(sql,new Object[]{title,content,date2string(new Date())});
    //关闭数据库
    db.close();
}
```

第二步，删除 note 数据表中的记录。示例代码如下：

```
public void delete(int noteId) {
    //定义删除记录的 SQL 语句
    String sql="delete from note where note_id=?";
    //获得 SQLiteDatabase 对象，dbhelper 是 DBHelper 的实例化对象
    SQLiteDatabase db=dbHelper.getWritableDatabase();
    db.execSQL(sql,new Object[]{noteId});   //执行 SQL 语句,
    //关闭数据库
    db.close();
}
```

第三步，修改 note 数据表中的记录。示例代码如下：

```
public void updateNote(int noteId, String title, String content, String noteDate) {
    //定义修改记录的 SQL 语句
    String sql="update note set title=?,content=?,notedate=? where note_id=?";
```

```
    //获得SQLiteDatabase对象,dbhelper是DBHelper的实例化对象
     SQLiteDatabase db=dbHelper.getWritableDatabase();
    //执行SQL语句
    db.execSQL(sql, new Object[]{title, content, noteDate, noteId});
    //关闭数据库
    db.close();
}
```

第四步,查询 note 数据表中的记录。示例代码如下:

```
public void noteFindById(int id){
    //获得SQLiteDatabase对象,dbhelper是DBHelper的实例化对象
    SQLiteDatabase db = dbHelper.getReadableDatabase();
    Cursor cursor = db.query("note",null,"note_id =?",new String[]{""+id},
    null,null,null,null);
    if (cursor.moveToNext()){
        int noteid=cursor.getInt(0);              //获取第1列的值
        String title=cursor.getString(1);         //获取第2列的值
        String content=cursor.getString(2);       //获取第3列的值
        String notedate=cursor.getString(3);      //获取第4列的值
    }
     cursor.close();
     db.close();
}
```

项目实施

1. 项目分析

记事本功能模块可分为以下几个部分。

① 运用 SQLite 数据库实现对记事本中数据的添加、查询、编辑和删除操作。
② 将记事本中的数据用 ListView 组件列表显示在手机界面上。
③ 在记事本界面上通过选项菜单设计"添加数据"菜单,并实现对记事本数据的添加。
④ 在 ListView 组件的 item 项上可弹出上下文菜单,显示编辑和删除菜单选项。
⑤ 选择上下文菜单上的编辑项可实现修改记事本的数据。
⑥ 选择上下文菜单上的删除项可实现删除记事本的数据。
⑦ 在进行编辑和删除操作时,可通过对话框提供相关的操作信息。

2. 项目实现

(1) 创建记事本项目。

启动 Android Studio,在 Android Studio 起始页选择【Start a new Android Studio project】,或在 Android Studio 主页菜单栏上选择【File】→【New】→【New Project】,新建 Android 工程。在 New Project 页面上输入应用程序的名称(NoteActivity)、公司域名(com.zzhn.zheng)和存储路径,单击【Next】按钮。然后,选择工程的类型以及支持的最低版本,单击【Next】按钮。之后选择是否创建 Activity,以及创建 Activity 的类型,选择【Empty Activity】,修改 Activity 的名称为 NoteActivity,单击【Finish】按钮。

(2) 创建记事本的 SQLite 数据存储。

① 创建 notes 数据库和 note 数据表,其方法的使用可参见【例 5-2】所示代码。

② 将 note 数据表中字段封装成 Note 类，并生成相应的 getter 与 setter 方法。
③ 创建对 note 数据表的添加、查询、编辑和删除操作。

创建 NoteDao 类，在构造方法中实例化一个 DBHelper 对象，然后，分别创建查询 note 数据表上所有记录的 findNoteAll()方法、添加数据的 insertNote()方法、删除数据的 delete()方法和修改数据的 updateNote()方法，其中添加数据的 insertNote()方法、删除数据的 delete()方法和修改数据的 updateNote()方法的使用可参见【例 5-3】所示代码。在 findNoteAll()方法中定义 List 集合用于保存 note 数据表中所有记录，创建 SQLiteDatabase 对象，执行查询 note 数据表中所有记录的 SQL 语句，然后，通过 while 循环语句将 note 数据表中每条记录的字段值按照 noteId 依次添加到 List 集合中。

NoteDao.java 的关键代码如下：

```java
public class NoteDao {
    DBHelper dbHelper;
    public NoteDao(Context context){
        dbHelper=new DBHelper(context);
    }
    public List<Note> findNoteAll() {
        String sql="select * from note";
        List<Note> list=new ArrayList<Note>();
        SQLiteDatabase db=dbHelper.getWritableDatabase();
        Cursor cursor=db.rawQuery(sql, null);
        while(cursor.moveToNext()){
            Note note=new Note();
            int noteId=cursor.getInt(cursor.getColumnIndex("note_id"));
            note.setNoteId(noteId);
            note.setTitle(cursor.getString(cursor.getColumnIndex("title")));
            note.setContent(cursor.getString(cursor.getColumnIndex("content")));
            note.setNoteDate(cursor.getString(cursor.getColumnIndex("notedate")));
            list.add(note);
        }
        return list;
    }
    //insertNote()的使用参见【例 5-3】
    ……
    // delete()的使用参见【例 5-3】
    ……
    //updateNote()的使用参见【例 5-3】
    ……
}
```

（3）记事本主界面功能模块设计。

首先是布局文件 activity_note.xml 的设计，在该文件上放置了一个 ListView 组件，定义 ListView 组件的 id="@+id/noteList"。同时，创建 note_list_item.xml 布局文件，在该布局文件上放置两个 TextView 组件，分别用于显示记事本上记录的标题和时间。其布局设计代码如下：

```xml
<?xml version="1.0" encoding="utf-8"?>
<RelativeLayout xmlns:android="http://schemas.android.com/apk/res/android"
    android:layout_width="match_parent"
```

```xml
        android:layout_height="match_parent" >
    <TextView android:id="@+id/txt_title"
        android:layout_width="wrap_content"
        android:layout_height="wrap_content"
        android:layout_centerVertical="true"
        android:layout_margin="8dp"
        android:layout_alignParentLeft="true"
        android:textSize="16sp"/>
    <TextView android:id="@+id/txt_date"
        android:layout_width="wrap_content"
        android:layout_height="wrap_content"
        android:layout_alignParentRight="true"
        android:layout_margin="8dp"
        android:layout_marginTop="10dp"
        android:textSize="16sp"/>
</RelativeLayout>
```

编写 NoteActivity 类,并继承 Activity。NoteActivity.java 程序设计步骤如下。

① 定义变量 noteList、noteDao 和 notes,代码如下:

```java
//定义变量
private ListView noteList;
private NoteDao noteDao;
private List<Note> notes;
```

② 在 onCreate()方法中,完成查询 note 数据表中的所有记录,创建适配器,然后,将数据装载到适配器中,并与 ListView 组件绑定,以实现将数据显示在 UI 界面上的功能。其关键代码如下:

```java
protected void onCreate(Bundle savedInstanceState) {
    super.onCreate(savedInstanceState);
    setContentView(R.layout.activity_note);
    //找到 ListView 组件
    noteList = (ListView) findViewById(R.id.noteList);
    //实例化 NoteDao 对象
    noteDao = new NoteDao(this);
    setNoteListAdapter();
}
//创建适配器
private void setNoteListAdapter() {
    //查询返回随手记的集合
    notes = noteDao.findNoteAll();
    if (notes != null && notes.size() > 0) {
        SimpleAdapter sa = new SimpleAdapter(this, getData(),
            R.layout.note_list_item, new String[]{"title", "date"},
            new int[]{R.id.txt_title, R.id.txt_date});
        noteList.setAdapter(sa);
    }
}
private List<Map<String, Object>> getData() {
    List<Map<String, Object>> list = new ArrayList<Map<String, Object>>();
    for (Note note : notes) {
        Map<String, Object> map = new HashMap<String, Object>();
        map.put("title", note.getTitle());
```

```
            map.put("date",note.getNoteDate());
            list.add(map);
        }
        return list;
}
```

③ 创建添加数据的选项菜单，其关键代码如下：

```
//创建选项菜单
public boolean onCreateOptionsMenu(Menu menu) {
    super.onCreateOptionsMenu(menu);
    //添加菜单项，定义为变量menuItem
    MenuItem menuItem = menu.add("添加记录");
    //设置对menuItem菜单项的监听
    menuItem.setOnMenuItemClickListener(new MenuItem.
     OnMenuItemClickListener(){
        //设置菜单项的单击事件
        @Override
        public boolean onMenuItemClick (MenuItem item){
            Intent intent1 = new Intent(NoteActivity.this, NoteEditActivity.class);
            intent1.putExtra("act", "insert");
            startActivity(intent1);
            return true;
        }
    });
    return true;
}
```

④ 创建提示修改和删除项的上下文菜单，采用 XML 布局设计方式，先定义一个菜单布局文件 note.xml，然后，在 NoteActivity 类中用 onCreateContextMenu() 方法创建上下文菜单，用 onContextItemSelected() 方法响应上下文菜单，并在 onCreate() 方法中，用 registerForContextMenu(noteList); 为 ListView 的 view 注册上下文菜单。note.xml 代码如下：

```
<?xml version="1.0" encoding="utf-8"?>
<menu xmlns:android="http://schemas.android.com/apk/res/android">
    <item
        android:id="@+id/note_update"
        android:title="修改"/>
    <item
        android:id="@+id/note_delete"
        android:title="删除"/>
</menu>
```

创建上下文菜单、响应上下文菜单和创建对话框提示的关键代码如下：

```
//设置上下文菜单
public void onCreateContextMenu(android.view.ContextMenu menu, View v,
android.view.ContextMenu.ContextMenuInfo menuInfo) {
    this.getMenuInflater().inflate(R.menu.note, menu);
};
public boolean onContextItemSelected(MenuItem item) {
    //item.getItemId()判断是修改还是删除
    AdapterView.AdapterContextMenuInfo
    act=(AdapterView.AdapterContextMenuInfo) item.getMenuInfo();
    final int index=act.position;
```

```java
        //执行修改或者删除
        if(item.getItemId()==R.id.note_update){
            Intent intent=new Intent(NoteActivity.this,NoteEditActivity.class);
            intent.putExtra("act", "update");
            intent.putExtra("index", index);
            NoteActivity.this.startActivity(intent);
        }else if(item.getItemId()==R.id.note_delete) {
            final Note note=notes.get(index);
            AlertDialog.Builder builder=new AlertDialog.Builder(this);
            builder.setTitle("删除");
            builder.setMessage("你确定删除吗");
            builder.setPositiveButton("确定", newDialogInterface.OnClickListener() {
            @Override
                public void onClick(DialogInterface arg0, int arg1) {
                    NoteDao dao = new NoteDao(NoteActivity.this);
                    dao.delete(note.getNoteId());
                    setNoteListAdapter();
                    Toast.makeText(NoteActivity.this, "删除成功",
                    Toast.LENGTH_ LONG).show();
                }
            });
            builder.setNegativeButton("取消", new DialogInterface.OnClickListener(){
                @Override
                public void onClick(DialogInterface dialog, int which) {
                    dialog.dismiss();
                }
            });
            AlertDialog dialog=builder.create();
            dialog.show();
        }
        return super.onContextItemSelected(item);
    }
}
```

（4）记事本上添加数据和修改数据的功能设计。

首先在 NoteActivity 项目中，创建名称为 NoteEditActivity 的 Empty Activity，然后，在 activity_note_edit.xml 布局文件中放置两个 EditText 组件，用于编辑记录中的标题和内容项，一个 TextView 组件用于显示"记事本"文字，一个 ImageView 组件用于设置保存按钮。其布局代码如下：

```xml
<?xml version="1.0" encoding="utf-8"?>
<LinearLayout xmlns:android="http://schemas.android.com/apk/res/android"
    xmlns:tools="http://schemas.android.com/tools"
    android:layout_width="match_parent"
    android:layout_height="match_parent"
    android:orientation="vertical"
    android:background="#f6f5ec"
    tools:context="com.zzptc.zheng.note.NoteEditActivity">
    <RelativeLayout
        android:layout_width="match_parent"
        android:layout_height="wrap_content"
        android:background="@drawable/attachment_region_bg_1">
```

```xml
        <TextView
            android:layout_width="wrap_content"
            android:layout_height="wrap_content"
            android:id="@+id/tv1"
            android:textSize="40sp"
            android:layout_centerHorizontal="true"
            android:textColor="#caf9f3"
            android:text="记事本"/>
        <ImageView
            android:id="@+id/btn_save"
            android:layout_width="wrap_content"
            android:layout_height="wrap_content"
            android:layout_alignParentRight="true"
            android:layout_centerVertical="true"
            android:layout_marginRight="8dp"
            android:src="@drawable/save_style"/>
    </RelativeLayout>
    <EditText android:id="@+id/txt_note_title"
        android:layout_width="match_parent"
        android:layout_height="wrap_content"
        android:background="@drawable/edit_bg"
        android:layout_margin="4dp"
        android:hint="标题"/>
    <EditText android:id="@+id/txt_note_content"
        android:layout_width="match_parent"
        android:layout_height="match_parent"
        android:gravity="top"
        android:background="@drawable/edit_bg"
        android:layout_margin="4dp"
        android:hint="内容"/><LinearLayout>
```

然后，创建添加数据和修改数据的 NoteEditActivity 类，并继承 Activity，在该类中完成添加和修改记事本中标题和内容项目，并将结果保存到数据库中的功能。

NoteEditActivity.java 程序设计步骤如下。

① 定义变量 btn_save、txt_note_title、txt_note_content、act 和 noteId 的代码如下：

```java
//定义变量
private ImageView btn_save;
private EditText txt_note_title;
private EditText txt_note_content;
private String act;
private int noteId;
```

② 在 onCreate()方法中，首先，找到 UI 界面上的组件，设置对保存（ImageView）组件的监听。获得 act 值，并判断是否为修改数据，如果是则进行修改数据的操作。当单击了保存（ImageView）组件后，调用 save()方法，根据 act 值，当 act="update" 时，调用 NoteDao 类中的 updateNote()方法，将修改的数据保存，否则，调用 NoteDao 类中的 insertNote()方法，将添加的数据保存。

onCreate()方法的关键代码如下：

```java
protected void onCreate(Bundle savedInstanceState) {
    super.onCreate(savedInstanceState);
```

```java
        setContentView(R.layout.activity_note_edit);
        btn_save = (ImageView) this.findViewById(R.id.btn_save);
        txt_note_title = (EditText) this.findViewById(R.id.txt_note_title);
        txt_note_content = (EditText) this.findViewById(R.id.txt_note_content);
        btn_save.setOnClickListener(btnListener);
        Intent intent = this.getIntent();
        act = intent.getStringExtra("act");
        NoteDao dao = new NoteDao(this);
        if (null != act && act.equals("update")) {
            int index = intent.getIntExtra("index", 0);
            List<Note> list = dao.findNoteAll();
            Note nm = list.get(index);
            noteId = nm.getNoteId();
            txt_note_title.setText(nm.getTitle());
            txt_note_content.setText(nm.getContent());
        }
    }
```

设置对保存按钮进行监听的代码如下：

```java
    private View.OnClickListener btnListener = new View.OnClickListener() {
        @Override
        public void onClick(View view) {
            if (view.getId() == R.id.btn_save) {
                //保存
                save();
            }
        }
    };
```

保存数据 save()方法的代码如下：

```java
    private void save() {
        String title = txt_note_title.getText().toString();
        String content = txt_note_content.getText().toString();
        NoteDao dao = new NoteDao(this);
        if (null != act && act.equals("update")) {
            Date date =new Date();
            String noteDate =dao.date2string(date);
            dao.updateNote(noteId,title,content,noteDate);
        }else {
            dao.insertNote(title, content);
        }
        Toast.makeText(this, "保存成功", Toast.LENGTH_LONG).show();
        Intent intent = new Intent(NoteEditActivity.this, NoteActivity.class);
        this.startActivity(intent);
    }
```

（5）调试运行。

① 单击工具栏上的 AVD Manager 图标，打开虚拟设备对话框，在虚拟设备对话框中单击启动虚拟设备的命令按钮，打开 Android Studio 模拟器。

② 单击工具栏上的"三角形"运行按钮，运行本项目。

程序运行效果的主界面如图 5-10 所示。长按 ListView 的 item 项，会弹出上下文菜单，如

图 5-11 所示。单击 ActionBar 右侧的选项菜单会弹出添加记录的菜单，选择修改或添加记录菜单后，进入修改或添加数据的界面，如图 5-12 所示。

图 5-10　主界面

图 5-11　上下文菜单

图 5-12　修改或添加数据

项目总结

通过本项目的学习，读者应掌握记事本功能模块的设计方法。
① 掌握运用 SQLiteOpenHelper 类创建数据库和数据表的方法。
② 掌握运用 SQLiteDatabase 类中提供的方法对数据库进行增加、删除、修改和查询的操作。
③ 掌握记事本主界面功能模块设计，包括用 ListView 组件显示数据表中所有数据，设置选项菜单和上下文菜单的方法，以及对话框的使用方法。
④ 掌握在记事本上添加数据和修改数据的功能设计，包括添加和修改数据的界面设计与对数据表中数据进行添加和修改的设计。
⑤ 掌握删除数据表中数据的设计方法。

项目训练——个人注册信息管理

① 创建个人注册信息管理数据库（message）和会员表（members），会员表中有姓名、性别、手机、城市等字段。
② 要求能实现对会员表（members）中数据进行增加、删除、修改和查询的操作。
③ 要求用 ListView 组件显示会员表中姓名和电话项。

④ 要求设置选项菜单，实现对会员数据的添加。
⑤ 要求设置上下文菜单，实现对会员数据的修改和删除。
⑥ 要求城市选项的输入采用 Spinner 组件方式选择输入项。

练习题

5-1 操作栏（ActionBar）有什么作用？如何隐藏与显示操作栏？
5-2 简述用 XML 文件方式创建选项菜单的方法。
5-3 简述用 Java 程序创建上下文菜单的方法。
5-4 简述创建 AlertDialog 对话框的步骤。
5-5 简述在 Android 中创建数据库和数据表的方法。
5-6 在 Android 中如何对数据表进行更新操作？

Chapter 6

模块 6
电话簿

模块 6 电话簿

学习目标

- 掌握拨打电话的设计方法。
- 掌握搜索电话的设计方法。
- 了解 ContentProvider 的概念，掌握 ContentProvider 的使用方法。
- 学会用 ListView 列表显示电话，并通过单击列表项实现拨打电话的功能设计。
- 学会通过关键字搜索出相关电话号码的功能设计。

项目描述

设计一个电话簿项目，该项目能实现如下功能。
（1）用 ListView 组件列表显示常用电话号码。
（2）通过单击 ListView 组件上 item 项可实现拨打电话的功能。
（3）通过输入关键字可搜索出相关的电话号码。

知识储备

6.1 拨打电话

在 Android 程序开发中可通过 Intent 实现拨打电话的功能，下面通过示例来说明。

【例 6-1】创建一个拨打电话的 PhoneTest 程序，在该程序的 UI 界面上，用户通过文本编辑框输入电话号码，然后单击命令按钮，就跳转到拨打电话的界面，实现拨打电话的功能。

第一步，首先在 Test 项目中创建名称为 PhoneTest 的 Empty Activity，在 activity_phone_test.xml 布局文件中采用线性布局方式，放置一个 EditText 组件用于输入电话号码，另外，放置一个 Button 组件，用来作为拨打电话的命令按钮。其布局代码如下：

```xml
<?xml version="1.0" encoding="utf-8"?>
<LinearLayout xmlns:android="http://schemas.android.com/apk/res/android"
    xmlns:tools="http://schemas.android.com/tools"
    android:layout_width="match_parent"
    android:layout_height="match_parent"
    android:orientation="vertical"
    tools:context="com.zzhn.zheng.test.PhoneTest">
    <EditText
        android:layout_width="wrap_content"
        android:layout_height="wrap_content"
        android:hint="请输入电话号码！"
        android:inputType="phone"
        android:id="@+id/et1"/>
    <Button
        android:layout_width="wrap_content"
        android:layout_height="wrap_content"
        android:text="拨打电话"
        android:id="@+id/bt1"/>
</LinearLayout>
```

第二步，在 PhoneTest.java 程序的 onCreate() 方法中，首先通过 findViewById() 方法获取

UI 界面上 EditText 和 Button 组件。然后，对 Button 进行监听，如果发生了单击事件，则先判断输入的电话号码是否为空，如果电话号码不为空，就创建打电话的意图，否则，就弹出"电话号码不能为空！"的提示。其关键代码如下：

```java
public class PhoneTest extends Activity {
    @Override
    protected void onCreate(Bundle savedInstanceState) {
        super.onCreate(savedInstanceState);
        setContentView(R.layout.activity_phone_test);
        final EditText editText = (EditText) findViewById(R.id.et1);
        Button button = (Button) findViewById(R.id.bt1);
        //使用匿名类对 Button 进行监听
        button.setOnClickListener(new View.OnClickListener() {
            @Override
            public void onClick(View v) {
                //获取输入的电话号码
                String inputPhone = editText.getText().toString();
                if (inputPhone.trim().length() != 0) {
                    //创建打电话的意图
                    Intent intent = new Intent(ACTION_CALL, Uri.parse("tel:" + inputPhone));
                    //检查工程清单文件中是否声明了权限
                    if (ActivityCompat.checkSelfPermission(PhoneTest.this,
Manifest.permission.CALL_PHONE) != PackageManager.PERMISSION_GRANTED) {
                        // TODO: Consider calling
                        return;
                    }
                    PhoneTest.this.startActivity(intent);
                }else{
                    Toast.makeText(PhoneTest.this, "电话号码不能为空！",
Toast.LENGTH_LONG).show();
                }
            }
        });
    }
}
```

第三步，在 AndroidManifest.xml 文件中加入声明拨打电话的权限，代码如下：
`<uses-permission android:name="android.permission.CALL_PHONE" />`

第四步，修改 AndroidManifest.xml 文件，将启动程序的意图过滤器的代码放置在<activity android:name=".PhoneTest">后面，以改变启动程序的顺序。运行调试后，观察运行效果。

注意

Intent.ACTION_DIAL 和 Intent.ACTION_CALL 都可以创建拨打电话意图，但是 Intent.ACTION_DIAL 不需要在 AndroidManifest.xml 文件中加入声明拨打电话的权限，它们拨打电话的界面是不同的。

6.2 SearchView 搜索框组件

SearchView 是 Android 原生的搜索框组件，它提供了一个用户界面，供用户搜索查询。

SearchView 默认是展示一个 search 的 icon，点击 icon 展开搜索框，如果你想让搜索框默认就展开，可以通过 setIconifiedByDefault(false);实现。SearchView 属性如表 6-1 所示。

表 6-1　SearchView 属性

属性名称	相关方法	描述
android:iconifiedByDefault	setIconifiedByDefault (boolean)	设置搜索图标是否显示在搜索框内
android:imeOptions	setImeOptions(int)	设置输入法搜索选项字段，默认是搜索，还有下一页、发送、完成等
android:inputType	setInputType(int)	设置输入类型
android:maxWidth	setMaxWidth(int)	设置最大宽度
android:queryHint	setQueryHint(CharSequence)	设置查询提示字符串

搜索可以采用 SearchView 组件，也可以用 EditText 来实现。这里先简单地介绍 SearchView 组件的使用。

【例 6-2】创建一个搜索（SearchDemo）示例程序，在该程序的 UI 界面上，用户可通过搜索框输入要检索的关键字，然后，在 ListView 组件中查找包含此关键字的 item 项，并将满足检索条件的 item 项显示在 UI 界面上。

第一步，首先在 Test 项目中创建名称为 SearchDemo 的 Empty Activity，在 activity_search_demo.xml 布局文件中采用线性布局方式，放置一个 SearchView 组件用于输入搜索的关键字，另外，放置一个 ListView 组件，用于显示列表数据项。其布局代码如下：

```xml
<?xml version="1.0" encoding="utf-8"?>
<LinearLayout xmlns:android="http://schemas.android.com/apk/res/android"
    xmlns:tools="http://schemas.android.com/tools"
    android:layout_width="match_parent"
    android:layout_height="match_parent"
    android:orientation="vertical"
    tools:context="com.zzhn.zheng.test.SearchDemo">
    <SearchView
        android:id="@+id/searchView"
        android:layout_width="match_parent"
        android:layout_height="wrap_content"
        android:iconifiedByDefault="false"
        android:queryHint="请输入搜索内容" />
    <ListView
        android:id="@+id/listView"
        android:layout_width="match_parent"
        android:layout_height="0dp"
        android:layout_weight="1" />
</LinearLayout>
```

第二步，首先在 SearchDemo.java 程序中定义变量，然后，在 onCreate()方法中，通过 findViewById()方法获取 UI 界面上的 ListView 和 SearchView 组件。创建适配器，设置搜索文本的监听，其关键代码如下：

```java
public class SearchDemo extends AppCompatActivity {
    private String[] courseStr = {"Java 基础", "Android 基础", "Java 高级", "Android 高级编程"};
    private SearchView couSearchView;
```

```java
        private ListView couListView;
    @Override
    protected void onCreate(Bundle savedInstanceState) {
        super.onCreate(savedInstanceState);
        setContentView(R.layout.activity_search_demo);
        couSearchView = (SearchView) findViewById(R.id.searchView);
        couListView = (ListView) findViewById(R.id.listView);
        couListView.setAdapter(new ArrayAdapter<String>(this, android.R.layout.
        simple_list_item_1, courseStr));     //创建适配器
        couListView.setTextFilterEnabled(true);
        // 设置搜索文本监听
        couSearchView.setOnQueryTextListener(new SearchView.
        OnQueryTextListener() {    // 当点击搜索按钮时触发该方法
          @Override
          public boolean onQueryTextSubmit(String query) {
              return false;
          }
          // 当搜索内容改变时触发该方法
          @Override
          public boolean onQueryTextChange(String newText) {
              if (!TextUtils.isEmpty(newText)){
                  couListView.setFilterText(newText);
              }else{
                  couListView.clearTextFilter();
              }
              return false;
          }
        });
    }
}
```

第三步，修改 AndroidManifest.xml 文件，将设置应用项目启动程序的意图过滤器的代码（如下所示）放置到<activity android:name=".SearchDemo">后，则该项目启动程序为 SearchDemo。然后，启动模拟器，单击工具栏上的运行按钮，运行调试后效果如图 6-1 和图 6-2 所示。

```xml
        <intent-filter>
            <action android:name="android.intent.action.MAIN" />
            <category android:name="android.intent.category.LAUNCHER" />
        </intent-filter>
```

图 6-1　搜索界面

图 6-2　搜索结果界面

6.3 ContentProvider 概述

ContentProvider 也称为内容提供者,它是 Android 的四大组件之一,使用 ContentProvider 不仅可以在不同的应用程序之间共享数据,也可以在当前应用程序共享数据。

ContentProvider 为存储数据和获取数据提供统一的接口,无论数据的存储方式如何,只需要调用该接口即可,而且内容提供者中的数据更改是可以被监听的。Android 提供了一些主要的数据类型的 ContentProvider,如音频、视频、图片和私人通讯录等。开发者可在 android.provider 包下面找到一些 Android 提供的 ContentProvider,可以获得这些 ContentProvider,在已获得适当的读取权限后,可查询它们包含的数据。

ContentProvider 内部如何保存数据由其设计者决定,但是所有的 ContentProvider 都提供了一组能实现对数据进行增加、修改、查询和删除的方法。客户端通常不会直接使用这些方法,大多数是通过 ContentResolver 对象实现对 ContentProvider 的操作。开发者可以通过调用 Activity 或者其他应用程序组件的实现类的 getContentResolver()方法来获得 ContentProvider 对象,如:

```
ContentResolver cr = getContentResolver();
```

使用 ContentResolver 提供的方法可以获得 ContentProvider 中任何感兴趣的数据。

当开始查询时,Android 系统确认查询的目标 ContentProvider,并确保它正在运行。系统会初始化所有的 ContentProvider 类的对象。通常,每个类型的 ContentProvider 仅有一个单独的实例。但是该实例能与位于不同应用程序和进程的多个 ContentResolver 类对象通信。不同进程之间的通信由 ContentProvider 类和 ContentResolver 类处理。

1. 数据模型

ContentProvider 使用基于数据库模型的简单表格来提供其中的数据。这里每行代表一条记录,每列代表特定类型和含义的数据。例如,联系人的信息如表 6-2 所示。其中,每条记录包含一个数值型的_ID 字段,它用于在表格中唯一标识该记录。ID 能用于匹配相关表格中的记录,例如在一个表格中查询联系人电话号码,在另一个表格中查询其照片。

表 6-2 联系人信息

_ID	NAME	NUMBER	EMAIL
001	张***	138*********	623****@163.com
002	王***	186*********	745****@qq.com

查询返回一个 Cursor 对象,它能遍历各行各列来读取各个字段的值,对于各个类型的数据它都提供了专用的方法。因此,为了读取字段的数据,开发者必须知道当前字段包含的数据类型。

2. URI 的概念

URI 也称为统一资源标识符,它代表了要操作的数据,可用来标识每个 ContentProvider,通过指定的 URI 可以找到所要的 ContentProvider,并从中获取或修改数据。URI 主要包含了两部分信息,即需要操作的 ContentProvider 和对 ContentProvider 中的什么数据进行操作。在 Android 中 URI 的格式如图 6-3 所示。

```
content://com.zzhn.zhengdq.contentproviderdemo/tel/10
```
scheme　　　　　主机名（或 authority）　　　　路径 ID

图 6-3　URI 的格式

URI 主要分为 3 个部分：scheme、主机名（或 authority）和路径（ID）。下面分别对其进行介绍。

① scheme：标准的前缀，用于标识该数据由 ContentProvider 管理，Android 规定它为 content:// 的固定形式，不可更改的。

② 主机名（或 authority）：用于唯一标识 ContentProvider。对于第三方应用，该部分应该是应用程序的包名（使用小写形式）来保证唯一性。在 <provider> 元素的 authorities 属性中声明 authority。

③ 路径（ID）：是每个 ContentProvider 内部的路径部分，用于决定是哪类数据被请求。如果 ContentProvider 仅提供一种数据类型，路径部分可以没有。如果 Provider 提供几种类型，包括子类型，路径部分可以由几个部分组成。而路径里的 ID 是被请求记录的_ID 值。如果请求不仅限于单条记录，路径部分及其前面的斜线应该删除。例如：

- 操作 tel 表中 ID 为 10 的记录，路径为 /tel/10；
- 操作 tel 表中 ID 为 10 的记录的 name 字段，路径为 tel/10/name；
- 操作 tel 表中的所有记录，路径为 /tel；
- 操作 xxx 表中的记录，路径为 /xxx。

当然要操作的数据不一定来自数据库，也可以是文件等其他存储方式，例如：

- 操作 XML 文件中 tel 节点下的 name 节点，路径为 /tel/name。

如果要把一个字符串转换成 URI，可以使用 URI 类中的 parse() 方法，例如：

```
Uri uri = Uri.parse("content:// com.zzhn.zhengdq.contentproviderdemo/tel")
```

6.4 创建内容提供者

程序开发者可以通过继承 ContentProvider 类创建一个新的内容提供者。通常情况下，需要完成两项操作，第一是继承 ContentProvider 类来提供数据访问方式，第二是在应用程序的 AndroidManifest.xml 清单文件中声明注册 ContentProvider。

1. 继承 ContentProvider 类

开发者定义 ContentProvider 类的子类以便使用 ContentResolver 和 Cursor 类带来的便捷来共享数据。而自定义 ContentProvider 的方法，就是编写一个类，必须继承自 ContentProvider 类，并且原则上需要实现 ContentProvider 类定义的以下 6 个抽象方法。

```
boolean onCreate()
Uri insert(Uri uri, ContentValues values)
int delete(Uri uri, String selection, String[] selectionArgs)
int update(Uri uri, ContentValues values, String selection, String[] selectionArgs)
Cursor query(Uri uri, String[] projection, String selection, String[] selectionArgs, String sortOrder)
String getType(Uri uri)
```

其中，各抽象方法的说明如表 6-3 所示。

表 6-3 ContentProvider 中的抽象方法

抽象方法	说明
onCreate()	初始化 provider
query()	返回数据给调用者
insert()	插入新数据到 ContentProvider
update()	更新 ContentProvider 已经存在的数据
delete()	从 ContentProvider 中删除数据
getType()	返回 ContentProvider 数据的 MIME 类型 数据集的 MIME 类型字符串应该以 vnd.android.cursor.dir/开头 单一数据的 MIME 类型字符串则应该以 vnd.android.cursor.item/开头 比如 vnd.android.cursor.dir/tel

注意

在 ContentProvider 类中只有一个 onCreate()生命周期方法,当其他应用程序通过 ContentResolver 第一次访问该 ContentProvider 时,onCreate()会被回调。而其他应用在通过 ContentResolver 对象执行 CRUD 操作时,都需要一个重要的参数 URI。为了能提供 URI 参数,Android 系统提供了一个 UriMatcher 工具类。该工具类提供了以下两个方法。

① void addURI(String authority, String path, int code):用于向 UriMatcher 对象注册 URI。其中 authority 和 path 是 URI 中的重要部分。而 code 代表该 URI 对应的标示符。

② int match(Uri uri):根据注册的 URI 来判断指定的 URI 对应的标示符。如果找不到匹配的标示符,该方法返回-1。

【例 6-3】定义了一个 tel(电话)表,用于保存名称(name)和电话号码(telnumber),现创建 tel 表的内容提供者,以便让其他应用程序访问。

首先编写创建数据库(tel)、数据表(tel)和对数据表进行 CRUD 操作的程序,然后创建 MyProvider 类并继承自 ContentProvider 类。MyProvider 类的关键代码如下:

```java
public class MyProvider extends ContentProvider{
    private DBHelper dbHelper;
    //常量 UriMatcher.NO_MATCH 表示不匹配任何路径的返回码
    private static final UriMatcher MATCHER = new UriMatcher(
            UriMatcher.NO_MATCH);
    private static final int PERSONS = 1;      /*自定义匹配码*/
    private static final int PERSON = 2;       /*自定义匹配码*/
    static {
        //匹配 content:// com.zzhn.zhengdq.contentproviderdemo/tel 路径,返回
        //匹配码为 PERSONS
        MATCHER.addURI("com.zzhn.zhengdq.contentproviderdemo", "tel",
        PERSONS);
        //匹配 content:// com.zzhn.zhengdq.contentproviderdemo/tel/#路径,返回
        //匹配码为 PERSON
        MATCHER.addURI("com.zzhn.zhengdq.contentproviderdemo", "tel/#",
        PERSON);
```

```java
    }
    @Override
    public boolean onCreate() {
            this.dbHelper = new DBHelper(this.getContext());
            return false;
    }
    @Override
    public Cursor query(Uri uri, String[] projection, String selection,
                        String[] selectionArgs, String sortOrder) {
        SQLiteDatabase db = dbHelper.getReadableDatabase();
        switch (MATCHER.match(uri)) {
            case PERSONS:
                return db.query("tel", projection, selection, selectionArgs,
                        null, null, sortOrder);
            case PERSON:
                long id = ContentUris.parseId(uri);
                String where = "_id=" + id;
                if (selection != null && !"".equals(selection)) {
                    where = selection + " and " + where;
                }
                return db.query("tel", projection, where, selectionArgs, null,
                        null, sortOrder);
            default:
                throw new IllegalArgumentException("Unkwon Uri:" +
                uri.toString());
        }
    }
    //返回数据的 MIME 类型
    @Override
    public String getType(Uri uri) {
        switch (MATCHER.match(uri)) {
            case PERSONS:
                return "vnd.android.cursor.dir/tel";
            case PERSON:
                return "vnd.android.cursor.item/tel";
            default:
                throw new IllegalArgumentException("Unkwon Uri:" +
uri.toString());
        }
    }
    //插入 tel 表中的所有记录为 /tel，插入 tel 表中指定 id 的记录为 /tel/10
    @Override
    public Uri insert(Uri uri, ContentValues values) {
            SQLiteDatabase db = dbHelper.getWritableDatabase();
            switch (MATCHER.match(uri)) {
                case PERSONS:
                    //第 2 个参数是当 name 字段为空时，将自动插入一个 NULL
                    long rowid = db.insert("tel", "name", values);
                    Uri insertUri = ContentUris.withAppendedId(uri, rowid);
                    //得到代表新增记录的 URI
                    this.getContext().getContentResolver().notifyChange(uri, null);
                    return insertUri;
```

```java
            default:
                throw new IllegalArgumentException("Unkwon Uri:" + uri.toString());
        }
    }
    @Override
    public int delete(Uri uri, String selection, String[] selectionArgs) {
        // TODO Auto-generated method stub
        SQLiteDatabase db = dbHelper.getWritableDatabase();
        int count = 0;
        switch (MATCHER.match(uri)) {
            case PERSONS:
                count = db.delete("tel", selection, selectionArgs);
                return count;
            case PERSON:
                long id = ContentUris.parseId(uri);
                String where = "_id=" + id;
                if (selection != null && !"".equals(selection)) {
                    where = selection + " and " + where;
                }
                count = db.delete("tel", where, selectionArgs);
                return count;
            default:
                throw new IllegalArgumentException("Unkwon Uri:" + uri.toString());
        }
    }
    @Override
    public int update(Uri uri, ContentValues values, String selection,
                    String[] selectionArgs) {

        SQLiteDatabase db = dbHelper.getWritableDatabase();
        int count = 0;
        switch (MATCHER.match(uri)) {
            case PERSONS:
                count = db.update("tel", values, selection, selectionArgs);
                return count;
            case PERSON:
                long id = ContentUris.parseId(uri);
                String where = "_id=" + id;
                if (selection != null && !"".equals(selection)) {
                    where = selection + " and " + where;
                }
                count = db.update("tel", values, where, selectionArgs);
                return count;
            default:
                throw new IllegalArgumentException("Unkwon Uri:" + uri.toString());
        }
    }
}
```

  ContentProvider 是单例模式的，当多个应用程序通过使用 ContentResolver 来操作使用 ContentProvider 提供的数据时，ContentResolver 调用的数据操作会委托给同一个 ContentProvider 来处理，以保证数据的一致性。

2. 在 AndroidManifest.xml 清单文件中声明注册 ContentProvider

在 AndroidManifest.xml 使用<provider>对 ContentProvider 进行配置。为了能让其他应用找到 ContentProvider，ContentProvider 采用了 authorities（主机名/域名）对它进行唯一标识，我们可以把 ContentProvider 看作是一个网站，authorities 就是它的域名。代码如下：

```
<manifest .... >
    <application
        android:icon="@drawable/icon"
        android:label="@string/app_name">
        <provider
            android:authorities="comt.zzhn.zhengdq.contentproviderdemo"
            android:name="comt.zzhn.zhengdq.contentproviderdemo.MyProvider"/>
    </application>
</manifest>
```

注意

一旦应用继承了 ContentProvider 类，我们就会把这个应用称为 ContentProvider（内容提供者）。

6.5 使用内容提供者

在创建了内容提供者后，当外部应用需要对 ContentProvider 中的数据进行添加、删除、修改和查询操作时，可以使用 ContentResolver 类来完成，要获取 ContentResolver 对象，可以使用 Activity 提供的 getContentResolver()方法。

ContentResolver 类提供了与 ContentProvider 类相同签名的 4 个方法，如下所示。

- public Uri insert(Uri uri, ContentValues values)方法用于向 ContentProvider 添加数据。
- public int delete(Uri uri, String selection, String[] selectionArgs)方法用于从 ContentProvider 删除数据。
- public int update(Uri uri, ContentValues values, String selection, String[] selectionArgs)方法用于更新 ContentProvider 中的数据。
- public Cursor query(Uri uri, String[] projection, String selection, String[] selectionArgs, String sortOrder)方法用于从 ContentProvider 中获取数据。

这些方法的第 1 个参数为 Uri，代表要操作的是哪个 ContentProvider 和对其中的什么数据进行操作。假设给定的是：Uri.parse("content:// com.zzhn.zhengdq.contentproviderdemo/tel/10")，那么将会对主机名为 com.zzhn.zhengdq.contentproviderdemo 的 ContentProvider 进行操作，操作的数据为 tel（电话）表中 ID 为 10 的记录。

【例 6-4】编写一个应用程序，使其能访问数据提供者 tel（电话）表中的数据，并实现为 tel 表添加数据的功能。

首先创建 TestProvider 项目，在 activity_main.xml 文件中添加一个用于添加数据的命令按钮和用于列表显示数据的 ListView 组件，在 MainActivity.java 程序中实现查询显示 tel（电话）表数据和为 tel 表数据添加记录的功能。其关键代码如下：

```java
public class MainActivity extends Activity {
    /** Called when the activity is first created. */
    private SimpleCursorAdapter adapter;
    private ListView listView;
    @Override
    public void onCreate(Bundle savedInstanceState) {
        super.onCreate(savedInstanceState);
        setContentView(R.layout.activity_main);
        listView=(ListView) this.findViewById(R.id.listView);
        //获取ContentResolver 对象
        ContentResolver contentResolver = getContentResolver();
        Uri selectUri = Uri.parse("content://comt.zzhn.zhengdq.contentproviderdemo/tel");   //获得URI
        //调用ContentResolver 对象下的查询方法，获取tel 表数据查询结果集
        Cursor cursor=contentResolver.query(selectUri, null, null, null, null);
        adapter = new SimpleCursorAdapter(this, R.layout.item_tel, cursor,
                new String[]{"_id", "name", "telnumber"}, new int[]{R.id.id,
        R.id.name, R.id.tel});
        listView.setAdapter(adapter);
        //对ListView 组件的item 项进行监听
        listView.setOnItemClickListener(new AdapterView.OnItemClickListener() {
            @Override
            public void onItemClick(AdapterView<?> parent, View view, int position,
long id) {
                ListView lView = (ListView)parent;
                Cursor data = (Cursor)lView.getItemAtPosition(position);
                int _id = data.getInt(data.getColumnIndex("_id"));
                Toast.makeText(MainActivity.this, _id+"",Toast.LENGTH_SHORT).
                show();
            }
        });
        //对Button 进行的监听
        Button button = (Button) this.findViewById(R.id.insertbutton);
        button.setOnClickListener(new View.OnClickListener() {
            @Override
            public void onClick(View v) {
                ContentResolver contentResolver = getContentResolver();
                Uri insertUri = Uri.parse("content://comt.zzhn.zhengdq.content-
                Uri insertUri = Uri.parse("content://comt.zzhn.zhengdq.content-
                providerdemo/tel");
                ContentValues values = new ContentValues();
                values.put("name", "wangkuifeng");
                values.put("telnumber", "13323456789");
                //调用ContentResolver 对象下的insert 方法，为tel 表添加数据
                Uri uri = contentResolver.insert(insertUri, values);
                Toast.makeText(MainActivity.this, "添加完成", Toast.LENGTH_
                SHORT).show();
            }
        });
    }}
```

项目实施

1. 项目分析

设计一个学校常用电话簿查询项目，要求在界面上显示学校常用电话列表，在界面顶部有一搜索栏，当在搜索栏上输入搜索关键字后，界面上只会显示与搜索关键字匹配的电话记录。当单击列表上的电话号码时，界面会自动跳转到拨打电话的界面，可实现拨打电话的功能。界面效果如图 6-4 所示。

电话簿查询项目设计思路：
① 创建 TelSearch 项目，输入 Activity 名称为 TelSearchActivity；
② 修改项目布局文件，在 layout 布局中添加一个 EditText 组件和一个 ListView 组件；
③ 创建电话列表的布局文件，设置两个 TextView 组件，用于放置电话名称和电话号码；
④ 创建用于存储电话的数据库和数据表，以及对数据表进行查询的程序；
⑤ 创建对数据表字段设置 getter 与 setter 方法的程序；
⑥ 设计显示电话列表和对电话列表进行关键字搜索的程序，该程序还能实现单击电话列表的 item 项后，界面会自动跳转到拨打电话界面的功能。

图 6-4 电话簿查询

2. 项目实现

（1）创建电话簿项目。

启动 Android Studio，在 Android Studio 起始页选择【Start a new Android Studio project】，或在 Android Studio 主页菜单栏上选择【File】→【New】→【New Project】，新建 Android 工程。在 New Project 页面上输入应用程序的名称（TelSearch）、公司域名（com.zzhn.zheng）和存储路径，单击【Next】按钮。然后，选择工程的类型以及支持的最低版本，单击【Next】按钮。之后选择是否创建 Activity，以及创建 Activity 的类型，选择【Empty Activity】，修改 Activity 的名称为 TelSearchActivity。单击【Finish】按钮。

（2）修改 activity_tel_search.xml 布局文件，在 layout 中添加一个 EditText 组件和一个 ListView 组件，其代码如下：

```xml
<?xml version="1.0" encoding="utf-8"?>
<LinearLayout xmlns:android="http://schemas.android.com/apk/res/android"
    xmlns:tools="http://schemas.android.com/tools"
    android:layout_width="match_parent"
    android:layout_height="match_parent"
    android:orientation="vertical"
    tools:context="com.zzhn.zheng.telsearch.TelSearchActivity">
    <EditText
```

```xml
        android:id="@+id/ed_phone_search"
        android:layout_width="match_parent"
        android:layout_height="wrap_content"
        android:hint="搜索"/>
    <ListView
        android:layout_width="match_parent"
        android:layout_height="match_parent"
        android:id="@+id/phone_listview"></ListView>
</LinearLayout>
```

（3）创建显示电话列表的 tel_item.xml 布局文件，设置两个 TextView 组件，用于放置电话名称和电话号码，其代码如下：

```xml
<?xml version="1.0" encoding="utf-8"?>
<RelativeLayout xmlns:android="http://schemas.android.com/apk/res/android"
    android:layout_width="match_parent"
    android:layout_height="match_parent">
    <TextView
        android:id="@+id/phone_name"
        android:layout_width="wrap_content"
        android:layout_height="wrap_content"
        android:layout_alignParentLeft="true"
        android:layout_marginLeft="6dp"/>
    <TextView
        android:id="@+id/phone_number"
        android:layout_below="@+id/phone_name"
        android:layout_alignLeft="@+id/phone_name"
        android:layout_width="wrap_content"
        android:layout_height="wrap_content"
        android:textSize="24dp"
        />
</RelativeLayout>
```

（4）创建用于存储电话的数据库和数据表，以及对数据表进行查询的 PhoneDao 类，使该类继承自 SQLiteOpenHelper 类。在该类中，首先定义用于保存常用电话的数组变量，然后，创建名为 phonedb 的数据库和名为 tab_phone 的数据表，并为表添加常用电话号码数据。其关键代码如下：

```java
private final String[] phonename = {"学工处电话", "医务室电话", "保卫处电话",
        "信息工程学院_值班电话", "信息工程学院_辅导员电话", "车辆运用学院_
        值班电话", "机电工程学院_值班电话", "经济管理学院_值班电话",
        "车辆工程学院_值班电话", "基础教育学院__值班电话", "中国银行客服电
        话", "建设银行客服电话", "农业银行客服电话"};
private final String[] phonenumber = {"07312228557", "07312228470",
        "07312228123", "07312228168", "07312228577", "07312806888",
        "07312806066", "07312806048", "07312806048", "07312806176", "95566",
        "95533", "95599"};
public PhoneDao(Context context, int version) {
    super(context, "phonedb", null, version);
}
@Override
public void onCreate(SQLiteDatabase db) {
```

```
            //将电话联系人的数据初始化到 SQLite 数据中
        db.execSQL("create table tab_phone(_id integer primary key autoincrement,name text,number text)");
        for (int i = 0; i < phonename.length; i++) {
            db.execSQL("insert into tab_phone(name,number) values(?,?)", new
            Object[]{phonename[i], phonenumber[i]});
        }
    }
    @Override
    public void onUpgrade(SQLiteDatabase db, int oldVersion, int newVersion) {
    }
```

在该类中,创建对 tab_phone 数据表实施所有数据查询的 select()方法,其代码如下:

```
public List<Phone> select(String name) {
    List<Phone> list = new ArrayList<Phone>();
    String sql = "select * from tab_phone where 1=1";
    SQLiteDatabase db = getReadableDatabase();
    Cursor cursor = null;
    if(null != name && !name.isEmpty())
    {   //根据联系人名字模糊查询
        sql += " and name like ?";
        cursor = db.rawQuery(sql, new String[]{"%" + name + "%"});
    }else {
        //无条件查询,查询所有
        cursor = db.rawQuery(sql, null);
    }
        //循环迭代游标
        while (cursor.moveToNext()) {
            Phone p = new Phone();
            p.setId(cursor.getInt(cursor.getColumnIndex("_id")));
            p.setName(cursor.getString(cursor.getColumnIndex("name")));
            p.setNumber(cursor.getString(cursor.getColumnIndex("number")));
            list.add(p);
        }
        cursor.close();          //关闭游标
        db.close();
        return list;
}
```

(5)创建对数据表字段设置 getter 与 setter 方法的 Phone.java 程序,其代码如下:

```
public class Phone {
    private int id;
    private String name;
    private String number;
    public void setId(int id) {
        this.id = id;
    }
    public void setName(String name) {
        this.name = name;
    }
    public void setNumber(String number) {
        this.number = number;
```

```
    }
    public int getId() {
        return this.id;
    }
    public String getName() {
        return this.name;
    }
    public String getNumber() {
        return this.number;
    }
}
```

（6）设计显示电话列表和对电话列表进行关键字搜索的 TelSearchActivity 类，该类将显示电话列表，并在单击电话列表的 item 项后，能自动跳转到拨打电话的界面，实现拨打电话的功能。另外，在该类的搜索栏上可进行关键字的搜索。该类程序分为以下几个部分。

① 在该类中，首先定义变量，在 onCreate()方法中实现初始化数据库，查询所有数据并装载到 ListView 组件中列表显示出来，设置对 ListView 上 item 项监听和搜索栏的监听。其关键代码如下：

```
private ListView phoneListView;
private PhoneDao dao;
private List<Phone> dataList;
private EditText ed_phone_search;
@Override
protected void onCreate(Bundle savedInstanceState) {
    super.onCreate(savedInstanceState);
    setContentView(R.layout.activity_school_tel);
    phoneListView = (ListView)this.findViewById(R.id.phone_listview);
    ed_phone_search = (EditText)this.findViewById(R.id.ed_phone_search);
    //初始化数据库
    dao = new PhoneDao(this,1);
    //查询所有
    setPhoneListData(null);
    //设置ListView上item项监听
    phoneListView.setOnItemClickListener(listener);
    //设置搜索栏上监听
    ed_phone_search.addTextChangedListener(searchListener);
}
//创建数据查询方法
private void setPhoneListData(String name){
    //查询数据
    dataList = dao.select(name);
    //将查询数据装载到PhoneAdapter适配器，显示到ListView控制
    phoneListView.setAdapter(new PhoneAdapter(this,dataList));
}
```

② 用内部类创建一个自定义的适配器 PhoneAdapter，其代码如下：

```
class PhoneAdapter extends BaseAdapter {
    private List<Phone> datas;
    private Context context;
```

```java
            private LayoutInflater layoutInflater;
            public PhoneAdapter(Context context,List<Phone> dataList){
                this.context = context;
                this.datas = dataList;
                layoutInflater = LayoutInflater.from(context);
            }
            @Override
            public int getCount() {
                return datas.size();
            }
            @Override
            public Object getItem(int position) {
                return null;
            }
              @Override
            public long getItemId(int position) {
                return 0;
            }
            /**
             * 平台会调用 getView 去产生 ListView 里面每个 item 项的布局
             * @param position
             * @param view
             * @param parent
             * @return
             */
            @Override
            public View getView(int position, View view, ViewGroup parent) {
              if (null == view){
                    //加载 item 子项的布局
                    view = layoutInflater.inflate(R.layout.phone_item_layout,null);
                }
                //活动 item 子项里面的控件
                TextView phone_name = (TextView)view.findViewById(R.id.phone_name);
                TextView phone_number = (TextView)view.findViewById(R.id.phone_number);
                //活动集合中单个对象
                Phone phone = datas.get(position);
                phone_name.setText(phone.getName());
                phone_number.setText(phone.getNumber());
                return view;
            }
        }
```

③ 对 ListView 上的 item 项进行监听，创建内部类，设置界面自动跳转到拨打电话界面，实现打电话功能。其关键代码如下：

```java
    //监听 item，创建内部类，设置打电话
    private AdapterView.OnItemClickListener listener = new
    AdapterView.OnItemClickListener() {
        @Override
        public void onItemClick(AdapterView<?> parent, View view, int position, long id) {
            //获得电话号码
```

```
            Phone phone = dataList.get(position);
            String phoneNumber = phone.getNumber();
            Intent intent = new Intent(Intent.ACTION_DIAL, Uri.parse("tel:" +
phoneNumber));    //创建打电话的意图
            SchoolTelActivity.this.startActivity(intent);
        }
    };
```

④ 设置搜索栏的监听，当搜索栏上有关键字输入时，会自动按关键字查询数据，并显示出与关键字匹配的数据。其关键代码如下：

```
//监听搜索，创建内部类，设置搜索查询
private TextWatcher searchListener = new TextWatcher() {
    @Override
    public void beforeTextChanged(CharSequence s, int start, int count, int after) {
    }
    @Override
    public void onTextChanged(CharSequence s, int start, int before, int count) {
    }
    @Override
    public void afterTextChanged(Editable s) {
        Toast.makeText(PhoneActivity.this,s.toString(),Toast.LENGTH_LONG).show();
        SchoolTelActivity.this.setPhoneListData(s.toString());
    }
};
```

（7）调试运行。

① 单击工具栏上的 AVD Manager 图标 ，打开虚拟设备对话框，在虚拟设备对话框中单击启动虚拟设备的命令按钮，打开 Android Studio 模拟器。

② 单击工具栏上的"三角形"运行按钮 ，运行本项目。

项目总结

通过本项目的学习，读者应掌握电话簿功能模块的设计方法。
① 掌握将常用电话保存到数据库的数据表中的设计方法。
② 掌握创建自定义适配器，将数据表中数据装载到 ListView 组件的方法。
③ 掌握对 ListView 上 item 项进行监听，实现拨打电话功能的方法。
④ 掌握用 EditText 作为搜索栏，实现关键字搜索的设计方法。

项目训练——公共服务电话簿查询

① 创建公共服务电话簿数据库和公共服务电话表，表中有电话名、电话号码等字段。
② 要求能显示常用的公共服务电话，并能实现拨打电话的功能。
③ 要求能对常用的公共服务电话进行搜索显示。

练习题

6-1　简述如何实现拨打电话的功能。
6-2　简述如何实现搜索功能的设计。
6-3　ContentProvider 的作用是什么？ContentProvider 类中包括哪些抽象方法？
6-4　URI 是什么？它包括几个部分？各部分的作用是什么？
6-5　如何获得 ContentProvider 对象？如何对 ContentProvider 进行增删改查的操作？
6-6　简述创建自定义 ContentProvider 的步骤。

Chapter 7

模块 7
音乐播放器

学习目标

- 掌握服务的基本概念。
- 掌握服务的使用方式。
- 了解线程的概念，掌握使用 Handler 更新 UI 界面的方法。
- 掌握 ProgressBar 组件和 SeekBar 组件的使用方法。
- 掌握广播的使用方法。
- 掌握 MediaPlayer 类的使用方法。
- 学会简单音乐播放器的设计方法。

项目描述

设计一个简单音乐播放器的项目，在该音乐播放器的界面上不仅有"播放""暂停"和"停止"等播放按钮，还有一个 SeekBar 进度条组件。要求用服务实现在后台播放音乐，前台用进度条实时更新显示音乐播放进度功能。

知识储备

7.1 Service 的概念

Service（服务）是能够在后台执行长时间运行操作并且不提供用户界面的应用程序组件。其他应用程序组件能够启动服务，并且即便用户切换到另一个应用程序，服务还是可以在后台运行。此外，组件能够绑定服务并与之交互，甚至通过服务还可以实现不同进程之间的通信。

Service 主要用于两个场合——后台运行和跨进程访问。通过启动一个服务，用户可以在不显示界面的前提下在后台运行指定的任务，这样可以不影响其他任务的运行。由于 Service 没有用户界面，也就意味着降低了系统资源的消耗，而且 Service 具有比 Activity 更高的优先级，因此，在系统资源紧张的情况下，Service 不会轻易被 Android 系统终止。即使 Service 被系统主动终止，在系统资源恢复后，Service 也将自动恢复运行状态，因此，可以说 Service 是在系统中永久运行的组件。因此，在程序开发时要注意后台服务 Service 的生命周期。

Service 一般用于处理比较耗时以及长时间运行的操作。在实际应用中，很多应用需要使用 Service，一般使用 Service 为应用程序提供一些服务或不需要界面的功能。例如，从 Internet 下载文件、音乐播放器等。

在使用 Service 时，应注意如下几点。

① 使用 Service 需要继承 Android.App. Service 类，并在 AndroidManifest.xml 清单文件中使用<service>标签声明，否则就不能使用。

② 实现 Service 只需 Java 程序实现功能，而不需要用 XML 描述的布局文件。

③ 启动 Service 与启动 Activity 方法相同，都有显式启动和隐式启动两种方式。如果服务和调用服务的组件在同一个应用程序中，则两种方法都可行；如果服务和调用服务的组件不在相同的应用程序中，则只能使用隐式启动。

④ Service 也有一个从启动到销毁的过程,Service 的生命周期一般经历 3 个阶段:创建服务、开始服务和销毁服务。当第一次启动 Service 时，先后调用了 onCreate()、onStartCommand()这

两个方法；当停止 Service 时，则执行 onDestroy()方法。注意在 Service 中没有 onStart()方法，onStart()函数被 onStartCommand()函数替代了。

⑤ 一个 Service 实际上是一个继承了 Android.App.Service 的类，当 Service 经历了上面 3 个阶段时，会分别调用 Service 类中如下 3 个事件方法进行交互。

```
public void onCreate();              //创建服务
public void onStartCommand();        //开始服务
public void onDestroy();             //销毁服务
```

一个 Service 只会创建一次，销毁一次，但可以开始多次，因此，onCreate()和 onDestroy()函数只会被调用一次，而 onStartCommand()函数可以被调用多次。

7.2 Service 的使用方法

Service 的使用有两种方式：一种是启动方式，另一种是绑定方式。

1. 启动方式

启动方式是指在需要启动服务的 Activity 中使用 startService()函数来进行方法调用，调用者和服务之间没有联系，即使调用者退出，服务依然在进行。调用顺序为 onCreate()→onStartCommand()→startService()→onDestroy()。startService 启动的服务一般不和 UI 交互，只是在后台运行，后台程序结束后，Service 就应该关闭。

当应用程序组件（如 Activity）通过 context.startService()函数启动服务时，系统会创建一个服务对象，并顺序调用 onCreate()函数和 onStartCommand()函数，在调用 context.startService()或者 stopService()之前，Service 一直处于 started 状态，一旦启动，服务能在后台无限期运行，即使启动它的组件已经被销毁。这里要注意的是，当再次启动 Service 时，不会再执行 onCreate()函数，而是直接执行 onStartCommand()函数。同样，如果调用了 stopService()就可以停止服务。服务对象在销毁前，onDestroy()会被调用。

下面通过【例 7-1】来说明调用 startService()函数使用 Service 的方法。

【例 7-1】创建一个 ServiceDemo 项目，在该项目的布局文件中放置两个命令按钮，一个是"启动服务"按钮，一个是"停止服务"按钮，通过单击"启动服务"按钮，观察首次启动服务时函数调用顺序和再次启动服务时函数调用顺序的区别。

第一步，创建 ServiceDemo 项目，输入 Activity 的名称为 StartServiceDemo。在 activity_start_service_demo.xml 文件上放置两个 Button 组件，设置 Button 组件的 text 属性分别为"启动服务"和"停止服务"。其布局代码如下：

```xml
<?xml version="1.0" encoding="utf-8"?>
<LinearLayout xmlns:android="http://schemas.android.com/apk/res/android"
    xmlns:tools="http://schemas.android.com/tools"
    android:layout_width="match_parent"
    android:layout_height="match_parent"
    android:orientation="vertical"
    tools:context="com.zzhn.zheng.servicedemo.StartServiceDemo">
    <Button
        android:layout_height="wrap_content"
        android:layout_width="wrap_content"
        android:text="启动服务"
        android:id="@+id/start"/>
```

```xml
<Button
    android:layout_width="wrap_content"
    android:layout_height="wrap_content"
    android:text="停止服务"
    android:id="@+id/end"/></LinearLayout>
```

第二步，在 StartServiceDemo 类中，首先声明两个 Button 对象，然后，在 onCreate()方法中，先加载布局文件 activity_start_service_demo.xml，通过 findViewById()方法得到两个 Button 对象，并为两个命令按钮绑定监听单击事件。其关键代码如下：

```java
// 声明两个 Button 对象
private Button btn_start, btn_end;
@Override
protected void onCreate(Bundle savedInstanceState) {
    super.onCreate(savedInstanceState);
    //加载布局文件 activity_start_service_demo.xml
    setContentView(R.layout.activity_start_service_demo);
    //通过 findViewById()方法得到两个 Button 对象
    btn_start = (Button)findViewById(R.id.start);
    btn_end = (Button)findViewById(R.id.end);
    //给两个按钮绑定监听单击事件
    btn_start.setOnClickListener(btn_start_listener);
    btn_end.setOnClickListener(btn_end_listener);
}
```

在为"启动服务"按钮绑定监听单击事件中，先创建一个 Intent 对象，通过 intent.setClass(当前类.this, 目标类.class);方法实现从当前的 StartServiceDemo 类打开 StartService 目标类，然后通过 startService(intent);启动服务。其关键代码如下：

```java
//监听"启动服务"按钮的单击事件
private View.OnClickListener btn_start_listener = new View.OnClickListener()
{
    @Override
    public void onClick(View v)
    {
        //创建一个 Intent 对象
        Intent intent = new Intent();
        //第1个参数是当前的类，第2个参数是要调用的目标类
        intent.setClass(StartServiceDemo.this, StartService.class);
        //启动服务
        startService(intent);
    }
};
```

同样，在为"停止服务"按钮绑定监听单击事件中，也是先创建一个 Intent 对象，通过 intent.setClass(当前类.this, 目标类.class);方法实现从当前的 ServiceDemo 类打开 StartService 目标类，然后通过 stopService(intent);停止服务。其关键代码如下：

```java
//监听"停止服务"按钮的单击事件
private View.OnClickListener btn_end_listener = new View.OnClickListener() {
    @Override
    public void onClick(View v) {
        //创建一个 Intent 对象
        Intent intent = new Intent();
        //第1个参数是当前的类，第2个参数是要调用的目标类
```

```
                intent.setClass(StartServiceDemo.this, StartService.class);
                //关闭服务
                stopService(intent);
            }
        };
```

第三步，新建一个 Java 类，命名为 StartService，并使该类继承于 Service 类，导入 onBind() 方法，由于是用 startService()启动的服务，因此该方法返回 null。然后分别创建 onCreate()、onStartCommand()和 onDestroy()方法。其关键代码如下：

```
public class StartService extends Service {
    private String TAG = "service";
    @Override
    public IBinder onBind(Intent intent) {
        return null;
    }
    //当启动 Service 的时候会调用这个方法
    @Override
    public void onCreate()
    {
        Log.i(TAG, "-------onCreate Service---------");
        super.onCreate();
    }
    //当系统被销毁的时候会调用这个方法
    @Override
    public void onDestroy()
    {
        Log.i(TAG, "------------onDestroy Service----------");
        super.onDestroy();
    }
    //当启动 Service 的时候会调用这个方法
    @Override
    public int onStartCommand(Intent intent, int flags, int startId)
    {
        Log.i(TAG, "----------onStartCommand Service-----------");
        return super.onStartCommand(intent, flags, startId);
    }
}
```

第四步，在 AndroidManifest.xml 文件的<application>标签中使用<service>标签声明 StartService。其关键代码如下：

```
<service android:name=".StartService" />
```

第五步，调试运行。通过首次单击"启动服务"按钮和再次单击"启动服务"按钮，观察 Log 日志的输出区别，以及单击"停止服务"按钮后，Log 日志的输出状态。

2．绑定方式

绑定方式是在相关 Activity 中使用 bindService()函数来绑定服务，即调用者和绑定者"绑"在一起，调用者一旦退出，服务也就终止了。执行顺序为 onCreate()→onBind()→onUnbind()→onDestroy()。

调用 Context.bindService()启动方法时，客户端可以绑定到正在运行的 Service 上，如果此时 Service 没有运行，系统会调用 onCreate()函数来创建 Service，Service 的 onCreate()函数只会被调用一次，如果已经绑定了，那么启动时就直接运行 Service 的 onStartCommand()

函数。如果先启动，那么绑定的时候就直接运行 onBind()函数。如果先绑定上了，就无法停止，也就是说 stopService()函数不能用了，只能先使用 unbindService()，再用 stopService()函数。所以，先启动还是先绑定，这两者是有区别的。

客户端成功绑定到 Service 之后，可以从 onBind()函数中返回一个 IBinder 对象，并使用 IBinder 对象来调用 Service 的函数。一旦客户端与 Service 绑定，就意味着客户端与 Service 之间建立了一个连接，只要还有连接存在，那么系统就会一直让 Service 运行下去。

下面通过【例 7-2】来说明调用 bindService()函数使用服务的方法。

【例 7-2】在 ServiceDemo 项目下新建一个 Activity，在该 Activity 的布局文件中放置两个命令按钮，一个是"绑定服务"按钮，另一个是"取消绑定"按钮，通过单击"绑定服务"按钮，观察绑定服务时函数调用顺序和取消绑定时函数调用顺序。

第一步，在 ServiceDemo 项目下创建一个 Empty Activity，命名为 BindServiceDemo。在 activity_bind_service_demo.xml 文件上放置两个 Button 组件，设置 Button 组件的 text 属性分别为"绑定服务"和"取消绑定"，其布局代码与【例 7-1】相似。

第二步，在 BindServiceDemo 类中，首先声明两个 Button 对象，BindService 对象和布尔变量 isBound，然后，在 onCreate()方法中，先加载布局文件 activity_bind_service_demo.xml，通过 findViewById()方法得到两个 Button 对象，并为两个命令按钮绑定监听单击事件。其关键代码如下：

```
// 声明两个Button对象，BindService对象和布尔变量isBound
private BindService bindService;
private Button startBtn;
private Button stopBtn;
private boolean isBound= false;   //帮助判断当前状态是否为服务绑定状态
@Override
protected void onCreate(Bundle savedInstanceState) {
    super.onCreate(savedInstanceState);
    setContentView(R.layout.activity_bind_service_demo);

    startBtn = (Button)this.findViewById(R.id.startBtn);
    stopBtn = (Button)this.findViewById(R.id.stopBtn);
    //给两个按钮绑定监听单击事件
    startBtn.setOnClickListener(btn_start_listener);
    stopBtn.setOnClickListener(btn_stop_listener);
}
```

在为"绑定服务"按钮绑定监听单击事件中，先判断是否为服务绑定状态，如果不是，就用 bindService()函数进行服务绑定，然后，创建一个 Intent 对象，调用者再通过 bindService()函数实现绑定服务并设置状态。bindService()函数的参数说明：第 1 个参数将 Intent 传递给 bindService()函数，声明需要启动的 Service；第 3 个参数 Context.BIND_AUTO_CREATE 声明只要绑定存在，就自动建立 Service，同时也告知 Android 系统，这个 Service 的重要程度与调用者相同，除非考虑终止调用者，否则不要关闭这个 Service；第 2 个参数是 ServiceConnection，当绑定成功后，系统将调用 ServiceConnection 的 onServiceConnected() 函数，而当绑定意外断开后，系统将调用 ServiceConnection 的 onServiceDisconnected()函数。其关键代码如下：

```
//监听绑定服务按钮单击事件
private View.OnClickListener btn_start_listener = new View.OnClickListener() {
```

```java
        @Override
        public void onClick(View v) {
        //先判断是否为服务绑定状态,如果不是,就用bindService()函数进行服务绑定
            if (!isBound) {
                // 创建一个Intent对象
                final Intent serviceIntent = new Intent(BindServiceDemo.this,
                BindService.class);
                //服务绑定
                bindService(serviceIntent, mConn, Context.BIND_AUTO_CREATE);
            isBound = true;
            }
        }
};
//调用者需要声明一个ServiceConnection,重载内部两个函数
private ServiceConnection mConn = new ServiceConnection() {
    @Override
    public void onServiceConnected(ComponentName name, IBinder service) {
        bindService = ((BindService.LocalBinder) service).getService();
    }
    @Override
    public void onServiceDisconnected(ComponentName name) {
        bindService = null;
    }
};
```

同样,在为"取消绑定"按钮绑定监听单击事件中,也是先判断是否为服务绑定状态,如果是绑定状态,就用 unbindService()函数取消绑定。其关键代码如下:

```java
//监听取消绑定服务按钮单击事件
private View.OnClickListener btn_stop_listener = new View.OnClickListener() {
    @Override
    public void onClick(View v) {
    //先判断是否为服务绑定状态,如果是绑定状态,就用unbindService()函数取消绑定
        if (isBound) {
            //取消绑定
            unbindService(mConn);
            isBound = false;
            bindService = null;
        }
    }
};
```

第三步,新建一个 Java 类,命名为 BindService,并使该类继承于 Service 类,导入 onBind() 方法。当 Service 被绑定时,系统会调用 onBind()函数,通过 onBind()函数的返回值,将 Service 对象返回给调用者。onBind()函数返回值必须是符合 IBinder 接口的,所以应在代码中声明一个接口变量 iBinder,iBinder 符合 onBind()函数返回值要求,因此,将 iBinder 传递给调用者。IBinder 是用于进程内部和进程间过程调用的轻量级接口,定义了与远程对象交互的抽象协议,使用时通过继承 Binder 的方法来实现。然后分别创建 onCreate()、onStartCommand()、onUnbind 和 onDestroy()方法。其关键代码如下:

```java
public class BindService extends Service {
    //声明一个接口变量 iBinder
    private final IBinder iBinder = new LocalBinder();
```

```java
    //定义 LocalBinder
    public class LocalBinder extends Binder{
        //实现 getService()函数
        BindService getService(){
            return BindService.this;
        }
    }
    public void onCreate(){
        Toast.makeText(this,"调用 onCreate()函数",Toast.LENGTH_SHORT).show();
        super.onCreate();
    }
    public int onStartCommand(Intent intent,int flage,int startId){
        Toast.makeText(this,"调用 onStartCommand 函数",Toast.LENGTH_SHORT)
            .show();
        return super.onStartCommand(intent, flage, startId);
    }
    //为了使 Service 支持绑定,需要重载 onBind()函数,并返回 Service 对象
    @Nullable
    @Override
    public IBinder onBind(Intent intent) {
        Toast.makeText(this,"本地绑定: BindService",Toast.LENGTH_SHORT)
            .show();
        return iBinder;
    }
    public boolean onUnbind(Intent intent){
        Toast.makeText(this,"取消本地绑定: BindService",Toast.LENGTH_SHORT)
            .show();
        return false;
    }
    public void onDestroy(){
        Toast.makeText(this,"调用 onDestroy()函数",Toast.LENGTH_SHORT).show();
        super.onDestroy();
    }
}
```

第四步,在 AndroidManifest.xml 文件的<application>标签中使用<service>标签声明 BindService,其关键代码如下:

```xml
<service android:name=".BindService" />
```

第五步,修改 AndroidManifest.xml 文件,将设置应用项目启动程序的意图过滤器的代码(如下所示)放置到<activity android:name=".BindServiceDemo">后,则将该项目的启动程序修改为 BindServiceDemo。然后启动模拟器,单击工具栏上的运行按钮,观察输出结果。

```xml
<intent-filter>
    <action android:name="android.intent.action.MAIN" />
    <category android:name="android.intent.category.LAUNCHER" />
</intent-filter>
```

7.3 线程的概念

当一个程序第一次启动的时候,Android 会启动一个 Linux 进程和一个主线程。默认情况下,所有该程序的组件都将在该进程和线程中运行。同时,Android 会为每个应用程序分配一

个单独的 Linux 用户。在 Android 中，组件运行的进程是由 AndroidManifest.xml 文件控制的，组件的节点< activity >、< service >、 < receiver >和< provider >都包含一个 process 属性，这个属性可以设置组件是在独立进程中运行，还是多个组件在同一个进程运行。< application>节点也包含 process 属性，用来设置程序中所有组件的默认进程。

一个 Android 程序默认情况下也只有一个进程，但一个进程下却可以有许多个线程。在这么多线程中，有一个线程称之为 UI Thread。UI Thread 在 Android 程序运行的时候就被创建，是一个进程中的主线程（Main Thread），主要负责控制 UI 界面的显示、更新和控件交互。在 Android 程序创建之初，一个进程呈现的是单线程模型，所有的任务都在一个线程中运行。因此，UI Thread 执行的每一个函数，所花费的时间都应该是越短越好。而其他比较费时的工作（如访问网络、下载数据、查询数据库等）都应该交由子线程去执行，以免阻塞主线程。下面我们将介绍如何在 Android 程序中使用线程。

1. 创建线程

在 Android 中，提供了两种创建线程的方法，一种是通过 Thread 类的构造方法创建线程对象，并重写 run()方法实现，另一种是通过实现 Runnable 接口创建线程，并重载 Runnable 接口中的 run()方法。下面分别对其进行介绍。

① 通过 Thread 类的构造方法创建线程。

在 Android 中，可以使用 Thread 类提供的以下构造方法来创建线程：

```
Thread(Runnable runnable)
```

该构造方法的参数 runnable，可以通过创建一个 Runnable 类的对象并重写其 run()方法来实现。在 run()方法中，可以编写要执行的功能代码，当线程被开启时，run() 方法将会被执行。

例如创建一个 thread 的线程，其使用代码如下：

```
Thread thread = new Thread(new Runnable(){
    //重写 run()方法
    @Override
    public void run(){
        //执行的功能代码
    }
});
```

② 通过实现 Runnable 接口创建线程。

在 Android 中，还可以通过实现 Runnable 接口来创建线程。实现 Runnable 接口的语法格式如下：

```
public class ClassName extends Object implements Runnable
```

当一个类实现 Runnable 接口后，还需要实现其 run()方法，在 run()方法中，可以编写要执行的功能代码。

例如，创建一个实现 Runnable 接口的 Activity，其代码如下：

```
public class MainActivity extends Activity implements Runnable {
    @Override
    protected void onCreate(Bundle savedInstanceState) {
        super.onCreate(savedInstanceState);
        setContentView(R.layout.activity_main);
    }
    //重写 run()方法
    @Override
```

```
        public void run(){
            //执行的功能代码
        }
}
```

2. 开启线程

创建了线程对象后,还需要开启线程,线程才能执行。Thread 类提供了 start()方法,可以开启线程。例如,现有一个 thread 线程,如果想开启该线程,则执行如下代码:

```
thread.start();
```

3. 线程休眠

线程休眠就是让线程暂停多长时间后再执行。同 Java 一样,在 Android 中也可以使用 Thread 类的 sleep()方法,让线程休眠指定的时间,单位为毫秒。

例如,让线程休眠 1 秒,可使用如下代码:

```
Thread.sleep(1000);
```

4. 中断线程

当需要中断指定线程时,可使用 Thread 类提供的 interrupt()方法来实现。使用 interrupt()方法可以向指定的线程发出一个中断请求,并将该线程标记为中断状态。

例如,现有一个 thread 线程,如果想中断该线程,则执行如下代码:

```
thread.interrupt();
```

另外,由于当线程执行 wait()、join()或者 sleep()方法时,线程的中断状态将被清除,并且抛出 InterruptedException,所以,如果在线程中执行了 wait()、join()或者 sleep()方法,那么想要中断线程时,就需要使用一个 boolean 型的标记变量来记录线程的中断状态,并通过该标记变量来控制循环的执行与停止。例如,通过设置一个标记变量 isInterrupt,如果需要中断线程时,将该变量设置为 true,在 run()方法中根据此标记变量循环执行功能代码。其关键代码如下:

```
private boolean isInterrupt = false;     //定义标记变量
……                                         //省略部分代码
……                                         //在需要中断线程时,将 isInterrupt 的值设置为 true
public void run(){
    while(isInterrupt){
        ……                                 //省略部分代码
    }
}
```

7.4 使用 Handler 更新 UI 界面

当一个程序第一次启动时,Android 会同时启动一个对应的主线程(Main Thread),主线程主要负责处理与 UI 相关的事件,如用户的按键事件、用户接触屏幕的事件以及屏幕绘图事件,并把相关的事件分发到对应的组件进行处理。因此主线程通常又被叫作 UI 线程。在开发 Android 应用时必须遵守单线程模型的原则:由于 Android UI 操作的线程安全性较差,因此 Android UI 操作必须在 UI 线程中执行。

在 Android 中,当应用程序启动时,Android 系统会启动一个主线程(也被称为 UI 线程)来管理界面中的 UI 组件和对用户操作进行实时响应。如果要在 UI 线程中进行一项非常耗时的操作，如连接网络、文件的上传与下载等，通常的做法是启动一个子线程，然后在子线程中完成这些操作。但是，在子线程的操作中，经常会需要通过子线程来更新 UI 界面，由于 Android 应用是单线程模型，是不允许子线程更新界面的，只能通过主线程来更新 UI 界面，如在子线程的 run() 方法中，循环修改文本框的显示文本，将会抛出异常。

为此，在 Android 中，引入了 Handler 消息传递机制，来实现在新创建的线程中操作 UI 界面。下面将对 Handler 消息传递机制进行介绍。

消息传递机制的本质是一个线程开启循环模式持续监听并依次处理其他线程给它发的消息。简单地说就是一个线程开启一个无限循环模式，不断遍历自己的消息列表，如果有消息就挨个拿出来处理，如果列表没消息，自己就堵塞（相当于 wait，让出 CPU 资源给其他线程）。其他线程如果想让该线程做什么事，就往该线程的消息队列插入消息，该线程会不断从队列里拿出消息做处理。

在 Android 的 Activity 中有各种各样的事件，而这些事件最终是转换为消息来处理的。Android 中的消息系统涉及到消息发送、消息队列、消息循环、消息分发和消息读取。消息对应的重要类有 MessageQueue、Looper、Handler，它们分别对应着消息队列、消息循环和消息处理。

1. Looper 类

Looper 类主要用来开启线程的消息循环。默认情况下，系统在启动的时候会为主线程初始化一个 Looper 对象，因此可以直接创建 Handler，并通过 Handler 来发送消息、处理消息。而其他新创建的线程则没有 Looper 对象，如果需要，可在该线程内调用 Looper.prepare() 来启用 Looper 对象，然后调用 Looper.loop() 进入消息循环。这样该线程就具有消息循环机制了，比如：

```
class LooperThread extends Thread {
    public Handler mHandler;
    public void run() {
        Looper.prepare();
        mHandler = new Handler() {
            public void handleMessage(Message msg) {
                // process incoming messages here
            }
        };
        Looper.loop();
    }
}
```

在 Android 中，一个线程对应一个 Looper 对象，而一个 Looper 对象又对应一个 MessageQueue（消息队列）。MessageQueue 用于存放 Message（消息），在 MessageQueue 中，存放的消息按照先进先出原则执行，并且 MessageQueue 被封装在 Looper 里面。Looper 对象负责管理 MessageQueue，它会不断地从 MessageQueue 取出消息，并将消息分给对应的 Handler 处理。Looper 类常用的方法如表 7-1 所示。

表 7-1 Looper 类常用的方法

方法	描述
prepare()	用于初始化 Looper
loop()	调用 loop() 方法后，Looper 线程就真正开始工作了，它会从消息队列里获取消息和处理消息
myLooper()	可以获取当前线程的 Looper 对象
getThread()	用于获取 Looper 对象所属的线程
quit()	用于结束 Looper 循环

写在 Looper.loop()之后的代码不会被执行,这个函数的内部是一个循环,当调用 Handler.getLooper().quit()方法后,loop()方法才会中止,其后面的代码才能得以运行。

2. Handler 类

Handler 主要用来发送消息和处理消息,每个 Handler 实例都对应着一个线程和该线程的消息队列。

当创建一个 Handler 对象时,该 Handler 对象就属于创建它的线程,并和该线程的消息队列绑定,比如在主线程中创建 Handler 对象,那么该 Handler 就只属于主线程,并且与主线程的消息队列绑定。这样,该 Handler 就可以发送消息到该消息队列,并且可以处理该消息队列的消息了。因此,我们可以在主线程中定义 Handler,然后通过主线程 Handler 把子线程中的消息发送到主线程对应的消息队列。在主线程中通过 handler.handlerMessage 来处理消息。

Handler 类常用于发送、处理消息的方法如表 7-2 所示。

表 7-2 Handler 类常用于发送、处理消息的方法

方法	描述
handleMessage(Message msg)	处理消息方法,该方法通常用于被重写
hasMessages(int what)	检查消息队列中是否包含 what 属性为指定值的消息
hasMessage(int what, Object object)	检查消息队列中是否包含 what 属性为指定值且 Object 属性为指定对象的消息
Message obtainMessage()	获取消息
sendEmptyMessage(int what)	发送空消息
sendEmptyMessageDelayed(int what, long delayMillis)	指定多少毫秒后发送空消息
sendMessage(Message msg)	立即发送消息
sendMessageDelayed(Message msg, long delayMillis)	指定多少毫秒后发送消息
dispatchMessage(Message)	分发消息

在一个线程中,只能有一个 Looper 和 MessageQueue,但是,可以有多个 Handler,而且这些 Handler 可以共享同一个 Looper 和 MessageQueue。

3. 消息类 Message

消息类(Message)被存放在 MessageQueue 中,一个 MessageQueue 中可以包含多个 Message 对象,每个 Message 对象可以通过 Message.obtain()方法或者 Handler.obtainMessage()

方法获得。一个 Message 对象具有的属性如表 7-3 所示。

表 7-3 Message 对象具有的属性

属性	类型	描述
arg1	int	用来存放整型数据
arg2	int	用来存放整型数据
obj	Object	用来存放发送给接收器的 Object 类型的任意对象
replyTo	Messenger	用来指定此 Message 发送到何处的可选 Messenger 对象
what	int	用于指定用户自定义的消息代码，这样接收者可以了解这个消息的信息

使用 Message 类的属性可以携带 int 数据，如果要携带其他类型的数据，可以先将要携带的数据保存到 Bundle 对象中，然后通过 Message 类的 setData() 方法将其添加到 Message 中。

4. 使用 Handler 的步骤

① 调用 Looper 的 prepare() 方法为当前线程创建 Looper 对象，创建 Looper 对象时，它的构造器会创建与之配套的 MessageQueue。

② 有了 Looper 之后，创建 Handler 子类实例，重写 handleMessage() 方法，该方法负责处理来自于其他线程的消息。

③ 调用 Looper 的 looper() 方法启动 Looper。

下面通过示例来说明使用 Handler 更新 UI 界面的方法。

【例 7-3】使用 Handler 设计一款简单相册查看器，实现每隔 2 秒自动更换下一张照片的功能。

第一步，在 ServiceDemo 项目下创建一个 Empty Activity，命名为 HandlerDemo。在 activity_handler_demo.xml 文件上放置一个 ImageView 组件，其布局代码如下：

```xml
<?xml version="1.0" encoding="utf-8"?>
<LinearLayout xmlns:android="http://schemas.android.com/apk/res/android"
    xmlns:tools="http://schemas.android.com/tools"
    android:layout_width="match_parent"
    android:layout_height="match_parent"
    android:orientation="vertical"
    tools:context="com.zzhn.zheng.servicedemo.HandlerDemo">
    <ImageView
        android:layout_width="match_parent"
        android:layout_height="wrap_content"
        android:id="@+id/imageView"
        android:src="@drawable/ms1"
        android:gravity="center"/>
</LinearLayout>
```

第二步，在 HandlerDemo 类中，首先声明一个 ImageView 对象，初始化 Handler，绑定在主线程的队列消息中，所接收到的队列消息是根据循环变量的值选择相应的图片，并在 onCreate() 方法中启动线程。其关键代码如下：

```java
            //声明一个ImageView对象
            private ImageView imageView = null;
            //初始化Handler，绑定在主线程中的队列消息中
            private Handler handler = new Handler() {
                @Override
                public void handleMessage(Message msg) {   //接收消息
                    switch (msg.what) {
                        case 0:
                            imageView.setImageResource(R.drawable.ms1);
                            break;
                        case 1:
                            imageView.setImageResource(R.drawable.ms2);
                            break;
                        case 2:
                            imageView.setImageResource(R.drawable.ms3);
                            break;
                        case 3:
                            imageView.setImageResource(R.drawable.ms4);
                            break;
                    }
                    super.handleMessage(msg);
                }
            };
            protected void onCreate(Bundle savedInstanceState) {
                super.onCreate(savedInstanceState);
                setContentView(R.layout.activity_handler_demo);
                imageView = (ImageView) findViewById(R.id.imageView);
                thread.start();    //启动线程
            }
```

使用 Thread 类创建线程 thread，并重写 run()方法。在子线程中，利用 Handler 每隔 2 秒发送一张图片消息代码 what 到主线程的消息队列中。主线程 Looper 获取消息，利用 handleMessage()方法处理。

```java
int what = 0;
Thread thread = new Thread(new Runnable() {
    public void run() {
        while (true) {              //发送消息
            handler.sendEmptyMessage((what++) % 4);
            try {
                Thread.sleep(2000);   //线程休眠2秒
            } catch (InterruptedException e) {
                e.printStackTrace();
            }
        }
    }
});
```

第三步，修改 AndroidManifest.xml 文件，将设置应用项目启动程序的意图过滤器的代码（如下所示）放置到<activity android:name=".HandlerDemo">后，将该项目的启动程序修改为 HandlerDemo。然后，启动模拟器，单击工具栏上的运行按钮，观察输出结果。

```xml
<intent-filter>
    <action android:name="android.intent.action.MAIN" />
```

```
<category android:name="android.intent.category.LAUNCHER" />
</intent-filter>
```

7.5 ProgressBar 进度条的使用

ProgressBar（进度条）在 Android 应用程序的 UI 界面中是使用率较高的组件，它通常是用于向用户显示某个耗时完成的百分比，如显示音乐播放的进度或网络文件下载的进度等。通过使用进度条组件可以动态地显示当前进度的状态，以避免应用程序在长时间地执行某个耗时操作时，让用户感觉程序失去了响应，从而更好地提高用户界面的友好性。

ProgressBar 在 XML 文件中的基本语法格式如下：

```
< ProgressBar
    属性列表 />
```

在 Android 的应用程序中，可以通过 XML 文件中的 Style 属性来为进度条 ProgressBar 指定风格。Android 系统支持几种风格的进度条，其 Style 属性值如下。

① @android:style/widget.ProgressBar.Horizontal（水平进度条）
② @android:style/widget.ProgressBar.Inverse（普通大小进度条）
③ @android:style/widget.ProgressBar.Large（大进度条）
④ @android:style/widget.ProgressBar.Large.Inverse（反向大进度条）
⑤ @android:style/widget.ProgressBar.Small（小进度条）
⑥ @android:style/widget.ProgressBar.Smal.Inverse（反向小进度条）

除此之外，ProgressBar 进度条的常用 XML 属性如表 7-4 所示。

表 7-4　ProgressBar 的常用 XML 属性

XML 属性	说明
android:max	设置该进度条的最大值
android:progress	设置该进度条的已完成进度值
android:progressDrawable	设置该进度条的轨道的绘制形式
android:progressBarStyle	默认进度条样式
android:progressBarStyleHorizontal	水平进度条样式
android:progressBarStyleLarge	大进度条样式
android:progressBarStyleSmall	小进度条样式

上表中的 android:progressDrawable 用于指定进度条的轨道的绘制形式，该属性可以指定一个 LayerDrawable 对象（该对象可以通过在 XML 文件中用<layer-list>元素进行配置）的引用。

ProgressBar 进度条提供了如下方法来操作完成百分比。
① setProgress(int)：设置进度完成百分比。
② incrementProgressBy(int)：设置进度条的进度增加或减少。当参数为正数时增加，反之则减少。

下面通过一个示例程序简单地示范进度条的用法。

【例 7-4】设计一个用进度条显示计算 0~100 的进度情况的程序。

第一步，在 ServiceDemo 项目下创建一个 Empty Activity，命名为 ProgressBarDemo。在 activity_progress_bar_demo.xml 文件上放置一个 TextView 组件和一个 ProgressBar 组件，其布局代码如下：

```xml
<?xml version="1.0" encoding="utf-8"?>
<LinearLayout xmlns:android="http://schemas.android.com/apk/res/android"
    xmlns:tools="http://schemas.android.com/tools"
    android:layout_width="match_parent"
    android:layout_height="match_parent"
    android:orientation="vertical"
    tools:context="com.zzhn.zheng.servicedemo.ProgressBarDemo">
    <TextView
        android:layout_width="match_parent"
        android:layout_height="wrap_content"
        android:text="显示计算1～100的进度情况"
        android:textSize="20sp"/>
    <!-- 定义一个水平的进度条 -->
    <ProgressBar
        android:layout_width="match_parent"
        android:layout_height="wrap_content"
        android:id="@+id/bar"
        android:max="100"
        style="@android:style/Widget.ProgressBar.Horizontal" />
</LinearLayout>
```

第二步，在 ProgressBarDemo 类中，首先定义 3 个变量，分别为 sumflag（计算标志）、sumData（计算和）、status（完成进度）。在 onCreate() 方法中，首先获得界面布局里面的进度条组件，在主线程中创建一个负责更新进度条的 Handler，启动子线程，完成 0~100 的求和计算，每完成一次加 1 运算就发送消息到 Handler，Handler 接受消息并更新进度条。其关键代码如下：

```java
int sumflag = 0;
int sumData = 0;
//记录 ProgressBar 的完成进度
int status = 0;
@Override
protected void onCreate(Bundle savedInstanceState) {
    super.onCreate(savedInstanceState);
    setContentView(R.layout.activity_progress_bar_demo);
    //获得界面布局里面的进度条组件
    final ProgressBar bar = (ProgressBar) findViewById(R.id.bar);
    //创建一个负责更新进度条的 Handler
    final Handler mHandler = new Handler(){
        @Override
        public void handleMessage(Message msg) {
            if (msg.what == 0x111) {
                bar.setProgress(status);   //设置进度完成百分比
            }
        }
    };
```

```
        //启动线程来执行任务
        new Thread(){
            public void run() {
                while (status < 100) {
                    // 获取耗时操作的完成百分比
                    status = doSum();
                    // 发送消息到Handler
                    Message m = new Message();
                    m.what = 0x111;
                    // 发送消息
                    mHandler.sendMessage(m);
                }
            };
        }.start();
}
```

编写一个模拟耗时的操作程序，进行 sumData 变量的加 1 运算，完成一次运算，线程休眠 100 毫秒。其关键代码如下：

```
//模拟一个耗时的操作
private int doSum() {
    int sumflag= sumData++ ;
    try {
        Thread.sleep(100);
    } catch (InterruptedException e) {
        e.printStackTrace();        }
    return sumflag;
}
```

第三步，修改 AndroidManifest.xml 文件，将设置应用项目启动程序的意图过滤器的代码（如下所示）放置到<activity android:name=".ProgressBarDemo">后，将该项目的启动程序修改为 ProgressBarDemo。然后，启动模拟器，单击工具栏上的运行按钮，观察输出结果。

```
<intent-filter>
    <action android:name="android.intent.action.MAIN" />
    <category android:name="android.intent.category.LAUNCHER" />
</intent-filter>
```

7.6 SeekBar 进度条的使用

SeekBar 是一种可以改变进度的进度条组件，用户在使用音乐播放器或者视频播放器时，可通过拖动进度条来改变音乐播放器或视频播放器的播放进度。SeekBar 是 ProgressBar 的扩展，它是在 ProgressBar 基础上增加了一个可拖动的 thumb（可拖动的图标），用户可以触摸 thumb 并向左或向右拖动，或者在触摸 thumb 后，再使用方向键设置当前的进度等级。SeekBar 继承于 ProgressBar，因此，ProgressBar 所支持的 XML 属性和方法都适用于 SeekBar 组件。

SeekBar 在 XML 文件中的基本语法格式如下：

```
< SeekBar
    属性列表 />
```

SeekBar 的常用 XML 属性如表 7-5 所示，SeekBar 的常用方法如表 7-6 所示。

表 7-5　SeekBar 的常用 XML 属性

XML 属性	描述
Max	设置进度条范围最大值
progress	设置当前进度值
secondaryProgress	设置当前次进度值
progressDrawable	设置进度条的图片
thumb	设置进度条的滑块图片

表 7-6　SeekBar 的常用方法

方法	描述
getMax()	获取最大的范围值
getProgress()	获取当前进度值
setMax(int)	设置范围最大值

SeekBar 组件是通过调用 SeekBar 的 setOnSeekBarChangeListener 接口来实现对监听对象，即可拖动的滑块图标进行事件监听的。事件监听接口中有以下 3 种重要的方法。

① onStartTrackingTouch 方法：在开始拖动进度条的时候调用。

② onStopTrackingTouch 方法：在停止拖动进度条的时候调用。

上面两个方法通常用来设置滑块开始滑动和结束滑动时的样式。

③ onProgressChanged 方法：在拖动进度条进度改变的时候调用。

下面通过示例来观察 SeekBar 组件的使用。

【例 7-5】设计制作一个可拖动的进度条，并显示拖动进度条时进度条的数据变化。

第一步，在 ServiceDemo 项目下创建一个 Empty Activity，命名为 SeekBarDemo。在 activity_Seek_bar_demo.xml 文件上放置两个 TextView 组件，一个文本框用于显示拖动状态，另一个文本框用于显示当前进度条的数据，还有一个 SeekBar 组件。其布局代码如下：

```xml
<?xml version="1.0" encoding="utf-8"?>
<LinearLayout xmlns:android="http://schemas.android.com/apk/res/android"
    xmlns:tools="http://schemas.android.com/tools"
    android:layout_width="match_parent"
    android:layout_height="match_parent"
    android:orientation="vertical"
    tools:context="com.zzhn.zheng.servicedemo.SeekBarDemo">
    <!-- 定义一个 SeekBar 的进度条 -->
    <SeekBar
        android:layout_width="match_parent"
        android:layout_height="wrap_content"
        android:id="@+id/seekbar"
        android:max="100"
        android:progress="50"/>
    <TextView
        android:layout_width="match_parent"
        android:layout_height="wrap_content"
        android:id="@+id/tv1"/>
    <TextView
        android:layout_width="match_parent"
```

```
            android:layout_height="wrap_content"
            android:id="@+id/tv2"/>
</LinearLayout>
```

第二步，在 SeekBarDemo 类中，首先调用 SeekBar.OnSeekBarChangeListener 接口，导入 onStartTrackingTouch()、onStopTrackingTouch()和 onProgressChanged()3 个方法，并重写这 3 个方法。定义 3 个变量，分别为 SeekBar 的 seekBar，TextView 的 tv1 和 tv2。在 onCreate()方法中，获得界面布局里面的 SeekBar 进度条组件和 TextView 组件。其关键代码如下：

```java
public class SeekBarDemo extends AppCompatActivity implements
    SeekBar.OnSeekBarChangeListener{
    //定义变量
    private SeekBar seekBar = null;
    private TextView tv1, tv2;
    @Override
    protected void onCreate(Bundle savedInstanceState) {
        super.onCreate(savedInstanceState);
        setContentView(R.layout.activity_seek_bar_demo);
        //获得界面布局里面的进度条组件
        seekBar = (SeekBar) findViewById(R.id.seekbar);
        seekBar.setOnSeekBarChangeListener(this);       //对进度条设置监听
        //获得界面布局里面的TextView组件
        tv1 = (TextView) findViewById(R.id.tv1);
        tv2 = (TextView) findViewById(R.id.tv2);
    }
    //数值改变
    @Override
    public void onProgressChanged(SeekBar seekBar, int progress, boolean fromUser) {
        tv1.setText("正在拖动");
        tv2.setText("当前数值: " + progress);
    }
    //开始拖动
    @Override
    public void onStartTrackingTouch(SeekBar seekBar) {
        tv1.setText("开始拖动");
    }
    //停止拖动
    @Override
    public void onStopTrackingTouch(SeekBar seekBar) {
        tv1.setText("停止拖动");
    }
}
```

第三步，修改 AndroidManifest.xml 文件，将设置应用项目启动程序的意图过滤器的代码（如下所示）放置到<activity android:name=".SeekBarDemo">后，则将该项目的启动程序修改为 SeekBarDemo。然后，启动模拟器，单击工具栏上的运行按钮，输出结果如图 7-1 所示。

```xml
<intent-filter>
    <action android:name="android.intent.action.MAIN" />
    <category android:name="android.intent.category.LAUNCHER" />
</intent-filter>
```

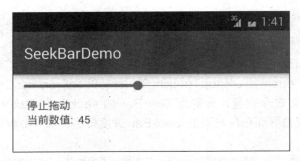

图 7-1 SeekBar 拖动效果图

7.7 广播及接收

BroadcastReceiver 是用于接收广播通知的组件。广播是一种同时通知多个对象的事件通知机制，类似日常生活中的广播，允许多个人同时收听，也允许不收听。Android 中广播来源有系统事件，如按下拍照钮、电池电量低、安装新应用等；还有普通应用程序，如启动特定线程、文件下载完毕等。

BroadcastReceiver 类似所有广播接收器的抽象类基，其实现类用来对发送出来的广播进行筛选并做出响应。广播接收器的生命周期非常短暂。当消息到达时，接收器调用 onReceive() 方法。BroadcastReceiver 实例失效。

onReceive()方法是实现 BroadcastReceiver 类时需要重写的方法。

广播接收器通常初始化独立的组件或者在 onReceive()方法中发送通知给用户。如果广播接收器需要完成更耗时的任务，它应该启动服务而不是一个线程，因为不活跃的广播接收器可能被系统停止。

用于接收的广播有普通广播和有序广播两大类。

① 普通广播：使用 Context.sendBroadcast(intent);方法发送，广播的全部接受者以未定义的顺序运行，它们完全是异步的。

② 有序广播：使用 Context.sendOrderedBroadcast(intent); 方法发送，它们每次只发送给一个接收者。由于每个接收者依次运行，它能为下一个接收者生成一个结果，或者它能完全终止广播以便不传递给其他接收者。有序接收者运行顺序由在 AndroidManifest.xml 的 <intentfilter android:priority="xxx">设置，比如存在 3 个广播接收者 A、B、C，优先级 A>B>C，则 A 最先收到广播，当 A 收到广播后，可以向广播中添加一些数据给下一个接收者，或者终止广播，具有相同优先级的接收者运行顺序任意。

【例 7-6】在 UI 界面上放置一个命令按钮，通过单击命令按钮发送广播消息，然后，利用广播接收器收到广播后调用服务中的方法。

第一步，在 ServiceDemo 项目下创建一个 Empty Activity，命名为 BroadcastDemo。在 activity_broadcast_demo.xml 文件上放置一个 Button 组件用于发送广播消息。其代码如下：

```xml
<?xml version="1.0" encoding="utf-8"?>
<LinearLayout xmlns:android="http://schemas.android.com/apk/res/android"
    xmlns:tools="http://schemas.android.com/tools"
    android:layout_width="match_parent"
    android:layout_height="match_parent"
    android:orientation="vertical"
    tools:context="com.zzhn.zheng.servicedemo.BroadcastDemo">
    <Button
        android:id="@+id/button1"
        android:layout_width="match_parent"
        android:layout_height="wrap_content"
        android:text="调用服务的方法"
        android:layout_marginTop="30dp"
        android:textSize="24sp"
        android:onClick="call"/>
</LinearLayout>
```

第二步，在 BroadcastDemo 类中实现发送自定义广播的功能。首先在 onCreate()方法中启动 BroadcastService 服务，其关键代码如下：

```java
//启动服务
Intent intent=new Intent(this,BroadcastService.class);
startService(intent);
```

当单击"调用服务的方法"按钮时发送自定义广播，其代码如下：

```java
public void call(View v)
{
    Intent intent=new Intent();
    intent.setAction("com.zzhn.zheng.call");
    sendBroadcast(intent);
}
```

第三步，创建 BroadcastService 类，该类继承于 Service 类，在该类中要实现接收到广播后去调用服务中方法的功能。首先，在 onCreate()方法中利用代码来注册广播接收器，然后，创建广播接收 MyReceiver 类，该类继承于 BroadcastReceiver 类，在该类中重写 onReceive()方法以实现调用服务中方法的功能。当该服务销毁的时候，销毁掉注册的广播。其关键代码如下：

```java
public class BroadcastService extends Service {
    private MyReceiver receiver;
    @Override
    public IBinder onBind(Intent intent) {    return null;    }
    @Override
    public void onCreate() {
        super.onCreate();
        // 利用代码来注册广播接收器
        receiver = new MyReceiver();
        IntentFilter filter = new IntentFilter();
        filter.addAction("com.zzhn.zheng.call");
        registerReceiver(receiver, filter);
    }
    @Override
    public void onDestroy() {
        super.onDestroy();
        unregisterReceiver(receiver);        //当该服务销毁的时候，销毁掉注册的广播
        receiver = null;
```

```
            }
            public void callInService() {        //服务中的第1个方法
                Toast.makeText(this, "这是调用的服务中的方法",Toast.LENGTH_SHORT).
                show();
            }
            //广播接收器，收到广播后调用服务中的方法
            private class MyReceiver extends BroadcastReceiver {
                    @Override
                    public void onReceive(Context context, Intent intent) {
                        callInService();
                    }
            }
        }
```

第四步，修改 AndroidManifest.xml 文件，将 BroadcastService 服务类添加到清单文件中，将应用项目启动程序的意图过滤器的代码放置到<activity android:name=".BroadcastDemo">后，则该项目的启动程序修改为 BroadcastDemo。然后，启动模拟器，单击工具栏上的运行按钮，观察输出结果。

说明：服务除了本地服务外，还有一种方式就是使用 AIDL 实现远程服务调用，此方法这里就不介绍了。

7.8 MediaPlayer 类

MediaPlayer 是播放音乐的媒体类，使用该类可实现音乐的播放。MediaPlayer 类的使用方法如下。

首先要获得 MediaPlayer 实例。可通过 MediaPlayer mp = new MediaPlayer();获得实例，也可以使用 create 的方式，如 MediaPlayer mp = MediaPlayer.create(this, R.raw.test);获得实例，但是如果使用 create 的方式，就不需要调用 setDataSource 方法。

然后设置 MediaPlayer 需要播放的文件。而需要播放的文件主要包括以下 3 个来源。

① 用户在应用中事先自带的 resource 资源，如 MediaPlayer.create(this, R.raw.test);。
② 存储在 SD 卡或其他文件路径下的媒体文件，如 mp.setDataSource("/sdcard/fff.mp3");。
③ 网络上的媒体文件，如 mp.setDataSource("网址")。

其中，MediaPlayer 的 setDataSource 一共有以下 4 个方法。

- setDataSource (String path)。
- setDataSource (FileDescriptor fd)。
- setDataSource (Context context, Uri uri)。
- setDataSource (FileDescriptor fd, long offset, long length)。

在使用 FileDescriptor 时，需要将文件放到与 res 文件夹平级的 assets 文件夹里，然后使用下列代码来设置 datasource。

```
AssetFileDescriptor afd = getAssets().openFd("fff.mp3");
mp.setDataSource(afd.getFileDescriptor(),afd.getStartOffset(), afd.getLength());
```

Android 通过控制播放器的状态的方式来控制媒体文件的播放，其中，prepare()和 prepareAsync() 提供了同步和异步两种方式设置播放器进入 prepare 状态。但是，如果 MediaPlayer 实例是由 create 方法创建的，那么第一次启动播放前不需要再调用 prepare()，因为 create 方法里已经调用过了。常用的控制媒体播放的方法有以下几种。

- start()：启动播放。
- pause()：暂停播放。
- stop()：停止播放。
- seekTo()：定位方法，可以让播放器从指定的位置开始播放，但是该方法是个异步方法，也就是说该方法返回时并不意味着定位完成，尤其是在播放网络文件时，真正定位完成时会触发 OnSeekComplete.onSeekComplete()，如果需要可以调用 setOnSeekCompleteListener (OnSeekCompleteListener)设置监听器来进行处理。
- release()：释放播放器占用的资源。
- reset()：使播放器从 Error 状态中恢复过来，重新回到 Idle 状态。

MediaPlayer 还提供了一些设置不同监听器的方法来对播放器的工作状态进行监听，以期及时处理各种情况。例如，setOnCompletionListener(MediaPlayer.OnCompletionListener listener)和 setOnErrorListener(MediaPlayer.OnErrorListener listener)等，设置播放器时需要考虑到播放器可能出现的情况来设置好监听和处理逻辑，以保持播放器的健壮性。

项目实施

1. 项目分析

设计一个简单音乐播放器的项目，要求用服务实现在后台播放音乐，前台用进度条实时更新显示音乐播放的进度。界面效果如图 7-2 所示。

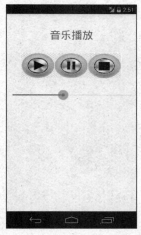

图 7-2　简单音乐播放

简单音乐播放器项目设计思路：
① 创建 ServiceDemo 项目，输入 Activity 名称为 MusicPlay；
② 修改项目布局文件，在 layout 布局中添加 3 个 Button 组件和 1 个 SeekBar 组件；
③ 编写 MusicPlay.java 程序，实现绑定服务，利用 Handler 和 Message 机制更新 UI 界面；
④ 创建 MusicService 类，并继承 Service 类，利用 MediaPlayer 播放音乐的媒体类，实现音乐播放功能。

2. 项目实现

（1）创建简单音乐播放器项目。

启动 Android Studio，打开 ServiceDemo 项目，在该项目下创建一个 Empty Activity，命名为 MusicPlay。

（2）修改 activity_music_play.xml 文件上，放置 3 个 Button 组件，分别表示播放、暂停和停止按钮，放置 1 个 SeekBar 组件，用于显示音乐播放的进度。其布局文件代码如下：

```xml
<?xml version="1.0" encoding="utf-8"?>
<LinearLayout xmlns:android="http://schemas.android.com/apk/res/android"
    xmlns:tools="http://schemas.android.com/tools"
    android:layout_width="match_parent"
    android:layout_height="match_parent"
    android:orientation="vertical"
    tools:context="com.zzhn.zheng.servicedemo.MusicPlay">
    <TextView
        android:layout_width="wrap_content"
        android:layout_height="wrap_content"
        android:text="音乐播放"
        android:textSize="30sp"
        android:layout_gravity="center"
        android:id="@+id/textView"
        android:layout_marginTop="40dp"/>
    <LinearLayout
        android:layout_width="match_parent"
        android:layout_height="wrap_content"
        android:gravity="center"
        android:layout_marginLeft="40dp"
        android:layout_marginRight="40dp"
        android:layout_marginTop="30dp">
        <Button
            android:layout_width="wrap_content"
            android:layout_height="wrap_content"
            android:id="@+id/playbutton"
            android:layout_weight="1"
            android:background="@drawable/start"/>
        <Button
            android:layout_width="wrap_content"
            android:layout_height="wrap_content"
            android:background="@drawable/pause"
            android:id="@+id/paussebutton"
            android:layout_weight="1"/>
        <Button
            android:layout_width="wrap_content"
            android:layout_height="wrap_content"
            ndroid:background="@drawable/stop"
            android:id="@+id/stopbutton"
            android:layout_weight="1"/>
    </LinearLayout>
    <SeekBar
        android:id="@+id/seekbar"
        android:layout_width="match_parent"
        android:layout_height="wrap_content"
        android:max="100"
        android:progress="10"
        android:layout_marginTop="30dp"/>
</LinearLayout>
```

（3）在 MusicPlay 类中，采用绑定服务方式，一方面是利用 Handler 和 Message 机制实现更新 SeekBar 进度条组件的功能，另一方面是通过对 UI 界面上不同组件的监听实现调用服务中不同方法的功能。在该类中，首先定义 5 个变量，分别为 mBound（绑定服务标志）、mService（服务）、seekBar（进度条）、myThread（线程）、playStatus（播放状态）。然后在主线程中为子线程提供一个 Handler 用于处理进度条的更新，而 MusicPlay 类继承于 Activity 类。其关键代码如下：

```java
public class MusicPlay extends Activity {
    Boolean mBound = false;
    MusicService mService;
    SeekBar seekBar;
    //多线程，后台更新 UI
    Thread myThread;
    //控制后台线程退出
    boolean playStatus = true;
    //处理进度条更新
    Handler mHandler = new Handler(){
      @Override
      public void handleMessage(Message msg){
            switch (msg.what){
                case 0:
                    //从 bundle 中获取进度，是 double 类型，为播放的百分比
                    double progress = msg.getData().getDouble("progress");

                    //根据播放百分比，计算 seekBar 的实际位置
                    int max = seekBar.getMax();
                    int position = (int) (max*progress);

                    //设置 seekBar 的实际位置
                    seekBar.setProgress(position);
                    break;
                default:
                    break;
            }

        }
    };
    ……       //此处是下面说明代码
}
```

在 MusicPlay 类的 onCreate()方法中，先定义一个新线程，用来发送更新 UI 的消息，然后通过 bindService()函数实现绑定服务，并对 UI 界面上的组件实施监听。其关键代码如下：

```java
public void onCreate(Bundle savedInstanceState) {
    super.onCreate(savedInstanceState);
    setContentView(R.layout.activity_music_play);

    //定义一个新线程，用来发送消息，通知更新 UI
    myThread = new Thread(new MyThread());
    //绑定 Service;
    Intent serviceIntent = new Intent(this , MusicService.class);
    //如果未绑定，则进行绑定
    if(!mBound){
```

```java
        //调用bindService()函数绑定服务
        bindService(serviceIntent, mConnection, Context.BIND_AUTO_CREATE);
    }
    //初始化播放按钮
    Button playButton = (Button)findViewById(R.id.playbutton);
    playButton.setOnClickListener(new View.OnClickListener(){
        @Override
        public void onClick(View arg0) {
            if(mBound){
                mService.play();
            }
        }
    });
    //初始化暂停按钮
    Button pauseButton = (Button)findViewById(R.id.paussebutton);
    pauseButton.setOnClickListener(new View.OnClickListener(){
        @Override
        public void onClick(View arg0) {
            //首先需要判定绑定情况
            if(mBound){
                mService.pause();
            }
        }
    });
    //初始化停止按钮
    Button stopButton = (Button)findViewById(R.id.stopbutton);
    stopButton.setOnClickListener(new View.OnClickListener(){
        @Override
        public void onClick(View arg0) {
            //首先需要判定绑定情况
            if(mBound){
                mService.stop();
            }
        }
    });
    seekBar = (SeekBar)findViewById(R.id.seekbar);
    seekBar.setOnSeekBarChangeListener(new SeekBar.OnSeekBarChangeListener()
    {
        @Override
        public void onStopTrackingTouch(SeekBar seekBar) {
            //手动调节进度
            int dest = seekBar.getProgress();        //seekBar的拖动位置
            int max = seekBar.getMax();     //seekBar的最大值
            //调用Service调节播放进度
            mService.setProgress(max, dest);
        }
        @Override
        public void onProgressChanged(SeekBar arg0, int arg1, boolean arg2) {
        }
        @Override
        public void onStartTrackingTouch(SeekBar arg0) {
        }
```

        });
    }

创建 MyThread 类，通过实现 Runnable 接口来创建线程，并重写 run()方法以实现实时更新进度条的功能。其关键代码如下：

```java
public class MyThread implements Runnable{
    //通知 UI 更新的消息
    // 用来向 UI 线程传递进度的值
    Bundle data = new Bundle();
    //更新 UI 间隔时间
    int milliseconds = 100;
    double progress;

    @Override
    public void run() {
        //用来标识是否还在播放状态，用来控制线程退出
        while(playStatus){
            try {
                //绑定成功才能开始更新 UI
                if(mBound){
                    //发送消息，要求更新 UI
                    Message msg = new Message();
                    data.clear();
                    progress = mService.getProgress();
                    msg.what = 0;
                    data.putDouble("progress", progress);
                    msg.setData(data);
                    mHandler.sendMessage(msg);
                }
                //每隔100ms 更新一次 UI
                Thread.sleep(milliseconds);
            } catch (InterruptedException e) {
                e.printStackTrace();
            }
        }
    }
}
```

为实现绑定服务，调用者需要声明一个 ServiceConnection，并重载内部的两个函数以创建 mConnection 对象。其代码如下：

```java
private ServiceConnection mConnection = new ServiceConnection() {
    @Override
    public void onServiceConnected(ComponentName className,IBinder binder) {
        //获取 Service
        mService = (MusicService) ((MusicService.MyBinder)binder).getService();
        //绑定成功
        mBound = true;
        //开启线程，更新 UI
        myThread.start();
    }
    @Override
    public void onServiceDisconnected(ComponentName arg0) {
```

```
            mBound = false;
        }
    };
```

最后，创建 onDestroy()方法，代码如下：

```
@Override
public void onDestroy(){
    //销毁 Activity 时，要记得销毁线程
    playStatus = false;
    super.onDestroy();
}
```

（4）创建 MusicService 类，并继承 Service 类。在该类中，通过 MediaPlayer 播放音乐的媒体类实现音乐播放。在本例中音乐文件存放在 assets 目录下。在 Android Studio 中创建 assets 目录的方法：右击【res】目录，在弹出的快捷菜单中选择【New】→【Folder】→【Assets Folder】即可，然后将音乐文件复制到 assets 目录下。其关键代码如下：

```
public class MusicService extends Service {

    IBinder musicBinder = new MyBinder();
    private MediaPlayer mediaPlayer;
    private  String TAG = "MyService";
    private Handler mHandle;
    @Nullable
    @Override
    public void onCreate(){
        super.onCreate();
        Log.d(TAG, "onCreate().executed");
        init();
    }
    public IBinder onBind(Intent intent) {
        return musicBinder;
    }
    public class MyBinder extends Binder {
        public Service getService(){
            return MusicService.this;
        }
    }
    void init(){
        mediaPlayer = new MediaPlayer();
        try {   //获得与 res 文件夹平级的 assets 文件夹下的 fff.mp3 文件
            AssetFileDescriptor afd = getAssets().openFd("fff.mp3");
            mediaPlayer.reset();
            mediaPlayer.setDataSource(afd.getFileDescriptor(),
afd.getStartOffset(), afd.getLength());
            mediaPlayer.prepare();   //设置播放器进入 prepare 状态
            System.out.println("--------getDuration-----"+mediaPlayer.getDuration()+"
curPostion = "+mediaPlayer.getCurrentPosition());
            mediaPlayer.start();   //启动播放
        } catch (Exception e) {
            e.printStackTrace();
        }
    }
    public double getProgress(){
```

```java
        int position = mediaPlayer.getCurrentPosition();
        int time = mediaPlayer.getDuration();
        double progress = (double)position / (double)time;
        return progress;
    }
    public void setProgress(int max,int dest){
        int time = mediaPlayer.getDuration();
        mediaPlayer.seekTo(time*dest/max);
    }
    public void play(){
        if (mediaPlayer != null){
            mediaPlayer.start();;
        }
    }
    public void pause(){
        if (mediaPlayer != null && mediaPlayer.isPlaying()){
            mediaPlayer.pause();
        }
    }
    public void stop(){
        if (mediaPlayer != null && mediaPlayer.isPlaying()){
            mediaPlayer.stop();
            mediaPlayer.release();
        }
    }
    public void onDestroy(){
        if (mediaPlayer != null && mediaPlayer.isPlaying()){
            mediaPlayer.stop();
            mediaPlayer.release();
            mediaPlayer = null;
        }
        super.onDestroy();
    }
}
```

（5）修改 AndroidManifest.xml 文件，将 MusicService 服务类添加到清单文件中，将应用项目启动程序的意图过滤器的代码放置到<activity android:name=".MusicPlay ">后，则该项目的启动程序修改为 MusicPlay。

（6）调试运行。

① 单击工具栏上的 AVD Manager 图标，打开虚拟设备对话框，在虚拟设备对话框中单击启动虚拟设备的命令按钮，打开 Android Studio 模拟器。

② 单击工具栏上的"三角形"运行按钮，运行本项目。

项目总结

通过本项目的学习，读者应掌握音乐播放器模块的设计方法。

① 了解服务与线程的基本概念。

② 掌握通过绑定服务的方式，实现在 Service 中控制音乐的播放、计算音乐播放进度等各

项功能的设计方法。

③ 掌握利用 Handler 和 Message 机制更新 SeekBar 进度条组件的方法。

项目训练——显示音乐列表播放器设计

① 要求在音乐播放器界面上显示手机 SD 卡上的音乐文件列表。

② 设置音乐播放器界面上有"上一首""下一首""暂停"和"停止"按钮，通过单击这些按钮可实现音乐播放的功能。

③ 要求在音乐播放器上设置 SeekBar 进度条，并且在播放音乐时，SeekBar 进度条实时更新。

练习题

7-1　Service 的生命周期分为几个阶段？Service 有什么特点？

7-2　Service 的使用方式有几种？简述如何以绑定方式使用 Service。

7-3　在 Android 中为什么要使用子线程？如何创建线程？

7-4　简述 Handler 消息传递机制原理及 Handler 使用的步骤。

7-5　简述利用广播接收器收到广播后调用 Service 中的方法的设计步骤。

Chapter 8

模块 8
课表查询

> **学习目标**
>
> - 掌握 JSON 数据解析的方法。
> - 掌握 HttpURLConnection 的使用方法。
> - 了解异步的概念。
> - 了解 AsyncTask 类，掌握 AsyncTask 的使用方法。
> - 掌握简单课表查询项目的设计方法。

> **项目描述**
>
> 设计一个简单课表查询项目，该项目可通过 Android 与 HTTP 服务器的交互来实现对服务器端的课表数据进行查询的功能。

> **知识储备**

8.1 JSON 数据解析

1. JSON 简介

JSON（JavaScript Object Notation）是一种轻量级的数据交换格式。简单地说，JSON 可以将 JavaScript 对象中表示的一组数据转换为字符串，然后就可以在函数之间轻松地传递这个字符串，或者在异步应用程序中将字符串从 Web 客户端传递给服务器端程序。JSON 具有良好的可读性和便于快速编写的特性，适合于服务器与 JavaScript 客户端的交互，是目前网络中主流的数据传输格式之一，应用十分广泛。

2. JSON 的基本语法

JSON 数据是以一种 key-value（键值对）的方式存在的。JSON 值可以是数字（整数或浮点数）、字符串（在双引号中）、逻辑值（true 或 false）、数组（在方括号中）、对象（在花括号中）、null（空值）等。

JSON 的语法规则如下。

- 并列的数据之间用逗号（,）分隔；
- 映射用冒号（:）表示；
- 并列数据的集合（数组）用方括号([])表示；
- 映射的集合（对象）用大括号（{}）表示。

JSON 的 Object（对象类型）：用 { }包含一系列无序的 key-value 键值对表示，其中 key 和 value 之间用冒号分割，每个 key-value 之间用逗号分割。访问其中的数据，通过 obj.key 来获取对应的 value，如 String json={"name":"小芳","age":16}。

JSON 的 Array（数组类型）：使用[ ]包含所有元素，每个元素用逗号分隔，元素可以是任意的值。访问其中的元素，使用索引号，从 0 开始，如 String json= ["唱歌","编程","打球"]。

JSON 的复杂数据形式就是 Object 或数组中的值，还可以是另一个 Object 或者数组，如 String json= { "name":"小芳"," hobby ":["唱歌","编程","打球"] }"。

3. JSON 解析类

在 Android 中提供了 4 个与 JSON 相关的类和 1 个 Exceptions，它们分别是 JSONObject、

JSONArray、JSONStringer、JSONTokener、JSONException。

JSONObject类：可以看作是一个JSON对象，这是系统中有关JSON定义的基本单元，其包含一对（key-value）数值。它对外部请求的响应体现为一个标准的字符串，最外面被大括号包裹，其中的name和value被冒号"："分隔，如{"name":"小芳"}。其对于内部行为的操作格式，例如初始化一个JSONObject实例，引用内部的put()方法添加数值new JSONObject().put("name ","小芳")，在key和value之间是以逗号","分隔。API中这个类的方法主要为get、opt、put等，这3个方法的主要作用是获取或添加内容。

JSONArray类：API的解释为一组有序的值的序列。值可以是对象（在花括号中）、其他的数组（在方括号中）、数字（整数或浮点数）、字符串（在双引号中）、逻辑值（true或false），可以是NULL和null，不能是无穷大或其他。

JSONStringer类：可以帮助用户快速和便捷地创建JSON表达式。其最大的优点在于可以减少由于格式的错误导致程序异常，引用这个类可以自动严格按照JSON语法规则创建JSON表达式。每个JSONStringer实体只能对应创建一个JSON表达式。

JSONTokener类：是系统提供的用来把JSON表达式解析成JSONObject或者JSONArray，在该类中基本上使用的是构造器和nextValue()方法。

JSONException：是json.org类抛出的异常信息。

下面通过具体的实例来说明JSON的创建与解析。

【例8-1】新建TestJson项目，在该项目中先创建一个JSON的对象类型数据，例如，{"name":"小红","age":18}，然后，将该JSON对象类型数据解析输出。同时，创建一个JSON的数组类型数据，如[{"name":"小红","age":18},{"name":"王丽","age":28}]，然后，将该JSON数组类型数据解析输出。

第一步，新建TestJson项目，修改Activity的名称为TestJson，在activity_test_json.xml文件上放置3个TextView组件用于显示标题和输出的JSON信息，放置两个Button组件，一个是"创建JSON"按钮，另一个是"解析JSON"按钮。其布局代码如下：

```xml
<?xml version="1.0" encoding="utf-8"?>
<RelativeLayout xmlns:android="http://schemas.android.com/apk/res/android"
    xmlns:tools="http://schemas.android.com/tools"
    android:layout_width="match_parent"
    android:layout_height="match_parent"
    android:layout_marginTop="40dp"
    tools:context=" com.zzhn.zheng.testjson.TestJson">
    <TextView
        android:id="@+id/titlej"
        android:layout_width="match_parent"
        android:layout_height="wrap_content"
        android:gravity="center"
        android:textSize="30dp"
        android:text="显示测试结果" />
    <TextView
        android:id="@+id/test_json_object"
        android:layout_width="match_parent"
        android:layout_height="wrap_content"
        android:textSize="20dp"
        android:layout_margin="20dp"
        android:layout_below="@+id/titlej"
```

```xml
            android:hint="JSON 对象类型" />
        <TextView
            android:id="@+id/test_json_array"
            android:layout_width="match_parent"
            android:layout_height="wrap_content"
            android:textSize="20dp"
            android:layout_margin="20dp"
            android:layout_below="@+id/test_json_object"
            android:hint="JSON 数组类型" />
        <Button
            android:id="@+id/btcjs"
            android:layout_width="match_parent"
            android:layout_height="wrap_content"
            android:layout_below="@+id/test_json_array"
            android:hint="创建 JSON"/>
        <Button
            android:id="@+id/btpjs"
            android:layout_width="match_parent"
            android:layout_height="wrap_content"
            android:layout_below="@+id/btcjs"
            android:hint="解析 JSON"  />
</RelativeLayout>
```

第二步，编写 TestJson.java 程序，在该程序中首先定义文本框和命令按钮的变量，然后，在 onCreate()方法中，获得界面布局文件上的组件，并设置对命令按钮的监听，根据所单击的命令按钮不同输出不同的结果。其关键代码如下：

```java
public class TestJson extends AppCompatActivity {
    private TextView tvObj;
    private TextView tvArr;
    private Button btcjs,btpjs;

    @Override
    protected void onCreate(Bundle savedInstanceState) {
        super.onCreate(savedInstanceState);
        setContentView(R.layout.activity_test_json);
        //获得布局界面上的组件
        tvObj = (TextView)findViewById(R.id.test_json_object);
        tvArr = (TextView)findViewById(R.id.test_json_array);
        btcjs = (Button)findViewById(R.id.btcjs);
        btpjs = (Button)findViewById(R.id.btpjs);
        //设置对命令按钮的监听
        btcjs.setOnClickListener(new View.OnClickListener() {
            @Override
            public void onClick(View v) {
                //调用创建 JSON，并输出
                tvObj.setText(JsonObjectCreate());
                tvArr.setText(JsonArrayCreate());
            }
        });
        btpjs.setOnClickListener(new View.OnClickListener() {
            @Override
            public void onClick(View v) {
```

```
                        //调用解析JSON,并输出
                        parseJSONObject(JsonObjectCreate());
                        parseJSONArray(JsonArrayCreate());
                    }
                });
        }
        ......           //此处是创建和解析JSON的代码
}
```

其中,在创建 JSON 的 Object 对象数据的 JsonObjectCreate()方法中,首先实例化一个 JSONObject 对象,然后,利用 obj.put()方法将数据添加到 JSON 的对象数据中。其代码如下:

```
private String JsonObjectCreate(){
    JSONObject obj = new JSONObject();
    try {
        obj.put("name","小红");
        obj.put("age",18);
    } catch (JSONException e) {
        e.printStackTrace();
    }
    return obj.toString();
}
```

在创建 JSON 的数组数据的 JsonArrayCreate()方法中,首先,实例化一个 JSONArray 数组对象 array,然后,实例化一个 JSONObject 对象 obj1,利用 obj1.put()方法将第一组数据添加到 JSON 的对象数据中,再实例化一个 JSONObject 对象 obj2,利用 obj2.put()方法将第二组数据添加到 JSON 的对象数据中,最后,将 obj1、obj2 添加到数组对象 array 中。其代码如下:

```
private String JsonArrayCreate(){
    JSONArray array = new JSONArray();
    JSONObject obj1 = new JSONObject();
    try {
        obj1.put("name","小红");
        obj1.put("age",18);
    } catch (JSONException e) {
        e.printStackTrace();
    }
    JSONObject obj2 = new JSONObject();
    try {
        obj2.put("name","王丽");
        obj2.put("age",28);
    } catch (JSONException e) {
        e.printStackTrace();
    }
    array.put(obj1);
    array.put(obj2);
    return array.toString();
}
```

在解析 JSON 的对象数据 parseJSONObject()方法中,首先实例化 JSONObject(obj)对象 object,然后通过 object.getStrin("name")获得 JSON 数据中 key 键名为 name 所对应的值,该值是字符串数据类型,而 object.getInt("age")获得 JSON 数据中 key 键名为 age 所对应的值,该值是整型数据类型,最后,用 setText()方法将这两个值在文本框上显示出来。其代码如下:

```
private void parseJSONObject(String obj){
```

```
    try {
        JSONObject object = new JSONObject(obj);
        String v1 = object.getString("name");
        int a1 = object.getInt("age");
        tvObj.setText(v1+a1);
    } catch (JSONException e) {
        e.printStackTrace();
    }
}
```

在解析 JSON 的数组数据的 parseJSONArray()方法中,首先实例化 JSONArray(array)对象 jsonArray,在 for 循环中,通过 jsonArray.getJSONObject(i)获得数组中每一个 JSON 的对象类型数据,然后,利用 getString (key)或 getInt(key)方法去获得 JSON 数据中 key 键名所对应的值,并将其连接起来,再用 setText()方法将解析的值在文本框上显示出来。其代码如下:

```
private void parseJSONArray(String array){
    try {
        JSONArray jsonArray = new JSONArray(array);
        String content="";
        for (int i=0;i<jsonArray.length();i++){
            JSONObject object = jsonArray.getJSONObject(i);
            String value1 = object.getString("name");
            int value2 = object.getInt("age");
            content += value1+value2+",";
        }
        tvArr.setText(content);
    } catch (JSONException e) {
        e.printStackTrace();          }
}
```

第三步,启动模拟器,单击工具栏上的运行按钮,运行调试后的效果如图 8-1 和图 8-2 所示。

图 8-1 创建 JSON

图 8-2 解析 JSON

总结：JSON 数据解析的规则为，如果是{ }就使用 JSONObject 解析，如果是[ ]就使用 JSONArray 解析。通过 getJSONObject()方法获得 JSON 对象，利用 object.getString("key") 方法或者 object.getInt("key")方法可获得 JSON 对象中 key 键名所对应的值，利用 object.put() 方法可将数据添加到 JSON 数据。

8.2 HttpURLConnection 的使用

HTTP（Hypertext Transfer Protocol）是 Web 联网的基础，也是手机联网常用的协议之一，HTTP 协议是建立在 TCP 协议之上的一种协议。

HTTP 连接最显著的特点是客户端发送的每次请求都需要服务器回送响应，在请求结束后，会主动释放连接。从建立连接到关闭连接的过程称为"一次连接"。由于 HTTP 在每次请求结束后都会主动释放连接，因此 HTTP 连接是一种"短连接""无状态"，要保持客户端程序的在线状态，需要不断地向服务器发起连接请求。通常的做法是即使不需要获得任何数据，客户端也保持每隔一段固定的时间向服务器发送一次"保持连接"的请求，服务器在收到该请求后对客户端进行回复，表明知道客户端"在线"。若服务器长时间无法收到客户端的请求，则认为客户端"下线"，若客户端长时间无法收到服务器的回复，则认为网络已经断开。

HTTP 连接使用的是"请求–响应"的方式，不仅在请求时需要先建立连接，而且需要客户端向服务器发出请求，当请求得到响应后，服务器端才能回复数据。其中，反映 Web 服务器处理 HTTP 请求状态的是 HTTP 应答码。HTTP 应答码由 3 位数字构成，其首位数字是定义应答码的类型，如下所示。

- ❑ 1XX 信息类：表示收到 Web 浏览器请求，正在进一步的处理中。
- ❑ 2XX 成功类：表示用户请求被正确接收，如 200 表示连接成功。
- ❑ 3XX 重定向类：表示请求没有成功，客户必须采取进一步的动作。
- ❑ 4XX 客户端错误：表示客户端提交的请求有错误，例如 404 NOT Found，意味着请求中所引用的文档不存在。
- ❑ 5XX 服务器错误：表示服务器不能完成对请求的处理，如 500 服务器错误。

HTTP 包含了 GET 和 POST 两种请求网络资源的方式。GET 可以获得静态页面，也可以把参数放在 URL 子字符串后面，传递给服务器。而 POST 方法的参数是放在 HTTP 请求中，因此，在编程之前，应当首先明确使用的请求方法，然后再根据所使用的请求数据方法选择相应的编程方式。同时，在访问服务器链接时，需要以链接地址为参数构造生成一个 java.net.URL 实例。URL 是由网络协议、主机名、端口、信息路径、引用等组成的统一资源定位符，它是指向互联网"资源"的指针。资源可以是简单的文件或目录，也可以是对更为复杂的对象的引用，例如对数据库或搜索引擎的查询。

在 Android 中主要提供了 HttpURLConnection 和 HttpClient 这两种方式来进行 HTTP 操作。但是在 Android 5.1 版本之后就废止了 HttpClient 的相关 API，因此，在这里我们只介绍 HttpURLConnection 的使用。

HttpURLConnection 是 Java 的标准类，继承自 HttpConnection。它是一个抽象类，不能实例化对象，主要是通过 URL 的 openConnection 方法获得。语法如下：

```
URL url = new URL("  ");
HttpURLConnection conn = (HttpURLConnection)url.openConnection();
```

由于 openConnection() 方法返回值类型是 URLConnection 类，所以需要强制转换类型为 HttpURLConnection 类。

openConnection() 方法只创建 HttpURLConnection 实例，并不是真正的连接操作，而且每次调用 openConnection() 方法都将创建一个新的实例。因此，在连接之前可以对其一些属性进行设置，如下所示。

- conn.setDoInput(true)：设置输入流；
- conn.setDoOutput(true)：设置输出流；
- conn.setConnectTimeout(10000)：设置超时时间；
- conn.setRequestMethod("GET")：设置请求方式，HttpURLConnection 默认使用 GET 方式；
- conn.setUseCaches(false)：POST 请求不能使用缓存。

1. 发送 GET 请求

使用 HttpURLConnection 对象发送请求时，默认发送的就是 GET 请求，因此，发送 GET 请求时，只需要在指定连接地址时，先将要传递的参数通过"? 参数名=参数值"进行传递（多个参数间使用英文半角的逗号分隔，例如，要传递用户名和 E-mail 地址两个参数可以使用? user=zzhn,email=zzhn126@163.com 实现），然后获取流中的数据，并关闭连接就可以了。

下面通过具体的实例来说明如何使用 HttpURLConnection 对象发送 GET 请求。

【例 8-2】创建一个名为 TestGetPost 的 Android 项目，命名 Activity 为 TestUrlGet，实现向服务器发送 GET 请求，并获取服务器的响应结果。

第一步，新建 TestGetPost 项目，修改 Activity 的名称为 TestUrlGet，在 activity_test_url_get.xml 文件上放置 1 个 Button 组件和 1 个 TextView 组件，用于测试 GET 请求。其布局代码如下：

```xml
<?xml version="1.0" encoding="utf-8"?>
<LinearLayout xmlns:android="http://schemas.android.com/apk/res/android"
    xmlns:tools="http://schemas.android.com/tools"
    android:layout_width="match_parent"
    android:layout_height="match_parent"
    android:layout_marginTop="40dp"
    android:orientation="vertical"
    tools:context="com.zzhn.zheng.testgetpost.TestUrlGet">
    <TextView
        android:layout_width="wrap_content"
        android:layout_height="wrap_content"
        android:layout_gravity="center"
        android:text="访问网络…"
        android:textSize="30sp"
        android:id="@+id/textView" />
    <Button
        android:layout_marginTop="20dp"
        android:layout_width="match_parent"
        android:layout_height="wrap_content"
```

```xml
        android:text="GET 请求"
        android:textSize="30sp"
        android:onClick="requestByGet" />
</LinearLayout>
```

第二步，编写 TestUrlGet.java 程序，在该程序中首先定义静态变量 TAG_GET，编写 GET 请求方法 requestByGet(View view)，在该方法中使用匿名内部类实现 Runnable 接口，创建一个子线程，在子线程的 run()方法中使用 HttpURLConnection 对象默认发送的是 GET 请求方式来访问网络，如果请求成功就获取流中的数据并输出，否则提示"Get 方式请求失败"，然后关闭连接。其关键代码如下：

```java
public class TestUrlGet extends AppCompatActivity {
    //定义静态变量 TAG_GET
    private static String TAG_GET ="TextGet1Activity";
    @Override
    protected void onCreate(Bundle savedInstanceState) {
        super.onCreate(savedInstanceState);
        setContentView(R.layout.activity_test_url_get);
    }
    //GET 请求方法
    public void requestByGet(View view) {
        //使用匿名内部类创建一个线程
        new Thread(new Runnable() {
            @Override
            public void run() {
                String path ="http://mail.sina.com.cn?id=helloworld&pwd=android/";
                try {
                    //新建一个 URL 对象
                    URL url = new URL(path);
                    //打开一个 HttpURLConnection 连接
                    HttpURLConnection urlConn =
                    (HttpURLConnection) url.openConnection();

                    //设置连接超时时间
                    urlConn.setConnectTimeout(5 * 1000);
                    //开始连接
                    urlConn.connect();
                    //判断请求是否成功
                    if (urlConn.getResponseCode() == 200) {
                        //获取输入流
                        InputStream is = urlConn.getInputStream();
                        //创建 ByteArrayOutputStream
                        ByteArrayOutputStream bos = new ByteArrayOutputStream();
                        int rc = 0;
                        byte[] buff = new byte[1024];
                        //读内存缓冲区的数据，写入 bos
                        while ((rc = is.read(buff, 0, 1024)) > 0) {
                            bos.write(buff, 0, rc);
                        }
                        is.close();     //关闭输入流
```

```
                        //转换成字节数组
                        byte[] data = bos.toByteArray();
                        bos.close();
                        System.out.println("--------------------------------------"+new 
String(data, "UTF-8"));
                        Log.i(TAG_GET, "GET 方式请求成功,返回数据如下: ");
                        Log.i(TAG_GET, new String(data, "UTF-8"));
                    } else {
                        Log.i(TAG_GET, "GET 方式请求失败");
                    }
                    // 关闭连接
                    urlConn.disconnect();
                }catch (Exception e){
                    e.printStackTrace();
                }
            }
        }).start();
    }
}
```

第三步,修改 AndroidManifest.xml 文件,添加访问网络的权限如下:

```
<uses-permission android:name="android.permission.INTERNET" />
```

第四步,启动模拟器,单击工具栏上的运行按钮,运行调试后,在 LogCat 窗口观察输出。

2. 发送 POST 请求

在 Android 中,如果要发送 POST 请求,需要通过其 setRequestMethod()方法进行指定,其代码如下:

```
//创建一个HTTP连接
HttpURLConnection urlConn = (HttpURLConnection) url.openConnection();
urlConn.setRequestMethod("POST");
```

在发送 POST 请求时,要比发送 GET 请求复杂,它经常需要通过 HttpURLConnection 类及其父类 URLConnection 提供如下方法。

- setDoInput(boolean new Value):用于设置是否向连接中写入数据,如果参数值为 true 时,表示写入数据,否则不写入数据。
- setDoOutput(boolean new Value):用于设置是否向连接中读取数据,如果参数值为 true 时,表示读取数据,否则不读取数据。
- setUseCaches(boolean new Value):用于设置是否缓存数据,如果参数值为 true 时,表示缓存数据,否则不缓存数据。
- setInstanceFollowRedirects(Boolean followRedirects):用于设置是否应该自动执行 HTTP 重定向,如果参数值为 true 时,表示自动执行,否则不自动执行。
- setRequestProperty(String field,String new Value):用于设置一般请求属性。例如,要设置内容属性为表单数据,可进行以下设置:setRequestProperty("Content-Type", "application/x-www-form-urlencoded")。

下面通过具体的实例来说明如何使用 HttpURLConnection 对象发送 POST 请求。

【例 8-3】在 TestGetPost 项目下新建一个 Activity,命名 Activity 为 TestUrlPOST,以实现向服务器发送 POST 请求,并获取服务器的响应结果。

第一步，在 TestGetPost 项目下创建一个 Empty Activity，命名为 TestUrlPOST。在 activity_test_url_post.xml 文件上放置 1 个 Button 组件和 1 个 TextView 组件，用于测试 POST 请求。其布局代码如下：

```xml
<?xml version="1.0" encoding="utf-8"?>
<LinearLayout xmlns:android="http://schemas.android.com/apk/res/android"
    xmlns:tools="http://schemas.android.com/tools"
    android:layout_width="match_parent"
    android:layout_height="match_parent"
    android:layout_marginTop="40dp"
    android:orientation="vertical"
    tools:context="com.zzhn.zheng.testgetpost.TestUrlPOST">
    <TextView
        android:layout_width="wrap_content"
        android:layout_height="wrap_content"
        android:layout_gravity="center"
        android:text="访问网络…"
        android:textSize="30sp"
        android:id="@+id/textView" />

    <Button
        android:layout_marginTop="20dp"
        android:layout_width="match_parent"
        android:layout_height="wrap_content"
        android:text="POST 请求"
        android:textSize="30sp"
        android:onClick="requestByPost">
    </Button>
</LinearLayout>
```

第二步，编写 TestUrlPOST.java 程序，在该程序中首先定义静态变量 TAG_POST，编写 POST 请求方法 requestByPOST(View view)，在该方法中使用匿名内部类实现 Runnable 接口，创建一个子线程，在子线程的 run() 方法中使用 HttpURLConnection 对象采用 POST 请求方式来访问网络，如果请求成功就获取流中的数据并输出，否则提示"POST 方式请求失败"，然后关闭网络连接。其关键代码如下：

```java
public class TestUrlPost extends AppCompatActivity {
    private static String TAG_POST ="TextPostActivity";
    @Override
    protected void onCreate(Bundle savedInstanceState) {
        super.onCreate(savedInstanceState);
        setContentView(R.layout.activity_test_url_post);
    }
    public void requestByPost(View view) {
        new Thread(new Runnable() {
            @Override
            public void run() {
                String path = " http://mail.sina.com.cn/";
                try {
                    // 请求的参数转换为 byte 数组
                    String params = "id=" + URLEncoder.encode("helloworld", "UTF-8")
                            + "&pwd=" + URLEncoder.encode("android", "UTF-8");
```

```java
            byte[] postData = params.getBytes();
            // 新建一个 URL 对象
            URL url = new URL(path);
            // 打开一个 HttpURLConnection 连接
            HttpURLConnection urlConn = (HttpURLConnection)
            url.openConnection();
            // 设置连接超时时间
            urlConn.setConnectTimeout(5 * 1000);
            // Post 请求必须设置允许输出
            urlConn.setDoOutput(true);
            // Post 请求不能使用缓存
            urlConn.setUseCaches(false);
            // 设置为 POST 请求
            urlConn.setRequestMethod("POST");
            urlConn.setInstanceFollowRedirects(true);
            // 配置请求 Content-Type
            urlConn.setRequestProperty("Content-Type",
                    "application/x-www-form-urlencode");
            // 开始连接
            urlConn.connect();
            // 发送请求参数
            DataOutputStream dos = new DataOutputStream(urlConn.
            getOutputStream());
            dos.write(postData);
            dos.flush();
            dos.close();
            // 判断请求是否成功
            if (urlConn.getResponseCode() == 200) {
                //获取输入流
                InputStream is = urlConn.getInputStream();
                ByteArrayOutputStream bos = new ByteArrayOutputStream();
                int rc = 0;
                byte[] buff = new byte[1024];
                //读内存缓冲区的数据,写入 bos
                while ((rc = is.read(buff, 0, 1024)) > 0) {
                    bos.write(buff, 0, rc);
                }
                //关闭输入流
                is.close();
                //转换成字节数组
                byte[] data = bos.toByteArray();
                bos.close();
                Log.i(TAG_POST, "POST 请求方式成功,返回数据如下: ");
                Log.i(TAG_POST, new String(data, "UTF-8"));
            } else {
                Log.i(TAG_POST, "POST 方式请求失败");
            }
        } catch (Exception e) {
            e.printStackTrace();
        }
```

```
        }
    }).start();
  }
}
```

第三步，在上例中已添加了网络权限，所以可直接启动模拟器，单击工具栏上的运行按钮，运行调试后，在 LogCat 窗口观察输出。

8.3 异步的概念

在 Android 中，同步执行是指程序按指令顺序从头到尾依次执行，也就是程序在发出一个功能调用后，在没有得到调用的结果之前，该调用就不会返回。例如，普通 B/S 模式（同步）操作过程是：提交请求→等待服务器处理→处理完毕返回，在这个期间客户端浏览器不能做任何事情。

异步的概念和同步相对。当一个异步过程调用发出后，调用者不能立刻得到结果。实际处理这个调用的部件在完成后，通过状态、通知和回调来通知调用者。也就是说异步调用模块在发起调用之后，不用等待调用返回就继续下一步。例如 ajax 异步请求为：请求通过事件触发→服务器处理（这时浏览器仍然可以做其他事情）→处理完毕。

异步的好处就是将一些操作，特别是耗时间的操作安排到后台去运行，主程序可以继续做前台的事情。例如，我们要从网络上下载一首歌时，在同步情况下，只有等歌曲下载完成后，才能更新进度条，这样很容易给用户造成 UI 假死的现象，从而降低了用户体验的效果。那么要想解决这个问题，我们可以采用异步方式来实现在下载歌曲时，实时更新进度条的功能。

为了实现 Android 异步操作，开发者可以使用 Handler 机制或使用 AsyncTask 进行异步操作，在模块 7 中我们已经介绍了使用 Thread+Handler+Message 机制进行 UI 界面更新的方法，实质也就是使用 Handler 机制进行异步操作的实例。那么，在本模块中，我们将重点介绍如何使用 AsyncTask 进行异步操作。

8.4 AsyncTask 的使用

1. AsyncTask 类

在 Android 中实现异步任务机制有两种方式，Handler 和 AsyncTask。Handler 模式需要为每一个任务创建一个新的线程，任务完成后通过 Handler 实例向 UI 线程发送消息，完成界面的更新，这种方式对于整个过程的控制比较精细，但也是有缺点的，如代码相对臃肿，在多个任务同时执行时，不易对线程进行精确的控制。为了简化操作，Android1.5 提供了工具类 android.os.AsyncTask，它使得创建异步任务变得更加简单，不再需要编写任务线程和 Handler 实例即可完成相同的任务。

AsyncTask 的定义如下：

```
public abstract class AsyncTask<Params, Progress, Result> {……}
```

（1）AsyncTask 是抽象类，定义了 3 种泛型类型 Params、Progress 和 Result。

① Params：启动任务执行的输入参数，如 HTTP 请求的 URL。

② Progress：后台任务执行的百分比。
③ Result：后台执行任务最终返回的结果，如 String、Integer 等。
（2）AsyncTask 异步任务执行的步骤如下。
① execute(Params... params)：执行一个异步任务。它需要在代码中调用此方法，触发异步任务的执行。
② onPreExecute()：在 execute(Params... params)被调用后立即执行，一般用来在执行后台任务前对 UI 做一些标记。
③ doInBackground(Params... params)：在 onPreExecute()完成后立即执行，用于执行较为费时的操作，此方法将接收输入参数和返回计算结果。在执行过程中调用 publishProgress(Progress... values)可以实现更新进度信息。
④ onProgressUpdate(Progress... values)：在调用 publishProgress(Progress... values)时，此方法被执行，在该方法中可直接将进度信息更新到 UI 组件上。
⑤ onPostExecute(Result result)：当后台操作结束时，此方法将会被调用，计算结果将作为参数传递到此方法中，在该方法中可将结果直接显示到 UI 组件上。
（3）为了正确地使用 AsyncTask 类，必须遵守以下几条准则。
① Task 的实例必须在 UI 线程中创建。
② execute 方法必须在 UI 线程中调用。
③ 不要手动调用 onPreExecute()、onPostExecute(Result)、doInBackground(Params...)、onProgressUpdate(Progress...)这几个方法，需要在 UI 线程中实例化这个 task 来调用。
④ 该 task 只能被执行一次，多次调用时将会出现异常。
⑤ doInBackground 方法和 onPostExecute 的参数必须对应，这两个参数在 AsyncTask 声明的泛型参数列表中指定，第 1 个为 doInBackground 接受的参数，第 2 个为显示进度的参数，第 3 个为 doInBackground 返回和 onPostExecute 传入的参数。
需要说明的是，AsyncTask 不能完全取代线程，在一些逻辑较为复杂或者需要在后台反复执行的逻辑就可能需要线程来实现。

2. AsyncTask 与 Handler 的区别

（1）AsyncTask 异步实现的原理及特点。
AsyncTask 是 Android 提供的轻量级的异步类，可以直接继承 AsyncTask，在类中实现异步操作，并提供接口反馈当前异步执行的程度（可以通过接口实现 UI 进度更新），最后将执行的结果反馈给 UI 主线程。
AsyncTask 的优点：简单、快捷、过程可控。
AsyncTask 的缺点：在使用多个异步操作和需要进行 UI 更新时，就变得复杂起来。
（2）Handler 异步实现的原理及特点。
在 Handler 异步实现时，涉及 Handler、Looper、Message、Thread 这 4 个对象，实现异步的流程是主线程启动 Thread（子线程），Thread（子线程）运行并生成 Message，Looper 获取 Message 并传递给 Handler，Handler 逐个获取 Looper 中的 Message，并进行 UI 更新。
Handler 的优点：结构清晰，功能定义明确；处理多个后台任务时，简单、清晰。
Handler 的缺点：在单个后台异步处理时，显得代码过多，结构过于复杂。
下面通过下载网络文件的实例来说明如何使用 AsyncTask 进行异步操作。

【例8-4】在 TestGetPost 项目下新建一个 Activity，命名为 AsyncTaskDemo，然后使用 AsyncTask 异步下载网络文件，并将网络文件内容显示在屏幕上。

第一步，在 TestGetPost 项目下创建一个 Empty Activity，命名为 AsyncTaskDemo。在 activity_async_task_demo.xml 文件上放置1个 Button 组件、1个 EditText 组件和2个 TextView 组件，通过 EditText 组件可以输入网络文件地址，Button 组件是"下载"文件的按钮，TextView 组件用来显示说明和下载文件的内容。其布局代码如下：

```xml
<?xml version="1.0" encoding="utf-8"?>
<LinearLayout xmlns:android="http://schemas.android.com/apk/res/android"
    xmlns:tools="http://schemas.android.com/tools"
    android:layout_width="match_parent"
    android:layout_height="match_parent"
    android:orientation="vertical"
    tools:context="com.zzhn.zheng.testgetpost.AsyncTaskDemo">
    <TextView
        android:text="文件路径"
        android:layout_width="wrap_content"
        android:layout_height="wrap_content"
        android:textSize="30dp"/>
    <EditText
        android:id="@+id/filePath"
        android:layout_width="match_parent"
        android:layout_height="wrap_content"
        android:text="http://bd.kuwo.cn/yinyue/3514083?from=dq360" />
    <Button
        android:id="@+id/viewButton"
        android:layout_width="wrap_content"
        android:layout_height="wrap_content"
        android:textSize="20sp"
        android:text="下载" />
    <TextView
        android:id="@+id/textView"
        android:layout_width="wrap_content"
        android:layout_height="wrap_content" />
</LinearLayout>
```

第二步，编写 AsyncTaskDemo.java 程序。在该程序中首先定义变量，获得布局文件上的组件，定义进度条对话框，设置"下载"按钮进行监听，定义 DownLoadFile 类，并继承于 AsyncTask，在 DownLoadFile 类中实现 AsyncTask 定义的4个方法。其关键代码如下：

```java
public class AsyncTaskDemo extends AppCompatActivity {
    private Button viewButton;
    private TextView textView;
    private EditText filePath;
    private ProgressDialog dialog;
    @Override
    protected void onCreate(Bundle savedInstanceState) {
        super.onCreate(savedInstanceState);
        setContentView(R.layout.activity_async_task_demo);
        //获得布局文件上的组件
        viewButton = (Button) findViewById(R.id.viewButton);
        textView = (TextView) findViewById(R.id.textView);
        filePath = (EditText) findViewById(R.id.filePath);
```

```java
        //定义进度条对话框
        dialog = new ProgressDialog(this);
        dialog.setProgressStyle(ProgressDialog.STYLE_HORIZONTAL);
        dialog.setTitle("提示");
        dialog.setMax(100);
        dialog.setMessage("正在下载中……");

        //对"下载"按钮进行监听
        viewButton.setOnClickListener(new View.OnClickListener() {
            @Override
            public void onClick(View v) {
                dialog.show();
                DownLoadFile task = new DownLoadFile();
                task.execute(filePath.getText().toString());
            }
        });
    }
    //定义DownLoadFile类,并继承于AsyncTask
    class DownLoadFile extends AsyncTask<String, Integer, String> {
        @Override
        protected void onPreExecute() {
            System.out.println("---------->>>>>>> onPreExecute……");
            super.onPreExecute();
        }
        @Override
        protected String doInBackground(String... params) {    //后台运行
            System.out.println("---------->>>>>> doInBackground……");
            try {
                System.out.println("---------->>>>>>> path = " + params[0]);
                byte[] data = null;
                ByteArrayOutputStream bos = new ByteArrayOutputStream();
                byte[] buff = new byte[1024];

                URL url = new URL(params[0]);
                HttpURLConnection conn =
                  (HttpURLConnection)url.openConnection();
                conn.setConnectTimeout(1000*60);
                conn.setRequestMethod("GET");
                conn.connect();
                if (conn.getResponseCode() == 200){
                    int maxLength = conn.getContentLength();
                    int total = 0;
                    InputStream is = conn.getInputStream();
                    int rc = 0;
                    while ((rc = is.read(buff, 0, 1024)) > 0) {
                        bos.write(buff, 0, rc);
                        total = total + rc;
                        publishProgress(100*total/maxLength);
                    }
                    is.close();
                    data = bos.toByteArray();
```

```
                            bos.close();
                            publishProgress(100);
                            String s = new String(data, "GB2312");
                            return s;
                    }
                }catch(Exception e){
                    e.printStackTrace();
                }
                return null;
            }
            @Override
            protected void onProgressUpdate(Integer... values) {        //进度更新
                super.onProgressUpdate(values);
                System.out.println("-------->>>>> onProgressUpdate……" + values[0]);
                dialog.setProgress(values[0]);
            }
            //完成后台任务
            @Override
            protected void onPostExecute(String string) {
                super.onPostExecute(string);
                textView.setText(string);
                dialog.dismiss();
                System.out.println("---------->>>>>>> onPostExecute……");
            }
        }
    }
}
```

第三步，在上例中已添加了网络权限，所以可直接启动模拟器，单击工具栏上的运行按钮，运行调试后，运行效果如图 8-3 所示。

图 8-3 网络下载文件

项目实施

1. 项目分析

设计一个简单课表查询项目，要求在界面顶部设置一个搜索栏，用于输入查询的条件。然后，通过访问 Web 服务器获取服务器端的课表数据，并在手机屏幕上显示出来。界面效果如图 8-4 所示。

课表查询项目的设计思路：

课表查询项目设计分为两部分，一个是服务器端的程序设计，另一个就是手机客户端的程序设计。在本项目中我们只介绍手机客户端的程序设计。

课表查询手机客户端的程序设计步骤如下：

① 创建 CourseQuery 项目，输入 Activity 名称为 CourseActivity；

② 修改项目布局文件，在 layout 布局中分别添加 TextView 组件、EditText 组件和 ListView 组件；

③ 当在 EditText 组件中输入查询条件后，就可获取 Web 服务器端查询到的课表 JSON 数据，并将课表数据装载到 ListView 组件中。

图 8-4 课表查询

2. 项目实现

（1）创建课表查询项目。

启动 Android Studio，在 Android Studio 起始页选择【Start a new Android Studio project】，或在 Android Studio 主页菜单栏上选择【File】→【New】→【New Project】，新建 Android 工程。在 New Project 页面上输入应用程序的名称（CourseQuery）、公司域名（com.zzhn.zheng）和存储路径，单击【Next】按钮。然后，选择工程的类型以及支持的最低版本，单击【Next】按钮。之后选择是否创建 Activity，以及创建 Activity 的类型，选择【Empty Activity】，修改 Activity 的名称为 CourseActivity。单击【Finish】按钮。

（2）修改 activity_course.xml 布局文件，在 layout 中添加一个 TextView 组件、一个 EditText 组件和一个 ListView 组件。其代码如下：

```xml
<?xml version="1.0" encoding="utf-8"?>
<LinearLayout xmlns:android="http://schemas.android.com/apk/res/android"
    xmlns:tools="http://schemas.android.com/tools"
    android:layout_width="match_parent"
    android:layout_height="match_parent"
    android:gravity="center"
    android:orientation="vertical"
    tools:context="com.zzhn.zheng.coursequery.CourseActivity">
    <TextView
        android:layout_width="match_parent"
        android:layout_height="48dp"
        android:text="查课程表"
        android:textColor="#f2efef"
        android:textSize="24sp"
        android:background="#495187"
        android:gravity="center"/>
    <EditText
        android:id="@+id/ed_cou_search"
```

```xml
            android:layout_width="match_parent"
            android:layout_height="wrap_content"
            android:hint="请输入班级："

            android:layout_marginTop="16dp"
            android:layout_marginBottom="16dp"/>
    <ListView
            android:layout_width="match_parent"
            android:layout_height="match_parent"
            android:id="@+id/cou_listview"
            ></ListView>
</LinearLayout>
```

（3）创建显示课表数据列表的 courselist_item.xml 布局文件，设置 5 个 TextView 组件，用于课表查询数据。其代码如下：

```xml
<?xml version="1.0" encoding="utf-8"?>
<RelativeLayout xmlns:android="http://schemas.android.com/apk/res/android"
    android:layout_width="match_parent"
    android:layout_height="match_parent">
    <TextView
        android:id="@+id/w_date"
        android:layout_width="wrap_content"
        android:layout_height="wrap_content"
        android:layout_alignParentLeft="true"
        android:layout_centerVertical="true"
        android:layout_marginLeft="6dp"
        android:layout_marginRight="8dp"
        android:textSize="24sp"
        android:textColor="#495187"/>

    <LinearLayout
        android:layout_width="match_parent"
        android:layout_height="wrap_content"
        android:layout_below="@+id/w_date"
        android:orientation="vertical"
        android:layout_toRightOf="@+id/w_date">
        <TextView
            android:id="@+id/cou_name"
            android:layout_width="wrap_content"
            android:layout_height="wrap_content"
            android:textSize="24dp"/>
        <TextView
            android:id="@+id/cou_room"
            android:layout_width="wrap_content"
            android:layout_height="wrap_content"
            android:textSize="24dp"/>

        <TextView
            android:id="@+id/cou_num"
            android:layout_width="wrap_content"
            android:layout_height="wrap_content"
            android:textSize="24dp" />

        <TextView
```

```xml
            android:id="@+id/cou_teacher"
            android:layout_width="wrap_content"
            android:layout_height="wrap_content"
            android:textSize="24dp" />
    </LinearLayout>
</RelativeLayout>
```

(4)根据在 Web 服务器端所要查询的课表数据内容,创建 Course 类以实现对课表数据进行设置和获取的功能。其关键代码如下:

```java
public class Course {
    private int cId;                    //主键
    private String couName;             //课程
    private String claNam;              //班级
    private String couRoom;             //地点
    private String couDate;             //时间
    private String couTeacher;          //教师
    private String couNum;
    public String getCouNum() {
        return this.couNum;
    }
    public void setCouNum(String couNum) {
        this.couNum = couNum;
    }
    public int getcId() {
        return this.cId;
    }
    public String getCouName() {
        return this.couName;
    }
    public String getClaNam() {
        return this.claNam;
    }
    public String getCouRoom() {
        return this.couRoom;   }
    public String getCouDate() {
        return this.couDate;
    }
    public String getCouTeacher() {
        return this.couTeacher;
    }
    public void setcId(int cId) {
        this.cId = cId;
    }
    public void setCouName(String couName) {
        this.couName = couName;
    }
    public void setClaNam(String claNam) {
        this.claNam = claNam;
    }
    public void setCouRoom(String couRoom) {
        this.couRoom = couRoom;
```

```java
    public void setCouDate(String couDate) {
        this.couDate = couDate;
    }
    public void setCouTeacher(String couTeacher) {
        this.couTeacher = couTeacher;
    }
    @Override
    public String toString() {
        return "Course{" +
                "cId=" + cId +
                ", couName='" + couName + '\'' +
                ", couRoom='" + couRoom + '\'' +
                ", couDate='" + couDate + '\'' +
                ", couTeacher='" + couTeacher + '\'' +
                ", couNum='" + couNum + '\'' +
                '}';
    }
}
```

（5）编写一个使用 HttpURLConnection 方式来进行 HTTP 网络通信的 HttpUtil 类，在 HttpUtil 类中能实现在网络通信中发送 GET 请求和发送 POST 请求的方法，目的是要读取 Web 服务器端所查询输出的 JSON 数据。

在 HttpUtil 类中首先定义两个静态变量，代码如下：

```java
public static final String WEBPATH="http://192.168.56.1:8080/Diary/";
private static HttpURLConnection conn;
```

在 HttpUtil 类中发送 GET 请求方法的代码如下：

```java
public static String sendGet(String strUrl){
    //定义一个待返回的json字符串
    String json="";
    try {   //模拟在地址栏输入网址
        URL url=new URL(strUrl);
        //打开网络连接
        conn=(HttpURLConnection) url.openConnection();
        //获得输入流
        InputStream in=conn.getInputStream();
        //将字节流转换成字符流
        BufferedReader br=new BufferedReader(new InputStreamReader(in));
        //读取返回的json数据
        json=br.readLine();
    } catch (Exception e) {
        e.printStackTrace();
    } finally{
        conn.disconnect();
    }
    return json;
}
```

在 HttpUtil 类中发送 POST 请求方法的代码如下：

```java
public static String sendPost(String strUrl,String param){
    String json="";    //定义一个待返回的json字符串
```

```java
        try {   //模拟在地址栏输入网址
            URL url=new URL(strUrl);
            conn=(HttpURLConnection) url.openConnection();   //打开网络连接
            conn.setDoInput(true);
            conn.setDoOutput(true);
            conn.setRequestMethod("POST");
            OutputStream out=conn.getOutputStream();
            out.write(param.getBytes());
            InputStream in=conn.getInputStream();   //获得输入流
            //将字节流转换成字符流
            BufferedReader br=new BufferedReader(new InputStreamReader(in));
            json=br.readLine();   //读取返回的json数据
        } catch (Exception e) {
            e.printStackTrace();
        } finally{
            conn.disconnect();
        }
        return json;
    }
```

（6）编写 CourseActivity.java 程序。首先定义变量，在 onCreate()方法中获取布局文件上的组件，并设置了搜索栏上监听。通过 new TextWatcher()创建内部类设置搜索查询。其关键代码如下：

```java
//定义变量
private ListView courseListView;
private List<Course> dataList;
private EditText ed_cou_search;

@Override
protected void onCreate(Bundle savedInstanceState) {
    super.onCreate(savedInstanceState);
    setContentView(R.layout.activity_course);
    //获取布局文件上的组件
    courseListView =(ListView) findViewById(R.id.cou_listview);
    ed_cou_search = (EditText)findViewById(R.id.ed_cou_search);
    //设置搜索栏上监听
    ed_cou_search.addTextChangedListener(this.searchListener);
}
//监听搜索，创建内部类设置搜索查询
private TextWatcher searchListener = new TextWatcher() {
    @Override
    public void beforeTextChanged(CharSequence s, int start, int count, int after) {
    }
    @Override
    public void onTextChanged(CharSequence s, int start, int before, int count) {
    }
    @Override
    public void afterTextChanged(Editable s) {
            setCourseListData(s.toString());
    }
};
```

创建一个返回课程的异步任务 CourseAsyncTask 类，该类继承于 AsyncTask 类。在 CourseAsyncTask 类的 doInBackground()方法中，调用 HttpUtil.sendPost()方法，以实现发送 POST 请求，读取 Web 服务器端查询输出的 JSON 数据功能。然后，按照约定解析 JSON，并添加到 Course 集合中。在 onPostExecute()方法中，将 Course 集合装载到适配器，以实现将课表查询的数据显示在 ListView 组件上的功能。

创建 setCourseListData()方法，开始一个异步任务去访问服务器，以获得 Web 服务器端查询数据后输出的 JSON 数据的功能。其关键代码如下：

```java
private void setCourseListData(String str){
    // 开始一个异步任务访问服务器，获得数据
    CourseAsyncTask courseAsyncTask = new CourseAsyncTask();
    courseAsyncTask.execute(HttpUtil.WEBPATH + "course","claName="+str);
}
/**
 * 返回课程的异步任务
 */
class CourseAsyncTask extends AsyncTask<String, Integer, List<Course>> {
    @Override
    protected List<Course> doInBackground(String... params) {
        try {
            System.out.println(params[0]);
            dataList = new ArrayList<Course>();
            //发送 POST 请求，返回 JSON
            String json = HttpUtil.sendPost(params[0],params[1]);
            //按照约定解析 JSON，添加到 Course 集合中
            JSONArray jsAry=new JSONArray(json);
            for(int i=0;i<jsAry.length();i++){
                JSONObject obj=jsAry.getJSONObject(i);
                Course c=new Course();
                c.setcId(obj.getInt("cId"));
                c.setCouName(obj.getString("couName"));
                c.setCouRoom(obj.getString("couRoom"));
                c.setCouDate(obj.getString("couDate"));
                try {
                    c.setCouTeacher(obj.getString("conTeacher"));
                }catch (Exception e){
                    c.setCouTeacher("暂无老师");
                }
                c.setCouNum(obj.getString("couNum"));
                Log.e("aaa.aaa.aaa",dataList.toString());
                dataList.add(c);
            }
        } catch (JSONException e) {
            e.printStackTrace();
        }
        return dataList;
    }
    @Override
    protected void onPostExecute(List<Course> courses) {
```

```
            CourseItemAdapter adapter = new CourseItemAdapter(courses);
            courseListView.setAdapter(adapter);
        }
    }
```

创建 CourseItemAdapter 类，使该类继承于 BaseAdapter 类。该类的作用是为 ListView 组件创建一个自定义适配器。其关键代码如下：

```
//创建适配器
class CourseItemAdapter extends BaseAdapter {
    private List<Course> datalist;
    public CourseItemAdapter(List<Course> datalist) {
        this.datalist = datalist;
    }
    @Override
    public int getCount() {
        return dataList.size();
    }
    @Override
    public Object getItem(int position) {
        return dataList.get(position);
    }
    @Override
    public long getItemId(int position) {
        return datalist.get(position).getcId();
    }
    @Override
    public View getView(int position, View convertView, ViewGroup parent) {
        View root = getLayoutInflater().inflate(R.layout.courselist_item_layout,
            parent, false);
        TextView tvdate = (TextView) root.findViewById(R.id.w_date);
        TextView tvcouName = (TextView) root.findViewById(R.id.cou_name);
        TextView tvcouRoom = (TextView) root.findViewById(R.id.cou_room);
        TextView tvcouNum = (TextView) root.findViewById(R.id.cou_num);
        TextView tvcouTeacher = (TextView) root.findViewById(R.id.cou_teacher);
        Course cou = datalist.get(position);
        tvcouName.setText(cou.getCouName());
        tvcouRoom.setText(cou.getCouRoom());
        tvcouTeacher.setText(cou.getCouTeacher());
        tvdate.setText(cou.getCouDate());
        tvcouNum.setText(cou.getCouNum());
        return root;
    }
}
```

（7）修改 AndroidManifest.xml 文件，添加访问网络的权限如下：

```
<uses-permission android:name="android.permission.INTERNET" />
```

（8）调试运行。

首先启动 Web 服务器，在客户端上，单击工具栏上的 AVD Manager 图标，打开虚拟设备对话框，在虚拟设备对话框中单击启动虚拟设备的命令按钮，打开 Android Studio 模拟器。单击工具栏上的"三角形"运行按钮，运行本项目。

项目总结

通过本项目的学习，读者应掌握课表查询模块的设计方法。
① 掌握使用 HttpURLConnection 方式来进行 HTTP 网络通信的方法。
② 了解 AsyncTask 异步实现原理，掌握 AsyncTask 异步使用方法。
③ 掌握 JSON 数据的解析方法。

项目训练——课表查询设计

参照本模块的课表查询项目，完成课表查询手机客户端的程序设计。

练习题

8-1　JSON 数据格式的结构有哪些？JSON 解析类有哪些？
8-2　HTTP 网络通信的特点是什么？它有几种请求方式？
8-3　如何创建 HttpURLConnection 实例？简述使用 HttpURLConnection 进行 HTTP 操作的步骤。
8-4　AsyncTask 类的作用是什么？说明 AsyncTask 类的执行步骤。
8-5　在 Android 项目中如何设置访问网络的权限？

Chapter 9

模块 9
综合实训——校园生活小助手

模块 9 综合实训——校园生活小助手

学习目标

- 了解校园生活小助手项目的总体设计方案。
- 掌握引导界面的设计方法。
- 掌握主功能模块的设计方法。
- 学会校园生活小助手项目的设计。

项目描述

校园生活小助手综合实训项目主要是介绍如何将前面分别介绍的校园风光、院系介绍、学校电话查询、随手记、课表查询、音乐播放等模块组合设计成一个完整的项目。其中包括项目的总体设计、数据存储设计、目录结构设计、公共类设计、引导界面设计、主功能模块和各子功能模块设计等。

知识储备

通过前面模块的学习，读者已经掌握了一些 Android 应用程序的开发知识和方法，但如何运用这些知识和方法来完成一个完整项目的开发，即将前面所学的模块组合设计成一个完整的项目，这就需要进一步地了解 Android 应用程序项目开发的基本设计方法和思路。因此，本模块以校园生活小助手项目为例，介绍项目开发中项目的总体功能需求设计、数据存储设计、目录结构设计、公共类设计、引导界面设计、主功能模块和各子功能模块设计等各方面的问题。

9.1 总体功能需求设计

在项目开发中，首先要实施的是需求分析，需求分析是软件工程中的一个关键过程。在这个过程中，开发者首先要确定用户的需求，并通过对用户进行需求分析来确定软件系统的功能需求。通过对校园生活小助手用户进行需求分析，确定项目的总体功能需求如下。

- 欢迎界面及主界面模块：该模块主要包括项目的引导界面程序和项目的主程序菜单。
- 校园风光模块：该模块的作用是介绍学校的标志性建筑物和风光景象等。
- 院系简介模块：该模块的作用是介绍学校各院系的情况和开设的主要课程等。
- 学校电话模块：该模块的作用是方便学生查询学校各部门的常用电话。
- 课表查询模块：该模块的作用是方便学生按班级查询本班级的课表。
- 随手记模块：该模块的作用是便于学生随手记录下自己学习和生活中的感受和重要的事情，包括文字和图片。
- 音乐播放模块：该模块的作用是便于学生随时播放本地音乐等。

校园生活小助手系统功能结构如图 9-1 所示。

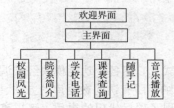

图 9-1 系统功能结构

9.2 数据存储设计

在 Android 系统中一共提供了 5 种数据存储方式，它们分别介绍如下。
- SharedPreferences 存储：它是一个较轻量级的存储数据的方法，用来存储 "key-value" 形式的数据，只可以用来存储基本的数据类型。
- File：文件存储方式是一种比较常见的存储方式，是 Android 中读取/写入文件的方法，与 Java 中实现程序的 I/O 一样，它提供了 FileInputStream 和 FileOutputStream 方法来对文件进行操作。
- SQLite：它是 Android 提供的一个标准数据库，支持 SQL 语句。
- Network：网络主要用来存储和获取数据。
- ContentProvider：数据共享，它是应用程序之间唯一共享数据的一个方法。一个程序可以通过数据共享来访问另一个程序的数据。

在这 5 种数据存储方式中，SharedPreferences 存储和 File 存储都只适合于存储一些简单的、数据量较小的数据。如果要存储大量的数据，并且对其进行管理、升级、维护等，有可能还要随时添加、查看、删除和更新数据，这时就需要采用 SQLite 数据库来进行数据存储。另外，由于 Android 系统中数据基本都是私有的，都是存放于 "data/data/程序包名" 目录下，所以要实现数据共享，正确的方式是使用 ContentProvider。因此，在项目开发中，开发者可以根据项目开发的需求来决定采用何种数据存储方式。例如在校园生活小助手项目中，在课表查询和随手记模块中采用的是 SQLite 数据库存储方式，用于保存课表信息和随手记录的信息。

9.3 目录结构设计

在编写项目代码之前，需要制定好项目的系统文件夹组织结构。首先创建项目中各功能模块的文件夹，然后，创建用于存放公共类、数据模型或工具类的文件夹。这样不仅可以方便开发者对程序文件的分类管理，还有利于保证团队开发的一致性，也可以规范系统的整体架构。在创建完系统中可能用到的文件夹后，在开发时，只需根据不同模块将其所创建的该模块的类文件保存于相应模块的文件夹下即可。而对于公共类、数据模型、工具类等的类文件，则将其保存到相应的文件夹下。例如，在校园生活小助手项目中创建了 6 个子文件夹，分别是 schoolview（校园风光）、departmentsinfo（院系介绍）、schooltel（学校电话）、course（课表查询）、note（随手记）和 music（音乐播放）。其中在 note 文件夹下又创建一个 dao 子文件夹用于存放对数据库操作的类文件，以及一个 model 子文件夹用于存放数据模型的类文件。在 course 文件夹下又创建一个 model 子文件夹用于存放数据模型的类文件，以及一个 util 子文件夹用于存放网络通信的类文件。

9.4 公共类设计

公共类是代码重用的一种形式，它将各个功能模块经常调用的方法提取到公用的 Java 类中，例如，访问数据库 Dao 类容纳了所有访问数据库的方法，并同时管理着数据库的连接、关闭等内容。使用公共类，不但实现了项目代码的重用，还提高了程序的性能和代码的可读性。

1. 数据模型公共类

在校园生活小助手的 note（随手记）模块中，在 com.zzhn.zheng.slassistant.note.model 包中存放的是数据模型公共类，它们对应着数据库中不同的数据表，这些模型将被访问数据库的 Dao 类和程序中各个模块，甚至各个组件所使用。数据模型是对数据表中所有字段的封装，它主要用于存储数据，并通过相应的 getXxx()方法和 setXxx()方法实现不同属性的访问原则。

2. Dao 公共类

Dao 的全称是 Data Access Object，即数据访问对象，本项目 note（随手记）模块中创建了 com.zzhn.zheng.slassistant.note.model 包，该包中包含了 DBHelper、NoteDao、NoteItemDao 和 NotePicDao 4 个数据访问类，其中 DBHelper 类用来实现创建数据库、数据表等功能；NoteDao 类用来对随手记中文本信息进行管理；NoteItemDao 类用来对随手记上文本记录最大的记录号进行管理；NotePicDao 类用来对随手记上照片信息进行管理。其中 NoteDao 类的设计在模块 5 中已经介绍了，而在随手记中，因为要对拍照的图片进行管理，增加了保存照片信息的表，因而创建 NotePicDao 类，其关键代码如下：

```java
public class NotePicDao {

    private DBHelper dbhelper;

    public NotePicDao(Context context){
        dbhelper=new DBHelper(context);
    }

    public void insertNotePic(String filename,int noteid){
        SQLiteDatabase db=dbhelper.getWritableDatabase();
        String sql="insert into note_pic values(null,?,?)";
        db.execSQL(sql,new Object[]{filename,noteid});
    }
}
```

NoteItemDao 类的关键代码如下：

```java
public class NoteItemDao {
        DBHelper dbhelper;
        public NoteItemDao(Context context){
            dbhelper=new DBHelper(context);
        }
        /**
        * 返回最大的记录号
        */
        public int getMaxNoteId() {
            String sql = "select max(note_id)cnt from note_item";
            SQLiteDatabase db = dbhelper.getWritableDatabase();
            Cursor cursor = db.rawQuery(sql, null);
            int rows = 0;
            while (cursor.moveToNext()) {
                rows = cursor.getInt(cursor.getColumnIndex("cnt"));
            }
            cursor.close();
            return rows;
        }
        public void insertId(int maxId) {
            String sql="insert into note_item values(?)";
```

```
            SQLiteDatabase db=dbhelper.getWritableDatabase();
            db.execSQL(sql,new Object[]{maxId});
        }
    }
```

项目实施

1. 引导界面设计

在安卓 APP 项目中,用户首先看到的是一个放置了某张图片的 Activity 的欢迎界面,该界面在显示几秒后会自动跳转到主程序界面上,那么,这个界面就是引导界面。引导界面设计可以采用一张欢迎图片的简单设计方法,也可以采用 ViewPager 类提供的多界面切换效果的引导界面,或者采用动画开启的引导界面等。下面将介绍的是简单的引导界面设计。

简单的引导界面设计,只需要在 welcome.xml 文件上放置一个 ImageView 组件,用于显示一张欢迎界面的图片,其代码如下:

```xml
<?xml version="1.0" encoding="utf-8"?>
<LinearLayout xmlns:android="http://schemas.android.com/apk/res/android"
    xmlns:tools="http://schemas.android.com/tools"
    android:layout_width="match_parent"
    android:layout_height="match_parent"
    tools:context="com.zzhn.zheng.test.Welcome">
    <ImageView
        android:layout_width="match_parent"
        android:layout_height="match_parent"
        android:id="@+id/imageView"
        android:layout_gravity="center_vertical"
        android:background="@drawable/bg_welcome" />
</LinearLayout>
```

然后,在 Welcome.java 程序的 onCreate()方法中,首先创建一个意图,设定下一步要跳转的 Activity。实例化一个定时器对象,用于在一个后台线程中执行意图的任务。TimerTask 是一个抽象类,它的子类代表一个可以被 Timer 计划的任务。其关键代码如下:

```java
protected void onCreate(Bundle savedInstanceState) {
    super.onCreate(savedInstanceState);
    setContentView(R.layout.welcome);
    final Intent it = new Intent(this, Main.class);     //下一步转向主界面
    Timer timer = new Timer();                          //实例化 Timer 类,创建计时器后台线程
    //实例化任务对象,重写 run()方法
    TimerTask task = new TimerTask() {
        @Override
        public void run() {
            startActivity(it);                          //执行意图
        }
    };
    timer.schedule(task, 1000 * 6);                     //延时 6 秒后执行任务
}
```

2. 主功能模块程序设计

校园生活小助手项目主功能模块程序设计方法中,有关主功能界面布局文件的设计方法,我们在模块 2 的第 5 个项目中已经介绍过了,在这里我们重点介绍 Java 程序代码的编写。

在 Main.java 程序中，首先定义变量，在 onCreate()方法中，获取布局文件中的 GridView 组件，为 GridView 组件定义数据源适配器，并加载到 GridView 组件上，设置对 GridView 组件中的 Item 项的监听。根据用户选择的 Item 项决定跳转到相应模块的 Activity 上。其关键代码如下：

```java
public class Main extends Activity {
    private GridView gridView;
    //网格中的图片资源定义在一个数组里面
    private int[] img = new int[]{R.drawable.button_bg_schoolview,
        R.drawable.button_bg_depinfo, R.drawable.button_bg_schooltel,
        R.drawable.button_bg_course,R.drawable.button_bg_note,
        R.drawable.button_bg_music};
    @Override
    protected void onCreate(Bundle savedInstanceState) {
        super.onCreate(savedInstanceState);
        setContentView(R.layout.activity_main);
        gridView = (GridView)this.findViewById(R.id.gridView);
        //定义数据源适配器
        SimpleAdapter simpleAdapter = new
        SimpleAdapter(this,getData(),R.layout.grid_item,new String[]{"img"},new
        int[]{R.id.img});
        gridView.setAdapter(simpleAdapter);
        //设置监听
        gridView.setOnItemClickListener(itemlist);
        //去掉图片边框颜色
        gridView.setSelector(new ColorDrawable(Color.TRANSPARENT));
    }
    private AdapterView.OnItemClickListener itemlist = new
        AdapterView.OnItemClickListener() {
            @Override
            public void onItemClick(AdapterView<?> parent, View view, int
                index, long id) {
                Intent intent = new Intent();
                switch (index){
                    case 0:
                        //校园风光
                        intent.setClass(Main.this, SchoolViewActivity.class);
                        break;
                    case 1:
                        //院系介绍
                        intent.setClass(Main.this, DepInfoActivity.class);
                        break;
                    case 2:
                        //学校电话
                        intent.setClass(Main.this, SchoolTelActivity.class);
                        break;
                    case 3:
                        //课表查询
                        intent.setClass(Main.this, CourseActivity.class);
                        break;
                    case 4:
                        //随手记
                        intent.setClass(Main.this, NoteActivity.class);
                        break;
```

```
                    case 5:
                        //音乐播放
                        intent.setClass(Main.this, MusicActivity.class);
                        break;
                }
                //执行跳转
                Main.this.startActivity(intent);
            }
    };
    //创建适配器需要的数据集合对象
    public List<Map<String,Object>> getData(){
        List<Map<String,Object>> list = new ArrayList<Map<String, Object>>();
        for (int i =0;i<img.length;i++){
            Map<String, Object> map = new HashMap<String,Object>();
            map.put("img",img[i]);
            list.add(map);
        }
        return list;
    }
}
```

3. 各子功能模块的设计

在主程序模块设计完成后，就可以开始进行各子功能模块的设计。注意，各子功能模块的类文件要放置于相应模块的文件夹下。每个子功能模块设计在前面模块中已经介绍，这里不再介绍，读者可参考前面的模块介绍自行完成。

项目总结

通过本项目的学习，读者应掌握校园生活小助手项目的总体设计方法。
① 掌握如何构建项目的功能需求，了解整个系统的体系结构。
② 掌握构建目录的组织结构方法，以及构建数据模型公共类和Dao公共类。
③ 掌握引导界面设计方法和主程序模块的设计方法。

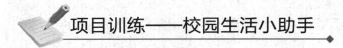

项目训练——校园生活小助手

参照前面各模块所学的项目，结合本模块，完成校园生活小助手的程序设计。

练习题

9-1 在软件项目开发中如何确定项目的功能需求？
9-2 在软件项目开发中，构建软件项目目录组织结构的原则是什么？
9-3 为什么要创建公共类？数据模型公共类的作用是什么？Dao公共类的作用是什么？